HTML5 移动网页开发标准教程 视频教学版

未来科技 编著

中国水利水电出版社
www.waterpub.com.cn
·北京·

内 容 提 要

《HTML5 移动网页开发标准教程（视频教学版）》系统讲解了 HTML5 在移动网页开发中的应用，通过大量示例对 HTML5 进行了深入浅出的讲解。全书注重实际操作，使读者在学习技术的同时，掌握 Web 开发和设计的精髓，提高综合应用的能力。本书共 12 章，内容包括移动网页开发与 HTML5 基础、HTML5 文档结构、HTML5 文本、HTML5 图像和多媒体、HTML5 列表和超链接、HTML5 表格、HTML5 表单、HTML5 画布、使用 Node.js 构建 Web 服务、HTML5 本地存储、HTML5 通信及项目实战。

本书配备了极为丰富的学习资源，其中配套资源包括 234 节教学视频（可以扫描二维码进行学习）、素材及源程序；附赠的拓展学习资源包括习题及面试题库、案例库、工具库、网页模板库、网页配色库、网页素材库、网页案例库等。

本书既适合作为 HTML5 移动开发方面的自学用书，又可以作为高等院校网页设计、网页制作、网站建设、Web 前端开发等专业的教学用书或相关机构的培训教材。

图书在版编目（CIP）数据

HTML5移动网页开发标准教程 ：视频教学版 / 未来科技编著. -- 北京 ：中国水利水电出版社, 2025. 4.

ISBN 978-7-5226-3066-3

Ⅰ. TP312.8

中国国家版本馆CIP数据核字第2025GK3995号

书　　名	HTML5 移动网页开发标准教程（视频教学版） HTML 5 YIDONG WANGYE KAIFA BIAOZHUN JIAOCHENG
作　　者	未来科技　编著
出版发行	中国水利水电出版社 （北京市海淀区玉渊潭南路 1 号 D 座　100038） 网址：www.waterpub.com.cn E-mail：zhiboshangshu@163.com 电话：（010）62572966-2205/2266/2201（营销中心）
经　　售	北京科水图书销售有限公司 电话：（010）68545874、63202643 全国各地新华书店和相关出版物销售网点
排　　版	北京智博尚书文化传媒有限公司
印　　刷	河北文福旺印刷有限公司
规　　格	185mm×260mm　16 开本　16.25 印张　423 千字
版　　次	2025 年 4 月第 1 版　2025 年 4 月第 1 次印刷
印　　数	0001—3000 册
定　　价	59.80 元

前　言

Preface

2014 年 10 月 28 日，W3C 的 HTML 工作组正式发布了 HTML5 的推荐标准。HTML5 是构建开放 Web 平台的核心，在新版本中增加了支持 Web 应用开发的许多新特性，以及更符合开发者使用习惯的新元素，并重点关注定义清晰的、一致的准则，以确保 Web 应用和内容在不同用户代理（浏览器）中的互操作性。

本书内容

本书系统地讲解了 HTML5 的基本知识和实际运用技术，通过大量示例对 HTML5 进行深入浅出的讲解。全书注重实际操作，使读者在学习技术的同时，掌握 Web 开发和设计的精髓，提高综合应用的能力。

本书分为三大部分，共 12 章，具体结构划分如下。

第 1 部分：HTML5 基础部分，包括第 1～7 章。这部分内容主要介绍了 HTML5 基础知识，包括移动网页开发与 HTML5 基础、HTML5 文档结构、HTML5 文本、HTML5 图像和多媒体、HTML5 列表和超链接、HTML5 表格和 HTML 表单等知识点。

第 2 部分：HTML5 API 部分，包括第 8～11 章。这部分内容主要介绍了 HTML5 为了适用移动开发新增的常用 API，包括 HTML5 画布、HTML5 本地存储、HTML5 通信等知识点。为了方便开发和测试，又增加了使用 Node.js 构建 Web 服务的知识点。

第 3 部分：项目实战部分，包括第 12 章。通过项目实战训练前端代码混合编写的能力、Web 应用的一般开发方法，以及如何打包和发布 Web 应用。

本书编写特点

🕮 实用性强

本书把“实用”作为编写的首要原则，重点选取实际开发工作中用得到的知识点，并按知识点的常用程度进行了详略调整，目的是希望读者用最短的时间掌握开发的必备知识。

🕮 入门容易

本书思路清晰、语言通俗、操作步骤详尽。读者只要认真阅读本书，把书中所有示例认真地练习一遍，并独立完成所有的实战案例，就可以达到专业开发人员的水平。

🕮 讲述透彻

本书把知识点融于大量的示例中，并结合实战案例进行讲解和拓展，力求让读者“知其然，也知其所以然”。

🕮 系统全面

本书内容从零开始到实战应用，丰富详尽，知识系统全面，讲述了实际开发工作中用得到的绝大部分知识。

📖 操作性强

本书颠覆了传统的“看”书观念，是一本能“操作”的图书。书中示例遍布每个小节，并且每个示例操作步骤清晰明了，简单模仿就能快速上手。

本书特色

📖 体验好

扫一扫二维码，随时随地看视频。书中几乎每个章节都提供了二维码，读者可以通过手机微信扫一扫，随时随地观看相关的教学视频（若个别手机不能播放，请参考前言中的“本书学习资源列表及获取方式”下载后在计算机上观看）。

📖 资源多

从配套到拓展，资源库一应俱全。本书不仅提供了几乎覆盖全书的配套视频和素材源文件，还提供了拓展的学习资源，如习题及面试题库、案例库、工具库、网页模板库、网页配色库、网页素材库、网页案例库等，拓展视野、贴近实战，学习资源一网打尽！

📖 示例多

示例丰富详尽，边做边学更快捷。跟着大量的示例去学习，边学边做，从做中学，使学习更深入、更高效。

📖 入门易

遵循学习规律，入门与实战相结合。本书编写模式采用“基础知识+中小示例+实战案例”的形式，内容由浅入深、循序渐进，从入门中学习实战应用，从实战应用中激发学习兴趣。

📖 服务快

提供在线服务，随时随地可交流。本书提供QQ群、资源下载等多渠道贴心服务。

本书学习资源列表及获取方式

本书的学习资源十分丰富，全部资源分布如下。

📖 配套资源

（1）本书的配套同步视频共计199节（可扫描二维码观看或下载观看）。

（2）本书的素材及源程序共计543项。

📖 拓展学习资源

（1）习题及面试题库（共计1000题）。

（2）案例库（各类案例4395个）。

（3）工具库（HTML、CSS、JavaScript手册等共60部）。

（4）网页模板库（各类模板1636个）。

（5）网页配色库（613项）。

（6）网页素材库（17大类）。

（7）网页案例库（共计508项）。

📖 以上资源的获取及联系方式

（1）读者扫描下方的二维码或关注微信公众号“人人都是程序猿”，发送“HT3066”

到公众号后台，获取资源下载链接，然后将此链接复制到计算机浏览器的地址栏中，根据提示下载即可。

（2）加入本书学习交流QQ群：799942366（请注意加群时的提示），可进行在线交流学习，作者将不定时在群里答疑解惑，帮助读者无障碍地快速学习本书。

（3）读者还可以通过发送电子邮件至961254362@qq.com与我们联系。

本书约定

为了节约版面，本书中所显示的示例代码大部分都是局部的，示例的全部代码可以按照上述资源获取方式下载。

部分示例可能需要服务器的配合，可以参阅示例所在章节的相关说明。

学习本书中的示例，要用到Edge、Firefox或Chrome浏览器，建议根据实际运行环境选择安装上述类型的最新版本浏览器。

为了提供更多的学习资源，弥补篇幅有限的缺憾，本书提供了许多参考链接，书中部分无法详细介绍的问题都可以通过这些链接找到答案。但由于这些链接地址具有时效性，因此仅供参考，难以保证所有链接地址都永久有效。遇到这种问题可通过本书的QQ群进行咨询。

本书所列出的插图可能会与读者实际环境中的操作界面有所差别，这可能是由于操作系统平台、浏览器版本等不同而引起的，一般不影响学习，在此特别说明。

本书适用对象

本书适用于以下人群：网页设计、网页制作、网站建设入门者及爱好者，系统学习网页设计、网页制作、网站建设的开发人员，相关专业的高等院校学生、毕业生，以及相关专业培训的学员。

关于作者

本书由未来科技团队负责编写，并提供在线支持和技术服务。

未来科技是由一群热爱Web开发的青年骨干教师组成的团队，主要从事Web开发、教学培训、教材开发等业务。该团队编写的同类图书在很多网店上的销量名列前茅，让数十万名读者轻松跨进了Web开发的大门，为Web开发的普及和应用做出了积极贡献。

由于作者水平有限，书中难免存在疏漏和不足之处，欢迎读者不吝赐教。广大读者如有好的建议、意见，或在学习本书时遇到疑难问题，可以联系我们，我们会尽快为您解答。

编 者

目 录

Contents

第 1 章　移动网页开发与 HTML5 基础

【学习目标】

- 了解移动网页开发。
- 了解 HTML5 语法特性。
- 了解 HTML5 文档基本结构。
- 认识标签、属性和值，以及网页基本结构。

以 iPhone 为标志的移动设备爆发为起点，用户每天的上网方式发生了很大改变。原本固定地点的计算机互联变为了如今随时随地的移动互联，几乎人人都拥有一部属于自己的智能手机，时时刻刻与世界的任何一个角落发生着联系。前端开发也由计算机端迁移至移动端，同时，开发技术也在不断地升级换代。HTML5 是移动 Web 开发的核心语言，增加了支持 Web 应用的许多新特性。本章主要介绍 HTML5 基础知识与相关概念，以及如何创建一个简单的 HTML5 文档。

1.1　移动网页开发概述

1.1.1　移动网页开发发展历史

移动网页开发起步比较晚，但是发展势头比较迅猛。在 HTML5 的带动下，出现了一系列新的标准和技术，前端开发框架也如同雨后春笋般涌现出来。在 2005 年以前，主流网页的页面风格比较简陋，而且没有太多交互。

随着智能手机的普及，桌面计算机业务慢慢向移动端转移，移动端 App 开始大面积兴起，但是原生 App 开发的缺点明显，如开发成本过高，同一个 App 需要在 iOS 和 Android 端实现两次开发，最致命的是每次更新都需要重新发布，用户需要重新安装 App。

为了解决这些问题，2012 年 Hybrid 技术开始被大规模使用。Hybrid 开发的 App 基于 Web 技术，一套代码可以在多处运行，而且可以达到实时更新的效果。为了让 Hybrid App 能够接近原生 App 的视觉体验和交互体验，Web 技术在不断地向纵深发展。在纵向上，Node.js 把开发边界扩展到服务器端；在横向上，React Native 试图使用 Web 技术开发原生 App。同时，其他尝试也不断出现，如微信小程序使用 Web 技术进行移动应用开发。

提示

Hybrid 技术是指利用 Web 技术（HTML、CSS、JavaScript 等）开发移动应用，同时结合原生应用的特性，通过 WebView 等技术将 Web 应用封装成原生应用，使应用能够在移动设备上运行。

1.1.2　移动 Web 应用与原生应用

移动 Wed 应用与原生应用这两种开发方式并没有好坏之分，各有优劣，本小节将对它们各自的（两种方式）优势和劣势逐一剖析。

1．移动 Web 应用

移动 Web 应用是指以移动端浏览器为载体面向网页的开发，这种应用一般需要通过一个 URL（uniform resource locator，统一资源定位符）打开。移动 Web 应用的优势概况如下。

（1）跨平台：移动 Web 应用运行在浏览器上，不直接与系统打交道，只要系统安装了浏览器，就可以打开该应用。

（2）开发成本低：开发者不需要掌握多种开发语言和框架，只需一支开发团队，就可以完成所有移动设备的前端开发工作。

（3）更容易迭代：应用所有资源都在服务端，不需要用户主动安装更新就可以实现升级迭代。

移动 Web 应用的劣势概况如下。

（1）功能有限：因为没有直接跟系统对接，只能使用浏览器提供的部分功能，很多硬件设备独有功能无法使用。

（2）操作体验欠佳：由于运行在浏览器之上，用户的操作并非由系统直接接收并响应，再加上浏览器质量参差不齐，操作体验势必有所下降。

（3）无法离线使用：虽然 HTML5 提供了离线存储功能，但并不代表用户在首次访问应用时，本地已经存在。

（4）很难被发现：用户获取 App 的方式一般是通过前往应用商店下载，移动 Web 应用并不具备在应用商店展示的条件。

移动 Web 应用只需 HTML5 技术及浏览器支持，通过浏览器呈现界面并与用户交互，如果应用场景需要手机底层技术支持，则可能会受到限制，如特定格式的视频播放器。因此，移动 Web 应用可以胜任大多数移动平台开发需求，如新闻资讯、内容订阅、移动办公、远程监控、电子游戏和娱乐等。特别是在很多细分市场，移动 Web 应用将非常具有优势，如移动阅读。

2．原生应用

原生应用针对不同的操作系统采用不同的开发语言和框架，其专门针对某一类设备而研发。原生应用的优势概况如下。

（1）功能完善：几乎具有设备所有功能的访问权限，可以满足用户的各种需求。

（2）体验更好：速度快、性能高，使采用原生应用的用户体验更具优势。

（3）可离线使用：由于原生应用的所有程序代码和静态资源在用户安装时已经下载到本地，即便在断网的情况下，用户也可以进行部分操作。

（4）发现机会高：无论是第 1 次下载（从应用商店），还是再一次使用（从设备图标打开），原生应用被发现的机会都远大于 Web 应用。

原生应用的劣势概况如下。

（1）开发成本高：有多少操作系统，就需要开发多少套应用程序，不仅开发成本很高，维护成本也不容忽视。

（2）迭代不可控：首先更新上线需要应用商店的审核，其次用户何时升级也是完全不受控制的。

（3）内容限制：各应用商店都有自己的规范条例，原生应用的功能和内容需要完全符合这些条例才允许上架。

总之，鉴于移动 Web 应用和原生应用各自的优势和劣势，已经有越来越多的 App 开始走向混合开发的模式，即原生和 Web 同时存在。原生部分为用户提供更好的使用体验，Web 部分可以实现更为快速的迭代更新。

1.1.3　HTML5 与移动 Web 开发

HTML5 技术早在 2011 年就已经被各大浏览器厂商支持，但是该标准真正制定完成是在 2014 年 10 月 29 日。HTML5 具有以下特性以适应移动 Web 开发。

（1）语义化：拥有更加丰富的标签，对微数据、微结构等有着非常友好的支持，可以赋予网页更好的语义和结构。

（2）设备兼容：HTML5 为开发者提供了丰富的 API（application programming interface，应用程序编程接口），让开发者能够在功能上有更好的体验和优化选择。

（3）多媒体：支持音频和视频播放，打破了依赖 Flash 等外部插件的局限性，降低了开发成本，提高了开发效率，提升了用户体验。

（4）图形特效：HTML5 提供了 Canvas、WebGL 等图形和三维功能，使普通网页也能呈现出惊人的视觉效果。

（5）本地存储：使移动 Web 应用拥有更短的启动时间、更快的联网速度，甚至可以离线使用。

（6）连接特性：Server-Sent Event 和 WebSocket 技术使连接效率更高，特别是在实时聊天和网页游戏方面，大大提升了用户体验。

除了以上这些实用特性之外，HTML5 还提供更多新功能，这些新功能在移动 Web 开发中至关重要。下面简单列举两个新功能。

（1）视口控制。当设计师在设计网页时，一般都会固定网页宽度，如在计算机端是 1000px 或 1200px 等，在移动端是 640px 或 750px 等。然而当为 PC 端设计的网页在移动设备上浏览时会显示不完整，设备的宽度远远不够。为了弥补这一点，移动设备上的浏览器会把视口放大，一般是 980px 或 1024px。但这样会让浏览器出现横向滚动条，因为设备实际可视区域比浏览器自设的这个宽度要小很多。为了解决这个问题，HTML5 通过<meta>标签引入 viewport 属性。例如：

```
<meta name="viewport" content="width=device-width, initial-scale=1.0,
maximum-scale=1.0, user-scalable=0">
```

以上代码的作用是让当前视口的宽度等于设备的宽度，同时不允许用户手动缩放。

（2）媒体查询。CSS3 新增媒体查询功能，允许开发者基于设备的不同特性应用不同的样式。例如，通过对视口宽度的判断，对网页输出不同的显示效果。如在 iPhone 15 下默认字号为 12px，而在 iPhone 15 Plus 下默认字号采用 14px，如果设备是 iPad，可采用多列布局展示等。除此之外，还有各种布局方式，以及丰富的设备 API。

1.2　HTML5 的语法特点

HTML5 以 HTML4 为基础，对 HTML4 进行了全面升级改造。与 HTML4 相比，HTML5 在语法上有很大的变化，具体说明如下。

扫一扫，看视频

1.2.1 文档

1. 内容类型

HTML5 的文件扩展名和内容类型（ContentType）保持不变。例如，扩展名仍然为.html 或.htm，内容类型仍然为 text/html。

2. 文档类型

在 HTML4 中，文档类型的声明方法如下：

```
<!DOCTYPE html PUBLIC"-//W3C//DTD XHTML 1.0 Transitional//EN"
"http://www.w3.org/TR/xhtml1/DTD/xhtml1-transitional.dtd">
```

在 HTML5 中，文档类型的声明方法如下：

```
<!DOCTYPE html>
```

当使用工具时，也可以在 DOCTYPE 声明中加入 SYSTEM 识别符，声明方法如下：

```
<!DOCTYPE HTML SYSTEM "about:legacy-compat">
```

在 HTML5 中，DOCTYPE 声明方式是不区分大小写的，引号也不区分是单引号还是双引号。

注意

使用 HTML5 的 DOCTYPE 会触发浏览器以标准模式显示页面。众所周知，网页都有多种显示模式，如怪异模式（Quirks）、标准模式（Standards）。浏览器根据 DOCTYPE 来识别应使用哪种解析模式。

3. 字符编码

在 HTML4 中，使用 meta 元素定义文档的字符编码，定义方法如下：

```
<meta http-equiv="Content-Type" content="text/html;charset=UTF-8">
```

在 HTML5 中，继续沿用 meta 元素定义文档的字符编码，但是简化了 charset 属性的写法，定义方法如下：

```
<meta charset="UTF-8">
```

对于 HTML5 来说，上述两种方法都有效，用户可以继续使用前一种方法，即通过 content 属性值中的 charset 关键字来指定。但是不能同时混用两种方法。

注意

在传统网页中，下面的标记是合法的。在 HTML5 中，这种字符编码方式将被认为是错误的。

```
<meta charset="UTF-8" http-equiv="Content-Type" content="text/html;
charset=UTF-8">
```

从 HTML5 开始，对于文件的字符编码推荐使用 UTF-8。

1.2.2 标记

HTML5 语法是为了不允许保证与之前的 HTML4 语法达到最大限度的兼容而设计的。

1. 标记省略

在 HTML5 中，元素的标记可以分为 3 种类型：不允许写结束标记、可以省略结束标记、可以省略全部标记。下面简单介绍这 3 种类型各包括哪些 HTML5 元素。

（1）不允许写结束标记的元素有 area、base、br、col、command、embed、hr、img、input、keygen、link、meta、param、source、track、wbr。

（2）可以省略结束标记的元素有 li、dt、dd、p、rt、rp、optgroup、option、colgroup、thead、tbody、tfoot、tr、td、th。

（3）可以省略全部标记的元素有 html、head、body、colgroup、tbody。

提示

不允许写结束标记的元素是指不允许使用开始标记与结束标记将元素括起来的形式，只允许使用<元素/>的形式进行书写。例如：

（1）错误的书写方式如下：

```
<br></br>
```

（2）正确的书写方式如下：

```
<br/>
```

HTML5 之前的版本中
这种写法可以继续沿用。

可以省略全部标记的元素是指元素可以完全被省略。需要注意的是，该元素还是以隐藏的方式存在的。例如，将 body 元素省略时，它在文档结构中还是存在的，可以使用 document.body 进行访问。

2. 布尔值

对于布尔型属性，如 disabled 与 readonly 等，当只写属性而不指定属性值时，表示属性值为 true；如果属性值为 false，可以不使用该属性。另外，当想将属性值设定为 true 时，也可以将属性名设定为属性值，或将空字符串设定为属性值。

【示例 1】下面是几种正确的书写方法。

```
<!--只写属性，不写属性值，代表属性为true-->
<input type="checkbox" checked>
<!--不写属性，代表属性为false-->
<input type="checkbox">
<!--属性值=属性名，代表属性为true-->
<input type="checkbox" checked="checked">
<!--属性值=空字符串，代表属性为true-->
<input type="checkbox" checked="">
```

3. 属性值

属性值可以加双引号，也可以加单引号。HTML5 在此基础上进行了一些改进，当属性值不包括空字符串、<、>、=、单引号、双引号等字符时，属性值两边的引号可以省略。

【示例2】下面的写法都是合法的。

```
<input type="text">
<input type='text'>
<input type=text>
```

1.3　熟悉开发工具

网站设计工具包括网页浏览器和代码编辑器。网页浏览器用于执行和调试网页代码，代码编辑器用于高效编写网页代码。

1.3.1　网页浏览器

网页需要浏览器渲染之后才能够显示，学习 HTML5+CSS3 语言之前，应该先了解浏览器。目前主流浏览器包括 Edge、FireFox、Opera、Safari 和 Chrome。

网页浏览器内核可以分为两部分：渲染引擎和 JavaScript 引擎。渲染引擎负责取得网页内容（HTML、XML、图像等）、整理信息（如加入 CSS 等），以及计算网页的显示方式，最后输出显示；JavaScript 引擎负责解析 JavaScript 脚本，执行 JavaScript 代码实现网页的动态效果。

1.3.2　代码编辑器

使用任何文本编辑器都可以编写网页代码，但是为了提高开发效率，建议选用专业的开发工具。代码编辑器主要分两种：IDE（integrated development environment，集成开发环境）和轻量编辑器。

（1）IDE 包括 VScode（Visual Studio Code）、WebStorm 和 Dreamweaver。VScode 与 Visual Studio 是不同的工具，后者为收费工具，是强大的 Windows 专用编辑器。

（2）轻量编辑器包括 Sublime Text、Notepad++、Vim 和 Emacs 等。轻量编辑器适用于单文件的编辑，但是由于各种插件的加持，使它与 IDE 在功能上没有太大的区别。

本书推荐使用 VScode 或 Dreamweaver 作为网页代码编辑工具。其中 VScode 结合了轻量级文本编辑器的易用性和大型 IDE 的开发功能，具有强大的扩展能力和社区支持，是目前最受欢迎的编程工具。访问官网下载，注意系统类型和版本，然后安装即可。

成功安装 VScode 之后，启动 VScode，在界面左侧单击第 5 个图标按钮，打开扩展面板，输入关键词：Chinese，搜索 Chinese(Simplified)（简体中文）Language Pack for Visual Studio Code 插件，安装该插件，汉化 VScode 操作界面。

在 VScode 扩展面板中搜索 Live Server，并安装该插件。安装之后，在编辑好的网页文件上右击，在弹出的快捷菜单中选择 Open with Live Server 命令，可以创建一个具有实时加载功能的本地服务器，并打开默认网页浏览器预览当前文件。

1.3.3　开发者工具

现代浏览器都提供了开发者工具，用来查看网页错误，实时了解 DOM 解析和 CSS 渲染状况，并允许通过 JavaScript 向控制台输出消息。在菜单中查找“开发人员工具”，或者按 F12 键可以快速打开开发者工具面板。在控制台中，错误消息带有红色图标，警告消息带有黄色图标。

1.4　初次使用 HTML5

1.4.1　新建 HTML5 文档

扫一扫，看视频

从结构上分析，HTML5 文档一般包括头部消息（<head>）和主体信息（<body>）两部分。

1．头部消息

在<head>和</head>标签之间的内容表示网页文档的头部消息。在头部消息中，有一部分消息是浏览者可见的，如<title>和</title>之间的文本，也称为网页标题，会显示在浏览器标签页中。但是大部分消息是不可见，专供浏览器解析服务的，如网页字符编码、各种元信息等。

2．主体信息

在<body>和</body>标签之间的内容表示网页文档的主体信息。主体信息包括标签和网页内容两部分。

（1）标签：对网页内容进行分类标识，标签自身不会在网页中显示。

（2）网页内容：被标签标识的内容，一般显示在网页中，包括纯文本内容和超文本内容。纯文本内容在网页中直接显示为文本信息，如关于、产品、资讯等；超文本内容是各种外部资源，如图像、音视频文件、CSS 文件、JavaScript 文件，以及其他 HTML 文件等，这些外部资源不像文本放在代码中，而是通过各种标签标记 URL，浏览器在解析时才根据 URL 导入渲染。

【示例 1】 使用记事本或者其他类型的文本编辑器新建文本文件，保存为 index.html。输入下面的代码。需要注意的是，扩展名为.html，而不是.txt。

```
<!DOCTYPE html>
<html lang="en">
<head>
<meta charset="utf-8" />
<title>网页标题</title>
</head>
<body>
</body>
</html>
```

此时，由于网页还没有包含任何信息，在浏览器中显示为空。

【示例 2】 在示例 1 的基础上，为页面添加主体内容。

```
<!DOCTYPE html>
<html lang="en">
<head>
<meta charset="utf-8" />
```

```
    <title>HTML5 示例</title>
    </head>
    <body>
    <article>
        <h1>第一个 HTML5 网页</h1>
        <img src="images/html5.jpg" width="200" alt="html5 图标" />
        <p>我是<em>小白</em>, 现在准备学习<a href="https://www.w3.org/TR/html5/"
rel="external" title="HTML5 参考手册">HTML5</a></p>
    </article>
    </body>
    </html>
```

在浏览器中预览，显示效果如图 1.1 所示。

图 1.1　添加主体内容显示效果

示例 2 演示了 6 种常用的标签：<a>、<article>、<em>、<h1>、<img>和<p>，每个标签都表示不同的语义。例如，<h1>表示定义标题，<a>表示定义链接，<img>表示定义图像。

注意

在网页代码中，空字符不会影响页面的呈现效果，因此利用空字符可以对嵌套结构的代码进行排版，格式化后的代码会更容易阅读。

扫一扫，看视频

1.4.2　认识 HTML5 标签

一个标签由 3 部分组成：元素、属性和值。

1．元素

元素表示标签的名称。大多数标签由开始标签和结束标签配对使用。习惯上，标签名称采用小写形式，HTML5 对此未做强制要求，也可以使用大写字母。例如：

```
<em>小白</em>
```

（1）开始标签：<em>。

（2）被标记的文本：小白。

（3）结束标签：</em>。

还有一些标签不需要包含文本，仅有开始标签，没有结束标签，被称为孤标签。例如：

```
<img src="images/xiaobai.jpg" width="50" alt="小白者，我也" />
```

在 HTML5 中，孤标签尾部的空格和斜杠（/）是可选的。不过，“>”是必需的。

2．属性和值

属性可以设置标签的特性。HTML5 允许属性的值不加引号，习惯上建议添加，同时尽量使用小写形式。例如：

```
<label for="email">电子邮箱</label>
```

（1）一个标签可以设置多个属性，每个属性都有各自的值。属性的顺序并不重要。属性之间用空格隔开。例如：

```
<a href="https://www.w3.org/TR/html5/" rel="external" title="HTML5 参考手册">
HTML5</a>
```

（2）有的属性可以接收任何值，有的属性则有限制。最常见的是那些仅接收预定义的值的属性。预定义的值一般用小写字母表示。例如：

```
<link rel="stylesheet" media="screen" href="style.css" />
```

link 元素的 media 属性只能设置 all、screen、print 等有限序列值中的一个。

（3）有很多属性的值需要设置为数字，特别是那些描述大小和长度的属性。数字不需要包含单位。例如，图像和视频的宽度与高度是有单位的，默认为像素。

（4）有的属性（如 href 和 src）用于引用其他文件，它们只能包含 URL 形式的字符串。

（5）还有一种特殊的属性称为布尔属性，这种属性的值是可选的，因为只要这种属性出现就表示其值为真。例如：

```
<input type="email" required />
```

以上代码提供了一个让用户输入电子邮件的输入框。required 属性表示用户必须在该输入框中填写内容。布尔属性不需要属性值，如果一定要加上属性值，则可以编写为 required="required"或者 required=""。

1.4.3　认识网页内容

扫一扫，看视频

网页内容包括纯文本内容和超文本内容，具体介绍如下。

1．纯文本内容

网页中显示的纯文本内容就是元素中包含的文本，它是网页中最基本的构成部分。在 HTML 早期版本中，只能使用 ASCII 字符。

ASCII 字符仅包括英文字母、数字和少数几个常用符号。开发人员必须用特殊的字符引用来创建很多日常符号。例如， 表示空格，©表示版权符号（©），®表示注册商标符号(®)等。

注意

浏览器在呈现 HTML 页面时，会把文本内容中的多个空格或制表符压缩成单个空格，把回车符和换行符转换成单个空格或者忽略。字符引用也替换成对应的符号，如把©显示为©。

Unicode 字符集极大缓解了特殊字符的显示问题。使用 UTF-8 对页面进行编码，并用同样的编码保存 HTML 文件已成为一种标准做法。推荐设置 charset 的值为 UTF-8。HTML5 不区分大小写，UTF-8 和 utf-8 的结果是一样的。

2. 超文本内容

在网页中除了大量的文本内容外，还有很多非文本内容，如链接、图像、视频、音频等。从网页外导入图像和其他非文本内容时，浏览器会将这些内容与文本一起显示。

外部文件实际上并没有存储在 HTML 文件中，而是单独保存的，页面只是简单地引用了这些文件。例如：

```
<article>
    <h1>小白自语</h1>
    <img src="images/xiaobai.jpg" width="50" alt="小白者，我也" />
    <p>我是<em>小白</em>，现在准备学习<a href="https://www.w3.org/TR/html5/"
rel="external" title="HTML5 参考手册">HTML5</a></p>
</article>
```

HTML 文档通过<img>标签的 src 属性包含有一个对图像文件 xiaobai.jpg 的引用，浏览器在加载页面其他部分的同时，会加载并显示这张图像。另外，通过<a>标签的 href 属性还包括一个指向关于 HTML5 参考页面的链接。

扫一扫，看视频

1.4.4 简化 HTML5 文档

HTML5 允许对网页文档结构进行简化，下面结合一个示例进行说明。

```
<!DOCTYPE html>
<meta charset="UTF-8">
<title>HTML5 基本语法</title>
<h1>HTML5 的目标</h1>
<p>HTML5 的目标是为了能够创建更简单的 Web 程序，书写出更简洁的 HTML 代码。
<br/>例如，为了使 Web 应用程序的开发变得更容易，提供了很多 API；为了使 HTML 变得更简洁，
开发出了新的属性、新的元素等。总体来说，为下一代 Web 平台提供了许许多多新的功能。
```

这段代码在浏览器中的运行结果如图 1.2 所示。

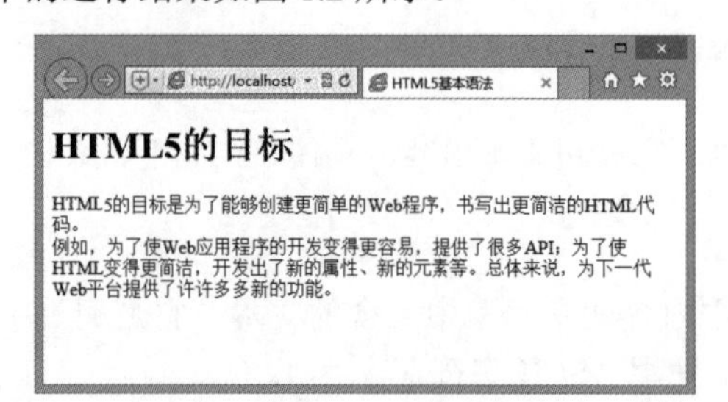

图 1.2 运行结果

本示例中的文档省略了<html>、<head>、<body>等标签，使用 HTML5 的 DOCTYPE 声明文档类型，简化<meta>的 charset 属性设置，省略<p>标签的结束标记、使用<元素/>的方式来结束<meta>和
标签等。这充分展示了 HTML5 语法的简洁性。

第 1 行代码如下：

```
<!DOCTYPE HTML>
```

不需要包括版本号，仅告诉浏览器需要一个 DOCTYPE 来触发标准模式，可谓简明扼要。

接下来说明文档的字符编码。

```
<meta charset="UTF-8">
```

同样也很简单，HTML5 不区分大小写，不需要标记结束符，不介意属性值是否加引号，即下列代码是等效的。

```
<meta charset="utf-8">
<META charset="utf-8"/>
<META charset=utf-8>
```

在主体中，可以省略主体标记，直接编写需要显示的内容。虽然在编写代码时省略了<html>、<head>和<body>标记，但浏览器在进行解析时，将会自动进行添加。

**提示**

考虑到代码的可维护性，在编写代码时，应该尽量增加这些基本结构标签。

扫一扫，看视频

1.5　案例实战：制作学习卡片

【案例】 制作一张学习卡片，通过本案例练习 HTML5 文档的创建过程和基本操作步骤。

（1）新建 HTML5 文档，保存为 test.html。构建网页基本框架，主要内容包括<html>、<head>、<boyd>、字符编码和网页标题等。

（2）在头部位置使用<link>导入第三方字体图标库 font-awesome.min.css。将使用该库的字体图标来定义微博、微信和 QQ 链接。

```
<link rel="stylesheet"href="https://cdn.staticfile.org/font-awesome/4.7.0/
css/font-wesome.min.css">
```

（3）在主体区域使用<h2>标签定义卡片标题。

```
<h2 style="text-align:center">学习卡片</h2>
```

（4）使用<div class="card">标签定义卡片包含框，包含个人大头像（<img>）和个人信息框（<div class="container">）。

```
<h2 style="text-align:center">学习卡片</h2>
<div class="card">
    <img src="img_avatar.png" alt="小白" style="width:100%">
    <div class="container"></div>
</div>
```

（5）完善个人信息的内容，可以自由发挥，代码如下：

```
<div class="container">
    <h1>江小白</h1>
    <p class="title">现在是开始，也是毕业的倒计时。</p>
    <p>上课不贪玩，练习不打折，我是江小白，学习赛道上的战斗机！欧耶！</p>
</div>
```

（6）定义字体图标，设计社交超链接、互动按钮。最终设计效果如图 1.3 所示。有关 CSS 代码此处不再说明，读者可以参考本案例源代码。

```
<div class="container">
    ...
    <div style="margin:24px 0;"><a href="#"><i class="fa fa-weibo"></i>
</a><a href="#"><i class="fa fa-weixin"></i></a><a href="#"><i class="fa fa-
```

```
qq"></i> </a></div>
        <p><button>打卡</button></p>
    </div>
```

图 1.3　学习卡片最终设计效果

本章小结

本章首先介绍了移动网页开发的发展历史；然后介绍了 HTML5 的语法特点，以及学习网页设计需要熟悉的工具；最后详细讲解了 HTML5 文档的创建过程，了解了 HTML5 文档的基本结构和简化结构。

课后练习

一、填空题

1．2014 年 10 月 W3C 的 HTML 工作组发布了__________的正式推荐标准。

2．HTML5 文件扩展名为________或________，内容类型为________。

3．HTML5 文档一般包括______________________和______________________两部分。

4．网页文档的主体信息包括________和________两部分。

二、判断题

1．与原生应用开发相比，移动 Web 应用的开发成本高、更新不方便。（　　）

2．HTML5 文档类型的声明方法为<!DOCTYPE html>。（　　）

3．使用 HTML5 的 DOCTYPE 会触发浏览器以标准模式显示页面。（　　）

4．HTML5 要求所有标记都应包含结束标记。（　　）

三、选择题

1．在 HTML5 中，（　　）元素不允许写结束标记。

A．p　　　　B．br　　　　C．div　　　　D．h1

2．在 HTML5 中，(　　) 元素可以省略全部标记。

A．p　　　　B．li　　　　C．body　　　　D．dd

3．下面 4 种书写方法中，(　　) 表示复选框未被选中。

A．<input type="checkbox" checked>

B．<input type="checkbox">

C．<input type="checkbox" checked="checked">

D．<input type="checkbox" checked="">

4．下面 4 种书写方法中，(　　) 合法。

A．<input type="text">　　　　B．<input type='text'>

C．<input type=text>　　　　D．<input type="text'>

5．以下选项中，(　　) 不是超文本内容。

A．特殊字符　　　　B．图像　　　　C．超链接　　　　D．视频

四、简答题

1．网页内容包括纯文本内容和超文本内容，请具体说明一下。

2．如何理解 HTML5 放宽了对标记的语法约束？

五、上机题

1．新建 HTML5 文档，使用一级标题标签、段落文本标签和有序列表标签，设计一个简单的页面，如图 1.4 所示。

图 1.4　设计一个简单的页面

2．试一试在网页中输入古诗《长歌行》，古诗名使用<h1>标记，作者使用<h2>标记，诗句使用<p>标记，其中“少壮不努力，老大徒伤悲。”一句使用<strong>进行强调，如图 1.5 所示。

3．针对上一题示例，试一试使用一个<p>标签标记 5 行诗句，然后使用
标签强制每句换行显示，如图 1.6 所示。

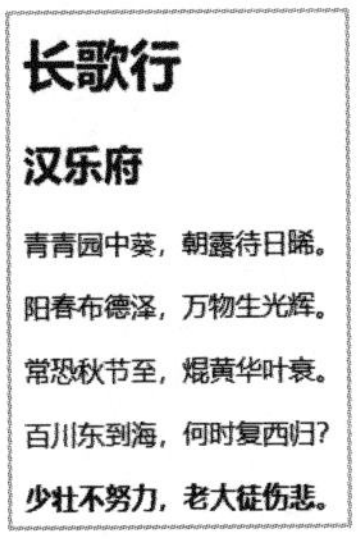

图 1.5　在网页中输入古诗

图 1.6　强制换行显示

4．试一试美化一下页面，使用 bgcolor="ivory"属性设置页面背景色为象牙白，使用

align="center"属性设置古诗居中显示，如图 1.7 所示。

5．试一试使用<pre>代替<p>标签，标记 5 行诗句，然后依次缩进显示每行诗句，使其呈现阶梯状排列效果，如图 1.8 所示。

图 1.7　格式化古诗

图 1.8　预定义格式古诗

拓 展 阅 读

第 2 章　HTML5 文档结构

【学习目标】

- 正确设计网页基本结构。
- 定义页眉、页脚和导航区。
- 定义主要区域和区块。
- 定义文章块、附栏。

定义清晰、一致的文档结构不仅方便后期维护和拓展，同时也大大降低了 CSS 和 JavaScript 的应用难度。为了提高搜索引擎的检索率，适应智能化处理，设计符合语义的结构显得尤为重要。本章主要介绍设计 HTML5 文档结构所需的 HTML 元素及其使用技巧。

2.1　头 部 结 构

HTML 文档的头部区域存储着各种网页元信息，这些元信息主要为浏览器所用，一般不会显示在网页中。另外，搜索引擎也会检索这些元信息，因此重视并准确设置 HTML 文档的头部区域非常重要。

2.1.1　定义网页标题

扫一扫，看视频

使用<title>标签可以定义网页标题。例如：

```
<html>
<head>
<title>HTML5 标签说明</title>
</head>
<body>
HTML5 标签列表
</body>
</html>
```

浏览器会把它放在窗口的标题栏或状态栏中显示，如图 2.1 所示。当把文档加入用户的链接列表、收藏夹或书签列表时，标题将作为该文档链接的默认名称。

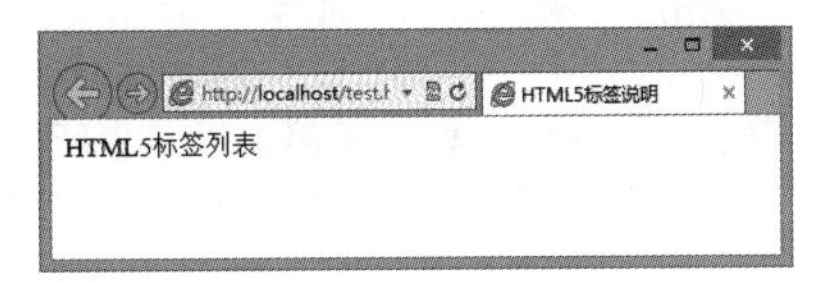

图 2.1　显示网页标题

title 元素必须位于 head 部分。页面标题会被谷歌、百度等搜索引擎采用，从而能够大致了解页面内容，并将页面标题作为搜索结果中的链接显示，如图 2.2 所示。它也是判断搜索结果中页面相关度的重要因素。

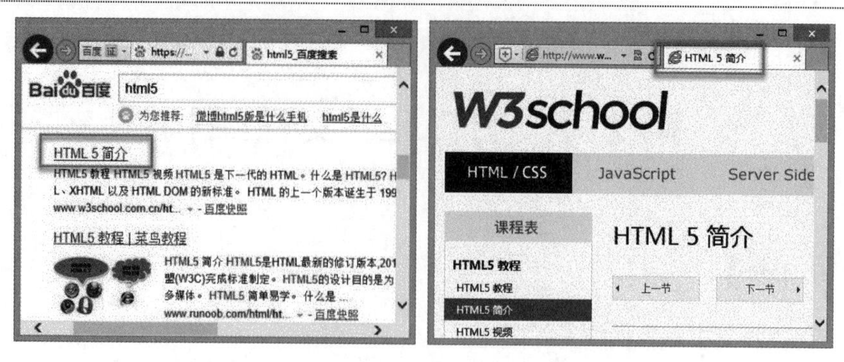

图 2.2　网页标题在搜索引擎中的作用

提示

title 元素是必需的，title 中不能包含任何格式、HTML、图像或指向其他页面的链接。一般网页编辑器会预先为页面标题填上默认文字，要确保用自己的标题替换它们。

让每个页面的 title 是唯一的，从而提升搜索引擎结果排名，并让访问者获得更好的体验。页面标题也出现在访问者的 History 面板、收藏夹列表以及书签列表中。

很多开发人员不太重视 title 文字，仅简单地输入网站名称，并将其复制到全站每一个网页中。如果流量是网站追求的指标之一，这样做会让网站产生很大的损失。不同搜索引擎确定网页排名和内容索引规则的算法是不一样的。不过，title 通常都扮演着重要的角色。搜索引擎会将 title 作为判断页面主要内容的指标，并将页面内容按照与之相关的文字进行索引。

建议将 title 的核心内容放在前 60 个字符中，因为搜索引擎通常将超过此数目（作为基准）的字符截断。不同浏览器显示在标题栏中的字符数上限不尽相同。浏览器标签页会将标题截得更短，因为它占的空间较少。

扫一扫，看视频

2.1.2　定义网页元信息

使用<meta>标签可以定义网页的元信息。例如，定义针对搜索引擎的描述信息和关键词，一般网站都必须设置这两条元信息，以方便搜索引擎检索。

（1）定义网页的描述信息，语法格式如下：

```
<meta name="description" content="标准网页设计专业技术资讯"/>
```

（2）定义页面的关键词，语法格式如下：

```
<meta name="keywords" content="HTML,DHTML,CSS,XML,XHTML,JavaScript"/>
```

<meta>标签位于文档的头部，<head>标签内不包含任何内容。使用<meta>标签的属性可以定义与文档相关联的键值对。<meta>标签可用属性及说明见表 2.1。

表 2.1　<meta>标签可用属性及说明

属　性	说　明
Content	必需的，定义与 http-equiv 或 name 属性相关联的元信息
http-equiv	把 content 属性关联到 HTTP 头部。取值包括 content-type、expires、refresh、set-cookie 等
name	把 content 属性关联到一个名称。取值包括 author、description、keywords、generator、revised 等
scheme	定义用于翻译 content 属性值的格式
charset	定义文档的字符编码

【示例】下面列举常用元信息的设置代码，更多元信息的设置可以参考 HTML 手册。

将 http-equiv 属性设置为 content-type，可以设置网页的编码信息。

（1）设置 UTF-8 编码的语法格式如下：

```
<meta http-equiv="content-type" content="text/html; charset=UTF-8"/>
```

提示

HTML5 简化了字符编码设置方式：<meta charset="utf-8">，其作用是相同的。

（2）设置简体中文 GB2312 编码的语法格式如下：

```
<meta http-equiv="content-type" content="text/html; charset=gb2312"/>
```

注意

每个 HTML 文档都需要设置字符编码类型，否则可能会出现乱码，其中 UTF-8 是国家通用编码，独立于任何语言，因此都可以使用。

使用 content-language 属性值定义页面语言的代码。设置中文版本语言的语法格式如下：

```
<meta http-equiv="content-language" content="zh-CN"/>
```

使用 refresh 属性值可以设置页面刷新时间或跳转页面，如 5s 之后刷新页面的语法格式如下：

```
<meta http-equiv="refresh" content="5"/>
```

5s 之后跳转到百度首页的语法格式如下：

```
<meta http-equiv="refresh" content="5; url= https://www.baidu.com/"/>
```

使用 expires 属性值设置网页缓存时间的语法格式如下：

```
<meta http-equiv="expires" content="Sunday 20 October 2024 10:00 GMT"/>
```

也可以使用如下方式设置页面不缓存：

```
<meta http-equiv="pragma" content="no-cache"/>
```

类似的设置还有很多，再举几例。

```
<meta name="author" content="https://www.baidu.com/"/>      <!--设置网页作者-->
<meta name="copyright" content=" https://www.baidu.com/"/><!--设置网页版权-->
<meta name="date" content="2024-10-12T20:50:30+00:00"/>   <!--设置创建时间-->
<meta name="robots" content="none"/>                   <!--设置禁止搜索引擎检索-->
```

2.1.3　定义文档视口

扫一扫，看视频

在移动设备上进行网页重构或开发，首先需要理解视口（viewport）的概念，以及如何使用<meta name="viewport">标签使网页适配或响应各种不同分辨率的移动设备。

移动端浏览器的宽度通常是 240～640px，而大多计算机端的网页宽度至少为 800px，如果仍以浏览器窗口作为视口，网站内容在移动端上看起来会非常窄。因此，引入了视口概念，使移动端页面显示与计算机端浏览器宽度不再关联。视口又包括布局视口、视觉视口和理想视口 3 个概念。

<meta name="viewport">标签的设置代码如下：

```
<meta id="viewport" name="viewport" content="width=device-width;initial-
scale=1.0; maximum-scale=1; user-scalable=no;">
```

<meta name="viewport">标签的属性、取值及说明见表 2.2。

表 2.2　<meta name="viewport">标签的属性、取值及说明

属　性	取　值	说　明
width	正整数或 device-width	定义视口的宽度，单位为 px
height	正整数或 device-height	定义视口的高度，单位为 px，一般不用
initial-scale	[0.0-10.0]	定义初始缩放值
minimum-scale	[0.0-10.0]	定义缩小最小比例，它必须小于或等于 maximum-scale 设置
maximum-scale	[0.0-10.0]	定义放大最大比例，它必须大于或等于 minimum-scale 设置
user-scalable	yes/no	定义是否允许用户手动缩放页面，默认值为 yes

1．布局视口

布局视口使视口与移动端浏览器屏幕宽度完全独立开，CSS 布局将会根据布局视口来进行计算，并被它约束。布局视口的宽度/高度可以通过 document.documentElement.clientWidth/Height 获取。默认的布局视口宽度为 980px，如果要显式设置布局视口，可以按如下方式设置。

```
<meta name="viewport" content="width=400">
```

2．视觉视口

视觉视口是用户当前看到的区域，可以通过缩放操作视觉视口，同时不会影响布局视口。当用户放大时，视觉视口将会变小，CSS 像素将跨越更多的物理像素。

3．理想视口

布局视口的默认宽度并不是一个理想的宽度，于是 Apple 和其他浏览器厂商引入了理想视口的概念，它对设备而言是最理想的布局视口尺寸。显示在理想视口中的网站具有最理想的宽度，用户无须进行缩放。

下面的方法可以使布局视口与理想视口的宽度一致，这就是响应式布局的基础。

```
<meta name="viewport" content="width=device-width">
```

【示例】下面的示例在页面中输入一个标题和两段文本，如果没有设置文档视口，则在移动设备中所呈现的效果如图 2.3 所示；而设置了文档视口之后，所呈现的效果如图 2.4 所示。

```
<!doctype html>
<html>
<head>
<meta charset="utf-8">
<title>设置文档视口</title>
<meta name="viewport" content="width=device-width, initial-scale=1">
</head>
<body>
```

```
    <h1>width=device-width, initial-scale=1</h1>
    <p>width=device-width 将 layout viewport（布局视口）的宽度设置为 ideal viewport（理想视口）的宽度。</p>
    <p>initial-scale=1 表示将 layout viewport（布局视口）的宽度设置为 ideal viewport（理想视口）的宽度。</p>
    </body>
    </html>
```

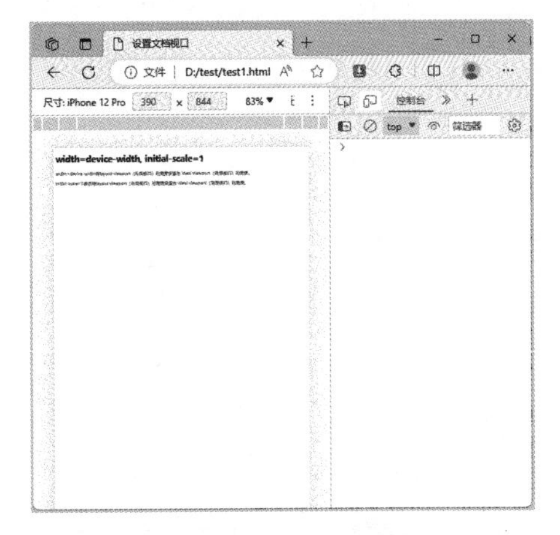

图 2.3　默认被缩小的页面视图

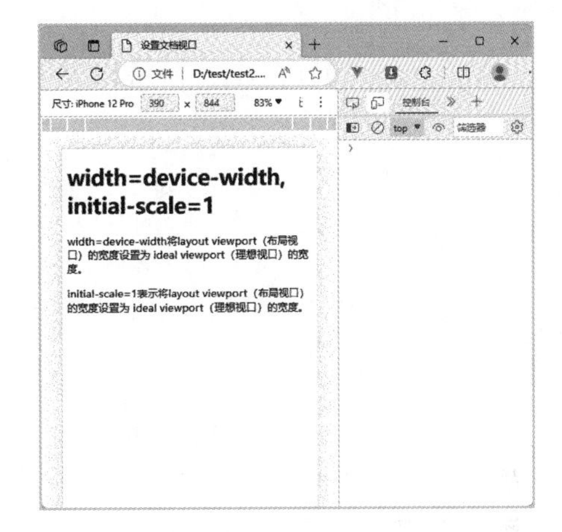

图 2.4　保持正常的布局视图

提示

ideal viewport（理想视口）通常就是我们说的设备的屏幕分辨率。

2.2　主体基本结构

HTML 文档的主体部分包括了要在浏览器中显示的所有信息。这些信息需要在特定的结构中呈现，下面介绍网页通用结构的设计方法。

2.2.1　定义文档结构

扫一扫，看视频

HTML5 包含 100 多个标签，大部分继承自 HTML4，新增加 30 多个标签。这些标签基本上都被放置在主体区域内（<body>），将在后面各章节中逐一进行说明。

正确选用 HTML5 标签可以避免代码冗余。在设计网页时不仅需要使用<div>标签来构建网页通用结构，还要使用下面几类标签完善网页结构。

（1）<h1>、<h2>、<h3>、<h4>、<h5>、<h6>：定义文档标题，1 表示一级标题，6 表示六级标题，常用标题包括一级、二级和三级。

（2）<p>：定义段落文本。

（3）<ul>、<ol>、<li>等：定义信息列表、导航列表、榜单结构等。

（4）<table>、<tr>、<td>等：定义表格结构。

（5）<form>、<input>、<textarea>等：定义表单结构。

（6）<span>：定义行内包含框。

【示例】下面的示例是一个简单的 HTML 页面，使用了少量的 HTML 标签。它演示了一个简单的文档应该包含的内容，以及主体内容是如何在浏览器中显示的。

（1）新建文本文件，输入下面的代码。

```
<html>
    <head>
        <meta charset="utf-8">
        <title>一个简单的文档包含内容</title>
    </head>
    <body>
        <h1>我的第一个网页文档</h1>
        <p>HTML 文档必须包含三个部分：</p>
        <ul>
            <li>html——网页包含框</li>
            <li>head——头部区域</li>
            <li>body——主体内容</li>
        </ul>
    </body>
</html>
```

（2）保存文本文件，命名为test，设置扩展名为.html。

（3）使用浏览器打开这个文件，则可以看到如图2.5所示的预览效果。

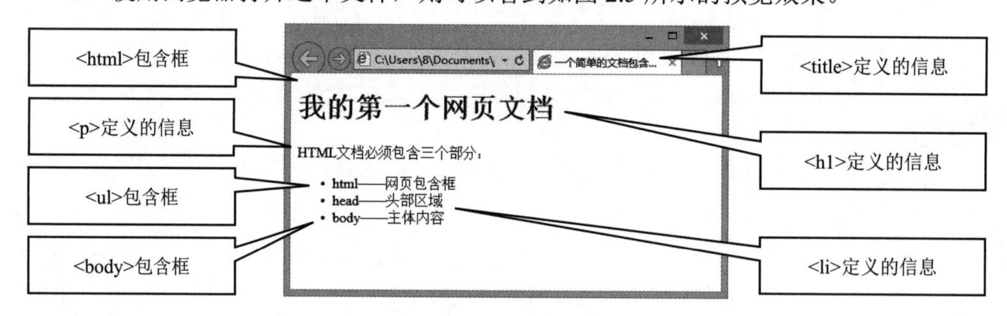

图2.5　网页文档演示效果

为了更好地选用标签，读者可以参考w3school网站的页面信息。

2.2.2　使用div和span元素

有时需要在一块内容外包裹一层容器，方便为其应用CSS样式或JavaScript脚本。在评估内容时，应优先考虑使用article、section、aside、nav等结构化语义元素，但是发现它们从语义上来分析都不合适。这时真正需要的是一个通用容器，一个完全没有任何语义的容器。

<div>是一个通用标签，用于设计不包含任何语义的结构块。与header、footer、main、article、section、aside、nav、h1～h6、p等元素一样，在默认情况下，div元素自身没有任何默认样式，其包含的内容会占据一行显示。

在HTML4中，div是使用频率最高的元素，是网页设计的主要工具。在HTML5中，div的重要性有所下降，开始使用语义化的结构元素，但是div仍然不可或缺，它与CSS和JavaScript配合使用，主要进行结构化的样式和脚本设计。

【示例1】 下面的示例为页面内容加上div以后，可以添加更多样式的通用容器。

```
<div>
    <article>
        <h1>文章标题</h1>
        <p>文章内容</p>
```

```
        <footer>
            <p>注释信息</p>
            <address><a href="#">W3C</a></address>
        </footer>
    </article>
</div>
```

现在就可以使用 CSS 为该块内容添加样式。div 对使用 JavaScript 实现一些特定的交互行为或效果也是有帮助的。例如，在页面中展示一张照片或一个对话框，同时让背景页面覆盖一个半透明的层（这个层通常是一个 div）。

div 并不是唯一没有语义的元素，span 是与 div 对应的一个元素：div 是块级内容的通用容器，而 span 则是行内对象的无语义通用容器。span 呈现为行内显示，不会像 div 一样占据一行，从而破坏行内文本流。

【示例 2】在下面的代码中将段落文本中的部分信息进行分隔显示，以便应用不同的类样式。

```
<h1>新闻标题</h1>
<p>新闻内容</p>
<p>...</p>
<p>发布于<span class="date">2024 年 12 月</span>，由<span class="author">张三
</span>编辑</p>
```

在 HTML 结构化元素中，div 是除了 h1～h6 以外唯一早于 HTML5 出现的元素。在 HTML5 之前，div 是包裹大块内容的首选元素，如页眉、页脚、主要内容、文章块、区块、附栏、导航等；然后通过 id 为其定义富有语义化的名称，如 header、footer、main、article、section、aside 或 nav 等；最后再使用 CSS 为其添加样式。

2.2.3 使用 id 和 class 属性

扫一扫，看视频

id 和 class 是 HTML5 标签的基础属性，在网页中是最有效的“钩子”，实现与 CSS 和 JavaScript 进行绑定。使用 id 可以标识元素，标识的名称在页面中必须是唯一的。使用 class 可以定义类样式，与 id 不同，同一个 class 可以应用于任意数量的元素。因此 class 非常适合标识样式相同的对象。例如，设计一个新闻页面，其中包含每条新闻的日期。此时不必给每条新闻的日期分配不同的 id，而是统一一个类名，如 date。

【示例】构建一个简单的列表结构，并分配一个 id，自定义导航模块。同时，为新增的菜单项目添加一个类样式。

```
<ul id="nav">
    <li><a href="#">首页</a></li>
    <li><a href="#">新闻</a></li>
    <li class="new_hot"><a hzef="#">互动</a></li>
</ul>
```

提示

id 和 class 的名称一定要保持语义性，并与表现分离。例如，可以给导航元素分配 id 名为 right_nav，即希望它出现在右边。但是，如果以后将它的位置改到左边，那么 CSS 和 HTML 就会发生歧义。所以，将这个元素命名为 sub_nav 或 nav_main 更合适，这种名称不涉及如何表现。对于 class 的名称，也是如此。例如，如果定义所有错误消息以红色显示，不应使用类名 red，而应该选择更有语义的名称，如 error。

注意

id和class的名称要区分大小写，虽然CSS不区分大小写，但是JavaScript脚本是区分大小写的。最好的方式是保持一致的命名约定，如果在HTML中使用驼峰命名法，那么在CSS中也采用这种形式。

扫一扫，看视频

2.2.4 使用title属性

使用title属性可以添加提示信息，屏幕阅读器能够朗读title文本，因此使用title可以提升无障碍访问功能。

【示例】可以为任何元素添加title，不过应用最多的是超链接。

```
<ul title="列表提示信息">
    <li><a href="#" title="链接提示信息">列表项目</a></li>
</ul>
```

如果同时为img设置title和alt属性，则显示的提示信息为title文本，而不是alt文本。

扫一扫，看视频

2.2.5 使用role属性

role是HTML5新增属性，用于说明当前元素在页面中扮演的角色，以增强元素的可读性和语义化。常用的role属性值说明如下。

（1）role="banner"（横幅）：面向全站的内容，通常包含网站标志、网站赞助者标志、全站搜索工具等。横幅通常显示在页面的顶端，而且通常横跨整个页面的宽度。

使用方法：将其添加到页面级的header元素，每个页面只用一次。

（2）role="navigation"（导航）：文档内不同部分或相关文档的导航性元素的集合。

使用方法：与nav元素是对应关系。应将其添加到每个nav元素，或其他包含导航性链接的容器。这个角色可在每个页面上使用多次，但是同nav一样，不要过度使用该属性。

（3）role="main"（主体）：文档的主要内容。

使用方法：与main元素的功能是一样的。对于main元素来说，建议也应该设置role="main"属性，其他结构元素更应该设置role="main"属性，以便能够让浏览器识别它是网页主体内容。在每个页面仅使用一次。

（4）role="complementary"（补充性内容）：文档中作为主体内容补充的支撑部分。它对区分主体内容来说十分有意义。

使用方法：与aside元素是对应关系。应将其添加到aside或div元素（前提是该div仅包含补充性内容）。可以在一个页面里包含多个complementary角色，但不要过度使用。

（5）role="contentinfo"（内容信息）：包含关于文档的信息的大块、可感知区域。这类信息的示例包括版权声明和指向隐私权声明的链接等。

使用方法：将其添加至整个页面的页脚（通常为footer元素）。每个页面仅使用一次。

【示例】下面的代码演示了如何在文档结构中应用role属性。

```
<div class="container">                                    <!-- 开始页面容器 -->
    <header role="banner">
        <nav role="navigation">[包含多个链接的列表]</nav>
    </header>
    <main role="main">                                     <!-- 应用CSS后的第1栏 -->
        <article></article>
```

```
        </main>                                  <!-- 结束第 1 栏 -->
        <div class="sidebar">                    <!-- 应用 CSS 后的第 2 栏 -->
            <aside role="complementary"></aside>
        </div>                                   <!-- 结束第 2 栏 -->
        <footer role="contentinfo"></footer>
    </div>                                       <!-- 结束页面容器 -->
```

即便不使用 role 属性，页面看起来也没有任何差别，但是使用后可以提升使用辅助设备的用户的体验。出于这个理由，推荐使用 role 属性。

对表单元素来说，form 属性是多余的；search 用于标记搜索表单；application 则属于高级用法。当然，不要在页面上过多地使用 role 角色。过多的 role 属性会让屏幕阅读器用户感到累赘，从而降低 role 的作用，影响整体体验。

2.2.6 HTML 注释

包含在“<!--”和“-->”标签内的文本就是 HTML 注释，注释信息只会在源代码中可见，在浏览器中不会显示出来。

【示例】 下面的代码定义了 6 处注释。

```
<div class="container">                          <!-- 开始页面容器 -->
    <header role="banner"></header>
    <!-- 应用 CSS 后的第 1 栏 -->
    <main role="main"></main>                    <!-- 结束第 1 栏 -->
    <!-- 应用 CSS 后的第 2 栏 -->
    <div class="sidebar"></div>                  <!-- 结束第 2 栏 -->
    <footer role="contentinfo"></footer>
</div>                                           <!-- 结束页面容器 -->
```

在主要区块的开头和结尾处添加注释是一种常见的做法，这样可以让一起合作的开发人员在将来更容易修改代码。

在发布网站之前，应该用浏览器查看一下加了注释的页面。这样有助于避免由于弄错注释格式导致注释内容直接暴露给访问者的情况。

2.3 主体语义化结构

HTML5 新增了多个结构化元素，以方便用户创建更友好的页面主体框架，详细介绍如下。

2.3.1 定义页眉

header 表示页眉，用于标识标题栏，其功能是起导航作用的结构元素，通常用于定义整个页面的标题栏，或者一个内容块的标题区域。

一个页面可以设计多个 header 结构，具体含义会根据其上下文而有所不同。例如，位于页面顶端的 header 代表整个页面的页头，位于栏目区域内的 header 代表栏目的标题。

header 可以包含网站 Logo、主导航、搜索框等。也可以包含其他内容，如数据表格、表单或相关的 Logo 信息，一般整个页面的标题应该放在页面的前面。

【示例 1】 下面这个 header 代表整个页面的页眉。它包含一组导航的链接（在 nav 元素中）。role="banner"用于定义该页眉为页面级页眉，以提高访问权重。

```
<header role="banner">
```

```
        <nav>
            <ul>
                <li><a href="#">公司新闻</a></li>
                <li><a href="#">公司业务</a></li>
                <li><a href="#">关于我们</a></li>
            </ul>
        </nav>
    </header>
```

【示例 2】下面的代码定义了个人博客首页的头部区域，整个头部内容都放在 header 元素中。

```
    <header>
        <hgroup>
            <h1>LOGO</h1>
            <a href="#">[URL]</a> <a href="#">[订阅]</a> <a href="#">[手机订阅]</a>
        </hgroup>
        <nav>
            <ul>
                <li>首页</li>
                <li><a href="#">目录</a></li>
                <li><a href="#">社区</a></li>
                <li><a href="#">微博</a></li>
            </ul>
        </nav>
    </header>
```

以上代码的页眉形式在网上很常见。它包含网站名称（通常为一个标识）、指向网站主要板块的导航链接，或者也可以包含一个搜索框。

在 HTML5 中，header 内部可以包含 h1～h6 元素，也可以包含 table、form、nav 等元素，只要应该显示在头部区域的标签，都可以包含在 header 元素中。

【示例 3】header 也适合设计一个区块的目录。

```
    <main role="main">
        <article>
            <header>
                <h1>客户反馈</h1>
                <nav>
                    <ul>
                        <li><a href="#answer1">新产品什么时候上市？</a>
                        <li><a href="#answer2">客户电话是多少？</a>
                        <li> ...
                    </ul>
                </nav>
            </header>
            <article id="answer1">
                <h2>新产品什么时候上市？</h2>
                <p>5 月 1 日上市</p>
            </article>
            <article id="answer2">
                <h2>客户电话是多少？</h2>
                <p>010-66668888</p>
            </article>
```

```
    </article>
</main>
```

如果使用 h1～h6 元素能满足需求，就不要使用 header 元素。header 与 h1～h6 元素中的标题是不能互换的，它们都有各自的语义目的。

不能在 header 里嵌套 footer 元素或另一个 header，也不能在 footer 或 address 元素里嵌套 header。当然，不一定要像示例那样包含一个 nav 元素，不过在大多数情况下，如果 header 包含导航性链接，就可以使用 nav 元素，它表示页面内的主要导航组。

2.3.2 定义导航

扫一扫，看视频

nav 表示导航条，用于标识页面导航的链接组。一个页面中可以拥有多个 nav，作为页面整体或不同部分的导航。具体应用场景如下：

（1）主菜单导航。一般网站都设置有不同层级的导航条，其作用是在站内快速切换，如主菜单、置顶导航条、主导航图标等。

（2）侧边栏导航。现在主流博客网站及商品网站上都有侧边栏导航，其作用是将页面从当前文章或当前商品跳转到相关文章或商品页面中。

（3）页内导航，就是页内锚点链接。其作用是在本页面中的几个主要组成部分之间进行跳转。

（4）翻页操作。翻页操作是指在多个页面的前后页或博客网站的前后篇文章之间滚动。

并不是所有的链接组都要被放进 nav 中，只需将主要的、基本的链接组放进 nav 元素即可。例如，在页脚中通常会有一组链接，包括服务条款、首页、版权声明等，这时使用 footer 元素比较恰当。

【示例 1】在 HTML5 中，只要是导航性质的链接，就可以很方便地将其放入 nav 元素中。该元素可以在一个文档中多次出现，作为页面或部分区域的导航。

```
<nav draggable="true">
    <a href="index.html">首页</a>
    <a href="book.html">图书</a>
    <a href="bbs.html">论坛</a>
</nav>
```

以上代码创建了一个可以拖动的导航区域，nav 元素中包含了 3 个用于导航的超级链接，即“首页”“图书”和“论坛”。该导航可用于全局导航，也可放在某个段落，作为区域导航。

【示例 2】本示例中的页面由多部分组成，每部分都带有链接，但只将最主要的链接放入了 nav 元素中。

```
<h1>技术资料</h1>
<nav>
    <ul>
        <li><a href="/">主页</a></li>
        <li><a href="/blog">博客</a></li>
    </ul>
</nav>
<article>
    <header>
        <h1>HTML5+CSS3</h1>
        <nav>
            <ul>
```

```
                    <li><a href="#HTML5">HTML5</a></li>
                    <li><a href="#CSS3">CSS3</a></li>
                </ul>
            </nav>
        </header>
        <section id="HTML5">
            <h1>HTML5</h1>
            <p>HTML5 特性说明</p>
        </section>
        <section id="CSS3">
            <h1>CSS3</h1>
            <p>CSS3 特性说明</p>
        </section>
        <footer>
            <p><a href="?edit">编辑</a> | <a href="?delete">删除</a>|
            <a href="?add">添加</a></p>
        </footer>
    </article>
    <footer>
        <p><small>版权信息</small></p>
    </footer>
```

在这个示例中，第 1 个 nav 元素用于页面导航，将页面跳转到其他页面上，如跳转到网站主页或博客页面；第 2 个 nav 元素放置在 article 元素中，表示在文章中内进行导航。除此之外，nav 元素也可以用于其他所有自己觉得比较重要或基本的导航链接组中。

在 HTML5 中，一般根据习惯使用 ul 或 ol 元素对链接进行结构化，然后在外围简单地使用一个 nav 元素。nav 元素能够帮助不同设备和浏览器识别页面的主导航，并允许用户通过键盘直接跳转到这些链接。这样可以提高页面的可访问性，从而提升访问者的体验。

HTML5 不推荐对辅助性的页脚链接使用 nav 元素，如“使用隐私”“联系信息”“关于我们”等。但是，有时页脚会再次显示顶级全局导航，或者包含“首页”“新闻”等重要链接。在大多数情况下，推荐将页脚中的此类链接放入 nav 元素中。同时，HTML5 不允许将 nav 元素嵌套在 address 元素中。

当然，在页面中设计一组链接并非都要将它们包在 nav 元素中。例如，在一个新闻页面中，包含一篇文章，该页面包含 4 个链接列表，其中只有 2 个列表比较重要，可以包在 nav 元素中。而位于 aside 元素中的次级导航和 footer 元素中的链接可以忽略。

如何判断是否对一组链接使用 nav？这取决于内容的组织情况。一般应该将网站全局导航标记为 nav，让用户可以跳转到网站各个主要部分的导航。这种 nav 元通常出现在页面级的 header 元素中。

扫一扫，看视频

2.3.3 定义主要区域

main 表示主要区域，用于标识网页中的主要内容。main 内容对于文档来说应当是唯一的，它不应包含网页中重复出现的内容，如侧栏、导航栏、版权信息、站点标志或搜索表单等。

简单来说，在一个页面中，不能出现一个以上的 main 元素。main 元素不能放在 article、aside、footer、header 或 nav 中。由于 main 元素不对页面内容进行分区或分块，所以不会对网页大纲产生影响。

【示例】下面的页面是一个完整的主体结构。main 元素包围着代表页面主题的内容。

```
<header role="banner">
    <nav role="navigation">[包含多个链接的 ul]</nav>
</header>
<main role="main">
    <article>
        <h1 id="gaudi">主要标题</h1>
        <p>[页面主要区域的其他内容]
    </article>
</main>
<aside role="complementary">
    <h1>侧边标题</h1>
    <p>[附注栏的其他内容]
</aside>
<footer role="info">[版权]</footer>
```

main 元素在一个页面里仅使用一次。在 main 开始标签中加上 role="main"，这样可以帮助屏幕阅读器定位页面的主要区域。如果创建的是 Web 应用，应该使用 main 包围其主要的功能。

2.3.4 定义文章块

扫一扫，看视频

article 表示文章块，用于标识页面中一块完整的、独立的、可以被转发的内容。例如，报纸文章、论坛帖子、用户评论、博客条目等。一些交互式小部件或小工具以及任何其他可独立的内容，原则上都可以作为 article 块，如日期选择器组件。

【示例 1】下面的示例演示了 article 元素的应用。

```
<header role="banner">
    <nav role="navigation">[包含多个链接的 ul]</nav>
</header>
<main role="main">
    <article>
        <h1 id="news">区块链“时代号”列车驶来</h1>
        <p>对于精英们来说，这个春节有点特殊。</p>
        <p>他们身在曹营心在汉，他们被区块链搅动得燥热难耐，在兴奋、焦虑、恐慌、质疑中
度过一个漫长春节。</p>
        <h2 id="sub1">1.三点钟无眠</h2>
        <p><img src="images/0001.jpg" width="200"/>春节期间，一个大佬云集的区
块链群建立，群被封上了“市值万亿”。这个名为“三点钟无眠区块链”的群，搅动了一池春水。</p>
        <h2 id="sub2">2.被碾压的春节</h2>
        <p>...</p>
    </article>
</main>
```

为了精简，本示例对文章内容进行了缩写，略去了与上一节相同的 nav 代码。尽管在这个示例中只有段落和图像，但 article 可以包含各种类型的内容。

可以将 article 嵌套在另一个 article 中，只要里面的 article 与外面的 article 是部分与整体的关系。一个页面可以有多个 article 元素。例如，博客的主页通常包括几篇最新的文章，其中每一篇都是其自身的 article。一个 article 可以包含一个或多个 section 元素。在 article 中包含独立的 h1～h6 元素。

【示例 2】下面的示例展示了嵌套在父元素 article 中的 article 元素。本示例中嵌套的 article 是用户提交的评论，就像在博客或新闻网站上见到的评论部分。本示例还展示了 section 元素和 time 元素的用法。这些只是使用 article 及有关元素的几个常见方式。

```
<article>
    <h1 id="news">区块链“时代号”列车驶来</h1>
    <p>对于精英们来说，这个春节有点特殊。</p>
    <section>
        <h2>读者评论</h2>
        <article>
            <footer>发布时间
                <time datetime="2024-02-20">2024-2-20</time>
            </footer>
            <p>评论内容</p>
        </article>
        <article>[下一则评论]</article>
    </section>
</article>
```

每条读者评论都包含在一个 article 中，这些 article 元素则嵌套在主 article 中。

扫一扫，看视频

2.3.5 定义区块

section 表示区块，用于标识文档中的节，多用于对内容进行分区，如章节、页眉、页脚或文档中的其他部分。

注意

section 元素可以定义通用的区块，但不要将它与 div 元素混淆。从语义上讲，section 元素标记的是页面中的特定区域，而 div 元素则不传达任何语义。div 元素关注结构的独立性，而 section 元素关注内容的独立性，section 元素包含的内容可以单独存储到数据库中或输出到 Word 文档中。当一个容器需要被直接定义样式或通过脚本定义行为时，推荐使用 div 元素，而非 section 元素。

【示例 1】下面的代码把主体区域划分为 3 个独立的区块。

```
<main role="main">
    <h1>主要标题</h1>
    <section>
        <h2>区块标题 1</h2>
        <ul>[标题列表</ul>
    </section>
    <section>
        <h2>区块标题 2</h2>
        <ul>[标题列表</ul>
    </section>
    <section>
        <h2>区块标题 3</h2>
        <ul>[标题列表</ul>
    </section>
</main>
```

【示例 2】 几乎任何新闻网站都会对新闻进行分类。每个类别都可以标记为一个 section。

```
<h1>网页标题</h1>
<section>
    <h2>区块标题 1</h2>
    <ol>
        <li>列表项目 1</li>
        <li>列表项目 2</li>
        <li>列表项目 3</li>
    </ol>
</section>
<section>
    <h2>区块标题 2</h2>
    <ol>
        <li>列表项目 1</li>
    </ol>
</section>
```

可以将 section 嵌套在 article 中，从而显式地标出报告、故事、手册等文章的不同部分或不同章节。例如，可以在本示例中使用 section 元素包裹不同的内容。

2.3.6 定义附栏

扫一扫，看视频

aside 表示附栏，用于标识所处内容之外的内容。aside 内容应该与所处的附近内容相关。例如，当前页面或文章的附属信息部分可以包含与当前页面或主要内容相关的引用、侧边广告、导航条，以及其他类似的有别于主要内容的部分。

aside 元素主要有以下两种用法。

（1）作为主体内容的附属信息部分，包含在 article 中，aside 内容可以是与当前内容有关的参考资料、名词解释等。

（2）作为页面或站点辅助功能部分，在 article 之外使用。最典型的形式是侧边栏，其中的内容可以是友情链接，最新文章列表、最新评论列表、历史存档、日历等。

【示例 1】 下面的示例设计了一篇文章，文章标题放在 header 中，在 header 后面将所有关于文章的部分放在了一个 article 中，将文章正文放在一个 p 元素中。该文章包含一个名词注释的附属部分，因此在正文下面放置了一个 aside 元素，用来存放名词解释的内容。

```
<header>
    <h1>HTML5</h1>
</header>
<article>
    <h1>HTML5 历史</h1>
    <p>HTML5 草案的前身名为 Web Applications 1.0，于 2004 年被 WHATWG 提出，于 2007
年被 W3C 接纳，并成立了新的 HTML 工作团队。HTML5 的第一份正式草案已于 2008 年 1 月 22 日公布。
2014 年 10 月 28 日，W3C 的 HTML 工作组正式发布了 HTML5 的官方推荐标准。</p>
    <aside>
        <h1>名词解释</h1>
        <dl>
            <dt>WHATWG</dt>
            <dd>Web Hypertext Application Technology Working Group，HTML 工
作开发组的英文全称，目前与 W3C 组织同时研发 HTML5。</dd>
        </dl>
        <dl>
```

```
            <dt>W3C</dt>
            <dd>World Wide Web Consortium（万维网联盟）是国际著名的标准化组织。
1994年成立后，至今已发布近百项与万维网相关的标准，对万维网的发展做出了杰出的贡献。</dd>
        </dl>
    </aside>
</article>
```

aside 元素被放置在 article 元素内部，因此引擎将 aside 内容理解为是与 article 内容相关联。

【示例 2】下面的代码使用 aside 元素为个人博客添加一个友情链接辅助版块。

```
<aside>
    <nav>
        <h2>友情链接</h2>
        <ul>
            <li> <a href="#">网站 1</a></li>
            <li> <a href="#">网站 2</a></li>
            <li> <a href="#">网站 3</a></li>
        </ul>
    </nav>
</aside>
```

友情链接在博客网站中比较常见，一般放在左右两侧的边栏中，因此可以使用 aside 元素实现，但是这个版块又具有导航作用，因此嵌套了一个 nav 元素，该侧边栏的标题是“友情链接”，放在了 h2 元素中，在标题之后使用了一个 ul 列表，用来存放具体的导航链接列表。

扫一扫，看视频

2.3.7 定义页脚

footer 表示脚注，用于标识文档或节的页脚。可以用在 article、aside、blockquote、body、details、fieldset、figure、nav、section 或 td 结构的页脚中，页脚通常包含关于它所在区块的信息，如指向相关文档的链接、版权信息、作者及其他类似条目。页脚并不一定要位于所在元素的末尾。

当 footer 作为 body 的页脚时，一般位于页面底部，作为整个页面的页脚，包含版权信息、使用条款链接、联系信息等。

【示例 1】在下面的示例中，footer 代表页面的页脚，因为它最近的祖先是 body 元素。

```
<header role="banner">
    <nav role="navigation">链接列表</nav>
</header>
<main role="main">
    <article>
        <h1 id="gaudi">主要标题</h1>
        <h2>次标题</h2>
    </article>
</main>
<aside role="complementary">
     <h1>次标题</h1>
</aside>
<footer>
     <p><small>版权信息</small></p>
</footer>
```

footer 元素本身不会为文本添加任何默认样式。在以上示例中，版权信息的字号比普通文本的小，因为它嵌套在 small 元素里。

【示例 2】在下面的示例中，第 1 个 footer 包含在 article 内，因此属于 article 的页脚。第 2 个 footer 是页面级的。只能对页面级的 footer 使用 role="contentinfo"属性，并且一个页面只能使用一次。

```
<article>
    <h1>文章标题</h1>
    <p>文章内容</p>
    <footer>
        <p>注释信息</p>
        <address><a href="#">W3C</a></address>
    </footer>
</article>
<footer role="contentinfo">版权信息</footer>
```

注意

不能在 footer 里嵌套 header 或另一个 footer。同时，也不能将 footer 嵌套在 header 或 address 元素里。

2.4　案例实战：构建 HTML5 个人网站

扫一扫，看视频

【案例】使用 HTML5 新结构标签构建一个个人网站，整个页面包含 3 行 2 列：第 1 行为页眉区域<header>，第 2 行为主体区域<main>，第 3 行为页脚区域<footer>。主体区域又包含 2 列：第 1 列为侧边导航区域<aside>，第 2 列为文章显示区域<article>，网站结构示意图如图 2.6 所示。

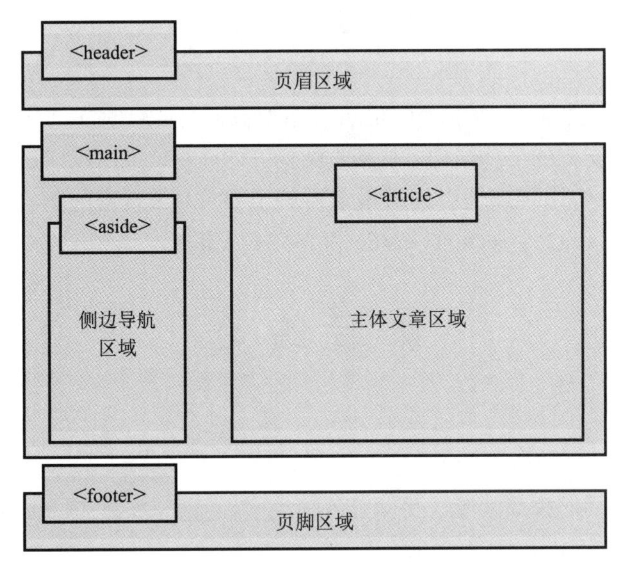

图 2.6　网站结构示意图

根据结构布局思路，编写网站基本框架结构，为了方便网页居中显示，为整个页面嵌套了一层<div id="wrapper">包含框。

```
<div id="wrapper">
     <header class="SiteHeader">...</header>
     <main>
          <aside class="NavSidebar">
               <nav>
                    <h2>HTML5</h2>
                    <ul>...</ul>
                    <h2>CSS3</h2>
                    <ul>...</ul>
                    <h2>JS</h2>
                    <ul>...</ul>
               </nav>
               <section>
                    <h2>关于我们</h2>
                    <p>...</p>
               </section>
          </aside>
          <article class="Content">
               <header class="ArticleHeader">...</header>
               <p>...</p>
               <h3>进阶图谱</h3>
               <p>...</p>
               <h3>推荐手册</h3>
               <p>...</p>
          </article>
     </main>
     <footer>...</footer>
</div>
```

本 章 小 结

本章首先讲解了 HTML5 文档的头部结构，主要包括网页标题、网页元信息和文档视口；然后讲解了 HTML5 文档的主体结构，从基本结构开始介绍，重点包括 div、span 元素，以及 id、class、title、role 等通用属性；最后重点讲解了 HTML5 新增的语义化结构元素，包括 header、nav、main、article、section、aside 和 footer 元素。

课 后 练 习

一、填空题

1．在 HTML 文档的头部区域，存储着各种__________，这些信息主要为浏览器所用，一般不会显示在网页中。

2．使用__________标签可以定义网页标题。

3．使用__________标签可以定义网页的元信息。

4．使用 http-equiv="content-type"，可以设置网页的__________信息。

5．使用____________________标签可以设置文档视口。

二、判断题

1．使用<meta name="description">标签可以定义页面的关键词。 （　　）

2．使用<meta charset="utf-8">标签可以定义简体中文编码。 （　　）

3．使用<h1>可以定义网页标题。 （　　）

4．<div>是一个通用标签，用于设计不包含任何语义的结构块。 （　　）

5．span 可以为行内对象定义类样式，是一个无语义通用标签。 （　　）

三、选择题

1．以下选项中，（　　）标签不可以用于表格结构。

A．<table>　　B．<tr>　　C．<td>　　D．<tt>

2．以下选项中，（　　）标签可以定义标题栏。

A．<h1>　　B．<div>　　C．<header>　　D．<span>

3．以下选项中，（　　）不适合使用 nav 导航。

A．主菜单　　B．便签　　C．翻页操作　　D．页内导航

4．main 块可以放在（　　）标签中。

A．div　　B．article　　C．aside　　D．nav

5．以下选项中，（　　）内容不能够放在 article 块中。

A．报纸文章　　B．论坛帖子　　C．博客条目　　D．菜单列表

四、简答题

1．简单介绍一下 section 元素的作用，以及其与 div 的区别。

2．footer 表示什么语义，可用在什么地方？

五、上机题

1．使用 HTML5 新结构标签设计如图 2.7 所示的页面，包括标题栏<header>、导航条<nav>、文章<article>、页脚<footer> 4 个部分；文章块又包括标题、侧边提示<aside>和主要内容区<section>。

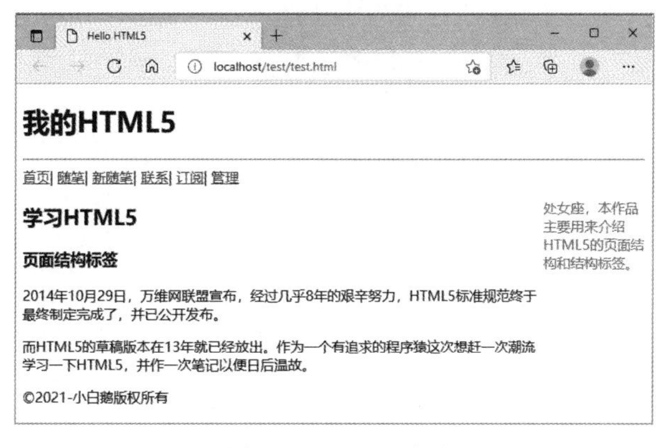

图 2.7　HTML5 页面

2．根据图 2.8 所示的文档结构示意图，设计一个简单页面，效果如图 2.9 所示。

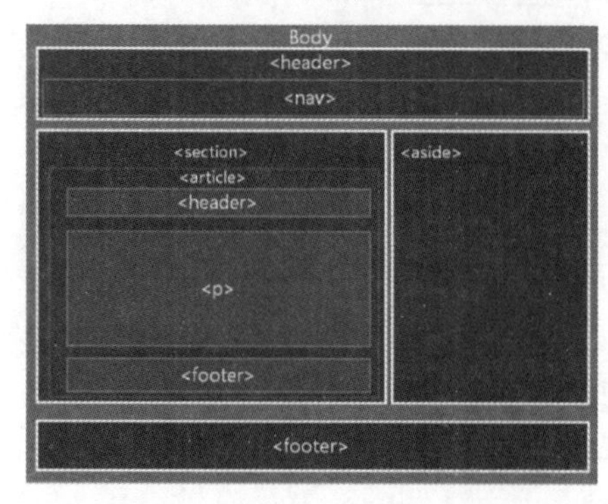

图 2.8　HTML5 文档结构示意图

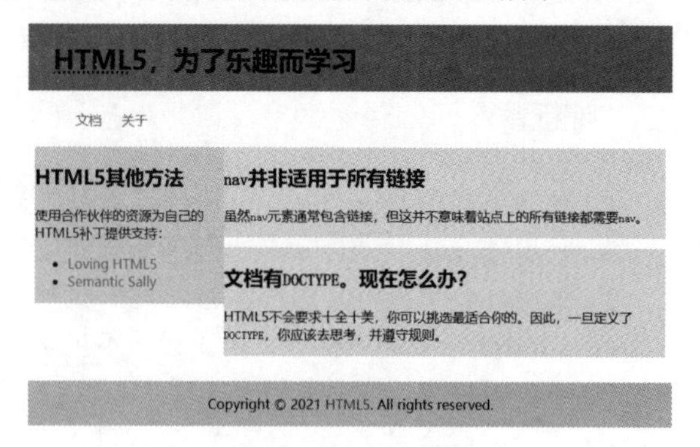

图 2.9　HTML5 页面效果

3．参考图 2.10 的设计效果，尝试设计一个 4 行 2 列的 HTML5 文档结构，包括标题栏、广告栏、主体区域和页脚栏，主体区域又包括侧边栏和文章区。

图 2.10　设计效果

拓 展 阅 读

第 3 章　HTML5 文本

【学习目标】

- 正确定义标题文本和段落文本。
- 熟练使用常用描述性文本。
- 了解各种特殊用途的文本。
- 在网页设计中能够根据语义化需求正确标记不同文本。

文本是网页中最主要的信息源，文本内容丰富多彩，文本版式也是形式多样，为用户提供直接、快捷的信息。HTML5 新增了很多新的文本标签，用来表达特殊的语义，正确使用这些标签，可以让网页文本更加语义化，方便传播和处理。本章将介绍各种 HTML5 文本标签的使用，帮助读者准确标记不同文本信息。

3.1　基础文本

在网页中，浏览者第一眼看到的就是标题和正文内容，它们构成了网页的主体。另外，列表和超链接也是占比较高的文本内容，将在第 5 章详细讲解。

3.1.1　标题文本

扫一扫，看视频

标题是网页信息的纲领，因此无论是浏览者，还是搜索引擎都比较重视标题所要传达的信息。HTML5 把标题分为 6 级，分别使用<h1>、<h2>、<h3>、<h4>、<h5>、<h6>标签进行标识，按语义轻重从高到低分别为 h1、h2、h3、h4、h5、h6，它们包含信息的重要性逐级递减。其中，h1 表示最重要的信息，而 h6 表示最次要的信息。

【示例 1】标题代表了文档的大纲。当设计网页内容时，可以根据需要为内容的每个主要部分指定一个标题和任意数量的子标题，以及三级子标题等。

```
<h1>唐诗欣赏</h1>
<h2>春晓</h2>
<h3>孟浩然</h3>
<p>春眠不觉晓，处处闻啼鸟。</p>
<p>夜来风雨声，花落知多少。</p>
```

在上面的示例中，标记为 h2 的“春晓”是标记为 h1 的顶级标题“唐诗欣赏”的子标题，而“孟浩然”用 h3 标记，其是“春晓”的子标题，也是“唐诗欣赏”的三级子标题。如果继续编写页面其余部分的代码，相关的内容（段落、图像、视频等）就要紧跟在对应的标题后面。

对任何页面来说，分级标题都是最重要的 HTML 元素。由于标题通常传达的是页面的主题，因此，对搜索引擎而言，如果标题与搜索词匹配，这些标题就会被赋予很高的权重，尤其是等级最高的 h1。当然，并不是说页面中的 h1 越多越好，搜索引擎能够准确地判断出哪些 h1 是可用的，哪些 h1 是不可用的。

【示例 2】使用标题组织内容。在下面的示例中，产品指南有 3 个主要的部分，每个部分都有不同层级的子标题。标题之间的空格和缩进只是为了让层级关系更清楚一些，它们不会影响最终的显示效果。

```
<h1>所有产品分类</h1>
    <h2>进口商品</h2>
    <h2>食品饮料</h2>
        <h3>糖果/巧克力</h3>
            <h4>巧克力 果冻</h4>
            <h4>口香糖 棒棒糖 软糖 奶糖 QQ 糖</h4>
        <h3>饼干糕点</h3>
            <h4>饼干 曲奇</h4>
            <h4>糕点 蛋卷 面包 薯片/膨化</h4>
    <h2>粮油副食</h2>
        <h3>大米面粉</h3>
        <h3>食用油</h3>
```

在默认情况下，浏览器会从 h1 到 h6 逐级减小标题的字号。所有的标题都以粗体显示，每个标题之间的间隔也是由浏览器默认的 CSS 定制的，它们并不代表 HTML 文档中有空行。

在创建分级标题时，要避免跳过某些级别，如从 h3 直接跳到 h5。不过，允许从低级别的标题跳到高级别的标题。例如，在“<h4>糕点 蛋卷 面包 薯片/膨化</h4>”后面紧跟着“<h2>粮油副食</h2>”是没有问题的，因为包含“<h4>糕点 蛋卷 面包 薯片/膨化</h4>”的“<h2>食品饮料</h2>”在这里结束了，而“<h2>粮油副食</h2>”的内容开始了。

h1、h2 和 h3 比较常用，h4、h5 和 h6 较少使用，因为一般文档的标题层次在三级左右。标题文本一般位于栏目或文章的前面，显示在正文的顶部。

不要使用 h1～h6 标记副标题、标语以及无法成为独立标题的子标题。例如，有一篇新闻报道，它的主标题后面紧跟着一个副标题，这时，这个副标题就应该使用段落，或其他非标题元素。

```
<h1>天猫超市</h1>
<p>在乎每件生活小事</p>
```

曾有人提议在 HTML5 中引入 subhead 元素，用于对子标题、副标题、标语、署名等内容进行标记，但是未被 W3C 采纳。

HTML5 曾经新增过一个名为 hgroup 的元素，用于将连续的标题组合在一起，后来 W3C 将这个元素从 HTML5.1 规范中移除了。

扫一扫，看视频

3.1.2 段落文本

网页正文主要通过段落文本来表现。HTML5 使用<p>标签定义段落文本。个别用户习惯使用<div>或
等标签来分段文本，这不符合语义，妨碍了搜索引擎的检索效率。

【示例】本示例设计一首唐诗，使用<article>包裹，使用<h1>定义唐诗的名称，使用<h2>提示作者，使用<p>显示具体诗句。

```
<article>
      <h1>枫桥夜泊</h1>
      <h2>张继</h2>
      <p>月落乌啼霜满天，江枫渔火对愁眠。</p>
```

```
    <p>姑苏城外寒山寺，夜半钟声到客船。</p>
</article>
```

在默认情况下，段落文本前后的间距约为一个字符，用户可以根据需要使用 CSS 重置这些样式，为段落文本添加样式，如字体、字号、颜色、对齐等。

3.2 描述性文本

HTML5 强化了文本标签的语义性，弱化了其修饰性，因此不建议使用纯样式文本标签，如 acronym（首字母缩写）、basefont（基本字体样式）、center（居中对齐）、font（字体样式）、s（删除线）、strike（删除线）、tt（打印机字体）、u（下划线）、xmp（预格式）等。

3.2.1 强调文本

扫一扫，看视频

HTML5 提供了以下两个强调内容的元素。

（1）strong：重要。

（2）em：着重，语气弱于 strong。

根据内容需要，这两个元素既可以单独使用，又可以一起使用。

【示例 1】本示例使用 strong 设计一段强调文本，意在引起浏览者注意，同时使用 em 着重强调特定区域。

```
<h2>游客注意</h2>
<p><strong>请不要随地吐痰，特别是在<em>景区或室内</em>！</strong></p>
```

在默认状态下，strong 文本以粗体显示，em 文本以斜体显示。如果 em 嵌套在 strong 中，将同时以斜体和粗体显示。

【示例 2】strong 和 em 都可以嵌套使用，目的是使文本的重要程度递增。

```
<h2>注册反馈</h2>
<p>你好，请记住<strong>登录密码（<strong>11111111</strong>）</strong></p>
```

其中，“11111111”文本要比其他 strong 文本更重要。

提示

可以使用 CSS 重置 strong 文本和 em 文本的默认显示样式。

在 HTML4 中，b 等效于 strong，i 等效于 em，它们的默认显示效果是一样的；而在 HTML5 中，不再使用 b 元素替代 strong，也不再使用 i 元素替代 em。

在 HTML4 中，strong 的强调程度比 em 要高，两者语义只有轻重之分；而在 HTML5 中，em 表示强调，而 strong 表示重要，两者在语义上进行了细微的分工。

3.2.2 注解文本

扫一扫，看视频

HTML5 重新定义了 small 元素，由通用展示性元素变为更具体的、专门用来标识所谓“小字印刷体”的元素，通常表示细则一类的旁注，如免责声明、注意事项、法律限制、版权信息等。有时还可以用来表示署名、许可要求等。

注意

small 不允许被应用在页面主内容中，只允许被当作辅助信息以 inline 方式内嵌在页面中。同时，small 元素也不意味着元素中内容字体会变小，要将字体变小，需要配合使用 CSS 样式。

【示例 1】 small 通常是行内文本中的一小块，而不是包含多个段落或其他元素的大块文本。

```
<dl>
    <dt>单人间</dt>
    <dd>399 元<small>含早餐，不含税</small></dd>
    <dt>双人间</dt>
    <dd>599 元<small>含早餐，不含税</small></dd>
</dl>
```

一些浏览器会将 small 包含的文本显示为小字号。不过，一定要在符合内容语义的情况下使用该元素，而不是为了减小字号而使用。

【示例 2】 在下面的示例中，第 1 个 small 元素表示简短的提示声明，第 2 个 small 元素表示包含在页面级 footer 里的版权声明，这是一种常见的用法。

```
<p>现在订购免费送货。<small>（仅限于五环以内）</small></p>
<footer role="contentinfo">
    <p><small>&copy; 2024 Baidu 使用百度前必读</small></p>
</footer>
```

small 只适用于短语，因此不要用它标记长的法律声明，如“使用条款”和“隐私政策”页面。根据需要，应该用段落或其他语义标签标记这些内容。

提示

HTML5 还支持 big 元素，用来定义大号字体。<big>标签包含的文字字体比周围的文字要大一号，如果文字已经是最大号字体，则<big>标签将不起任何作用。用户可以嵌套使用<big>标签逐步放大文本，每一个<big>标签都可以使字体大一号，直到上限，即 7 号文本。

扫一扫，看视频

3.2.3 备选文本

b 和 i 是 HTML4 遗弃的两个元素，分别表示粗体和斜体。HTML5 重新启用这两个元素，在其他语义元素都不适用的场景下使用，即作为最后备选项使用。

1. b 元素

HTML5 将 b 重新定义如下：表示出于实用目的提醒读者注意的一块文字，不传达任何额外的重要性，也不表示其他的语态和语气，用于标记如文档摘要里的关键词、评论中的产品名、基于文本的交互式软件中指示操作的文字、文章导语等。例如：

```
<p>这是一个<b>红</b>房子，那是一个<b>蓝</b>盒子</p>
```

b 文本默认显示为粗体。

2. i 元素

HTML5 将 i 重新定义如下：表示一块不同于其他文字的文字，具有不同的语态或语气，或其他不同于常规之处，用于标记如分类名称、技术术语、外语里的惯用词、翻译的散文、西方文字中的船舶名称等。例如：

```
<p>这块<i class="taxonomy">玛瑙</i>来自西亚。</p>
<p>这篇<i>散文</i>已经发表。</p>
<p>There is a certain <i lang="fr">je ne sais quoi</i> in the air.</p>
```

i 文本默认显示为斜体。

扫一扫，看视频

3.2.4　上标文本和下标文本

在传统印刷中，上标和下标是很重要的排版格式。HTML5 使用 sup 和 sub 元素定义上标文本和下标文本。上标文本和下标文本比主体文本稍高或稍低。常见的上标包括商标符号、指数和脚注编号等；常见的下标包括化学符号等。

【示例】本示例使用 sup 元素标记脚注编号。根据从属关系，将脚注放在 article 的 footer 里，而不是页面的 footer 里。

```
<article>
    <h1>王维</h1>
    <p>王维参禅悟理，学庄信道，精通诗、书、画、音乐等，以诗名盛于开元、天宝间，尤长五言，多咏山水田园，与孟浩然合称“王孟”，有“诗佛”之称。<a href="#footnote-1" title="参考注释"><sup>[1]</sup></a> 。</p>
    <footer>
        <h2>参考资料</h2>
        <p id="footnote-1"><sup>[1]</sup>孙昌武《佛教与中国文学》第二章：“王维的诗歌受佛教影响是很显著的。因此早在生前，就得到‘当代诗匠，又精禅理’的赞誉。后来，更得到‘诗佛’的称号。”</p>
    </footer>
</article>
```

为文章中每个脚注编号创建了链接，指向 footer 内对应的脚注，从而让访问者更容易找到它们。同时，链接中的 title 属性也提供了一些提示。

提示

sub 和 sup 元素会轻微地增大行高。不过使用 CSS 可以修复这个问题。修复样式代码如下：

```
<style type="text/css">
sub, sup {font-size: 75%; line-height: 0; position: relative; vertical-align: baseline;}
sup {top: -0.5em;}
sub {bottom: -0.25em;}
</style>
```

用户还可以根据内容的字号对以上 CSS 代码进行一些调整，使各行行高保持一致。

扫一扫，看视频

3.2.5　术语

HTML5 使用 dfn 元素标识专用术语，同时规定：如果一个段落、描述列表或区块是 dfn 元素最近的祖先元素，那么该段落、描述列表或区块必须包含该术语的定义，即 dfn 元素及其定义必须放在一起，否则便是错误的用法。

【示例】下面的示例演示了 dfn 的两种常用形式，一种是在段落文本中定义术语，另一种是在描述列表中定义术语。

```
<p><dfn id="def-internet">Internet</dfn>是一个全球互联网络系统，使用因特网协议套件（TCP/IP）为全球数十亿用户提供服务。</p>
<dl>
    <!-- 定义“万维网”和“因特网”的参考定义 -->
    <dt><dfn><abbr title="World-Wide Web">WWW</abbr></dfn></dt>
    <dd>万维网（WWW）是一个互联的超文本文档访问系统，它建立在<a href="#def-internet">Internet</a>之上。</dd>
</dl>
```

dfn 术语默认以斜体显示，可以使用 CSS 重置其样式。

dfn 可以包含其他短语元素。例如，以上示例中的这条代码：

```
<dt><dfn><abbr title="World-Wide Web">WWW</abbr></dfn></dt>
```

如果在 dfn 中添加可选的 title 属性，其值应与 dfn 术语一致。如果只在 dfn 中嵌套一个单独的 abbr，dfn 本身没有文本，那么可选的 title 只能出现在 abbr 中。

扫一扫，看视频

3.2.6 代码文本

使用 code 元素可以标记代码或文件名。例如：

```
<code>
p{ margin:2em; }
</code>
```

如果代码需要显示“<”或“>”字符，应分别使用“<”和“>”表示。如果直接使用“<”或“>”字符，浏览器会将这些代码当作 HTML 元素处理，而不是当作文本处理。

【示例】要显示单独的一块代码，可以用 pre 元素包裹住 code 元素以维持其格式。

```
<pre>
<code>
p{
    margin:2em;
}
</code>
</pre>
```

提示

除了 code 外，其他与计算机相关的元素还包括 kbd、samp 和 var。这些元素极少使用，不过可能会在内容中用到它们。下面对它们作简要说明。

（1）kbd 元素。使用 kbd 元素标记用户输入指示。例如：

```
<ol>
    <li>使用<kbd>TAB</kbd>键，切换到提交按钮</li>
    <li>使用<kbd>RETURN</kbd>或<kbd>ENTER</kbd>键</li>
</ol>
```

与 code 一样，kbd 默认以等宽字体显示。

（2）samp 元素。samp 元素用于指示程序或系统的示例输出。例如：

```
<p>一旦在浏览器中预览，则显示<samp>Hello,World</samp></p>
```

samp 也默认以等宽字体显示。

（3）var 元素。var 元素表示变量或占位符的值。例如：

```
<p>爱因斯坦称之为最好的等式： <var>E</var>=<var>m</var><var>c</var><sup>
2</sup>.</p>
```

var 也可以作为内容中占位符的值。例如，在填词游戏的答题纸上可以放入<var>adjective</var>，<var>verb</var>。

var 默认以斜体显示。可以在 HTML5 页面中使用 math 等 MathML 元素表示高级的与数学相关的标记。

（4）tt 元素。tt 元素表示打印机字体。

3.2.7　预定义文本

使用 pre 元素可以定义预定义文本。预定义文本能够保持文本固有的换行和空格。

【示例】下面使用 pre 显示 CSS 样式代码，显示效果如图 3.1 所示。

```
<pre>
pre {
    margin: 20px auto;
    padding: 20px;
    background-color: #c5ebc2;/*根据需要修改背景色*/
    white-space: pre-wrap;
    word-wrap: break-word;
    letter-spacing: 0;
    font: 14px/26px 'courier new';
    position: relative;
    border-radius: 4px;
}
</pre>
```

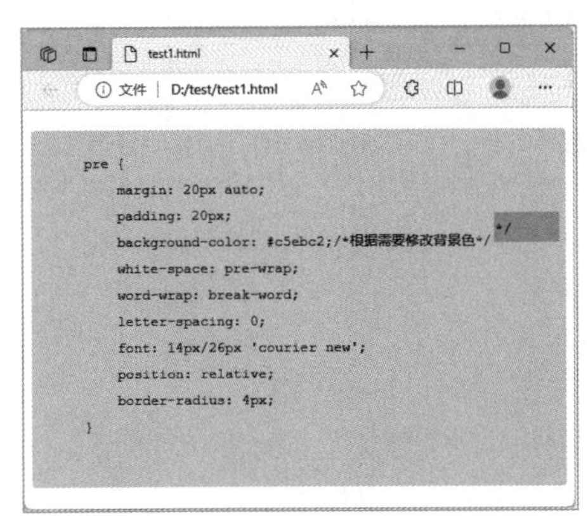

图 3.1　定制 pre 预定义格式效果

预定义文本默认以等宽字体显示，可以使用 CSS 改变字体样式。如果要显示包含 HTML 标签的文本，应将包围元素名称的“<”和“>”字符分别替换为“<”和“>”。

pre 默认为块显示，即从新的一行开始显示，浏览器通常会对 pre 文本关闭自动换行，因此，如果包含很长的单词，就会影响页面的布局，或产生横向滚动条。使用以下 CSS 样式可以对 pre 文本打开自动换行。

```
pre {white-space: pre-wrap;}
```

不要使用 CSS 的 white-space:pre 代替 pre，这样会破坏预定义文本的语义性。

扫一扫，看视频

3.2.8 缩写词

使用 abbr 元素可以标记缩写词并解释其含义，同时可以使用 title 属性提供缩写词的全称。此外，也可以将全称放在缩写词后面的括号里，或者混用这两种方式。如果使用复数形式的缩写词，全称也要使用复数形式。

abbr 的使用场景：仅在缩写词第 1 次在视图中出现时使用。使用括号提供缩写词的全称是解释缩写词最直接的方式，能够让用户更直观地看到这些内容。例如，使用智能手机和平板电脑等触摸屏设备的用户可能无法移到 abbr 元素上查看 title 的提示框。因此，如果要提供缩写词的全称，应该尽量将它放在括号里。

【示例】部分浏览器对于设置了 title 的 abbr 文本会显示为下划虚线样式，如果看不到，可以为 abbr 的包含框添加 line-height 样式。下面使用 CSS 设计下划虚线样式，以兼容所有浏览器。

```
<style>
abbr[title] { border-bottom: 1px dotted #000; }
</style>
<p><abbr title=" HyperText Markup Language">HTML</abbr>是一门标识语言。</p>
```

当用户将鼠标移至 abbr 上时，浏览器会以提示框的形式显示 title 文本，类似于 a 的 title。

在 HTML5 之前有 acronym（首字母缩写词）元素，但设计人员和开发人员常常分不清楚缩写词和首字母缩写词，因此 HTML5 废除了 acronym 元素，让 abbr 适用于所有的场合。

扫一扫，看视频

3.2.9 编辑和删除文本

HTML5 使用以下两个元素来标记内容编辑的操作。

（1）ins：已添加的内容。

（2）del：已删除的内容。

这两个元素可以单独使用，也可以搭配使用。

【示例 1】在下面的示例中，对于已经发布的信息，使用 ins 增加了 1 条项目，同时使用 del 删除了 2 条项目。使用 ins 时不一定要使用 del，反之亦然。浏览器通常会让它们看起来与普通文本不一样。

```
<ul>
    <li><del>删除项目</del></li>
    <li>列表项目</li>
    <li><del>删除项目</del></li>
    <li><ins>插入项目</ins></li>
</ul>
```

浏览器常对已删除的文本加上删除线，对插入的文本加上下划线。使用 CSS 可以重置样式。

【示例 2】 del 和 ins 不仅可以标识短语内容，而且可以包裹块级内容。

```
<ins>
    <p>文本 1</p>
</ins>
<del>
    <ul>
        <li><del>删除项目</del></li>
        <li>列表项目</li>
        <li><del>删除项目</del></li>
        <li><ins>插入项目</ins></li>
    </ul>
</del>
```

注意

在 HTML5 之前，短语内容被称为行内元素。

【示例 3】 del 和 ins 包含两个重要属性：cite 和 datetime。下面的示例演示了这两个属性的用法，显示效果如图 3.2 所示。

```
<p> <cite>因为懂得，所以慈悲</cite>。<ins cite="http://news.sanwen8.cn/a/2014-07-13/9518.html" datetime="2018-8-1">这是张爱玲对胡兰成说的话</ins>。</p>
<p> <cite>笑，全世界便与你同笑；哭，你便独自哭</cite>。<del datetime="2018-8-8">出自冰心的《遥寄印度哲人泰戈尔》</del>，<ins cite="http://news.sanwen8.cn/a/2014-07-13/9518.html" datetime="2018-8-1">出自张爱玲的小说《花凋》</ins> </p>
```

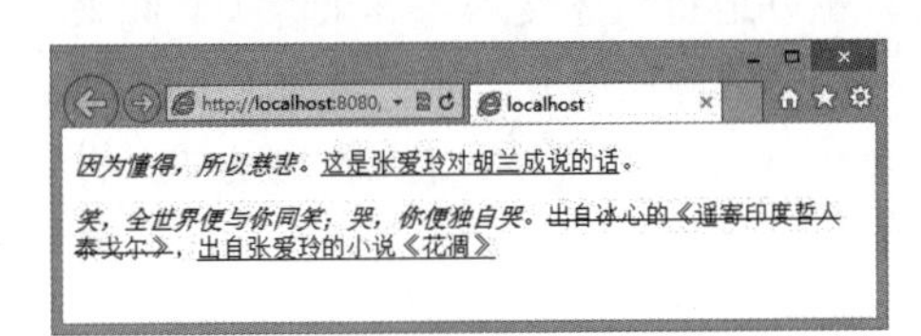

图 3.2　插入和删除信息的语义结构效果

cite 属性（不同于 cite 元素）用于提供一个 URL，指向说明编辑原因的页面。datetime 属性提供编辑的时间。浏览器不会将这两个属性的值显示出来，不过可以为内容提供一些背景信息，用户或搜索引擎可以通过脚本提取这些信息，以供参考。

提示

s 元素可以标注不准确或不再相关的内容，一般不用于标注编辑内容。要标记文档中一块已移除的文本，应使用 del 元素。del 和 s 之间的差异是很微妙的，只能由个人决定哪种选择更符合内容的语义。仅在有语义价值时使用 del、ins 和 s；如果只是出于装饰的原因要给文字添加下划线或删除线，则可以使用 CSS 实现这些效果。

3.2.10　引用文本

扫一扫，看视频

使用 cite 元素可以定义作品的标题，以指明对某内容源的引用或参考。例如，戏剧、脚本或图书的标题，歌曲、电影、照片或雕塑的名称，演唱会或音乐会的主题，规范、报纸或法律文件等。

【示例】 在下面的示例中，cite 元素标记的是音乐专辑、电影、图书和艺术作品的标题。

```
<p>他正在看<cite>红楼梦</cite></p>
```

对于要从引用来源中引述内容的情况，使用 blockquote 或 q 元素标记引述的文本。cite 只用于参考源本身，而不是从中引述内容。

注意

HTML5 声明，不应使用 cite 元素作为对人名的引用，但 HTML4 允许这样做，而且很多设计和开发人员仍在这样做。HTML4 的规范示例如下：

```
<cite>鲁迅</cite>说过：<q>地上本没有路，走的人多了就成了路。</q>
```

除了这些例子，有的网站经常使用 cite 元素标记在博客和文章中发表评论的访问者的名字（WordPress 的默认主题就是这样做的）。很多开发人员表示他们将继续使用 cite 元素标记与页面中的引文有关的名称，因为 HTML5 没有提供可替换 cite 元素的其他元素。

扫一扫，看视频

3.2.11 引述文本

HTML5 支持以下两种引述第三方内容的方法。

（1）blockquote：引述独立的内容，一般比较长，默认显示在新的一行。

（2）q：引述短语，一般比较短，用于句子中。

如果要添加署名，署名应该放在 blockquote 外面。可以把署名放在 p 内。建议使用 figure 和 figcaption，因为它们可以更好地将引述文本与其来源关联起来。如果 blockquote 中仅包含一个单独的段落或短语，可以不必将其包裹在 p 中再放入 blockquote。

在默认情况下，blockquote 文本缩进显示，q 文本自动加上引号，但不同浏览器的效果并不相同。q 元素引用的内容不能跨越多段，在这种情况下应使用 blockquote。不要仅仅因为需要在字词两端添加引号就使用 q 元素。

【示例】 下面的示例综合展示了 cite、q 和 blockquote 元素以及 cite 引文属性的用法，演示效果如图 3.3 所示。

```
<div id="article">
    <h1>智慧到底是什么呢？</h1>
    <h2>《卖拐》智慧摘录</h2>
    <blockquote cite="http://www.szbf.net/Article_Show.asp?ArticleID=1249">
        <p>有人把它说成是知识，以为知识越多，就越有智慧。我们今天无时无处不在受到信息的包围和信息的轰炸，似乎所有的信息都是真理，仿佛离开了这些信息，就不能生存下去了。但是你掌握的信息越多，只能说明你知识的丰富，并不等于你掌握了智慧。有的人，知识丰富，智慧不足，难有大用；有的人，知识不多，但却无所不能，成为奇才。</p>
    </blockquote>
    <p>下面让我们看看<cite>大忽悠</cite>赵本山的这段台词，从中可以体会到语言的智慧。</p>
    <div id="dialog">
        <p>赵本山：<q>对头，就是你的腿有病，一条腿短！</q></p>
        <p>范　伟：<q>没那个事儿！我要一条腿长，一条腿短的话，那卖裤子人就告诉我了！</q> </p>
```

```
            <p>赵本山：<q> 卖裤子的告诉你你还买裤子么，谁像我心眼这么好哇？这样吧，我给你调调。信不信，你的腿随着我的手往高抬，能抬多高抬多高，往下使劲落，好不好？信不信？腿指定有病，右腿短！来，起来！</q> </p>
            <p class="action">（范伟配合做动作）</p>
            <p>赵本山：<q>停！麻没？</q> </p>
            <p>范　伟：<q>麻了 </q> </p>
            <p>高秀敏：<q>哎，他咋麻了呢？</q> </p>
            <p>赵本山：<q>你踩，你也麻！</q> </p>
        </div>
    </div>
```

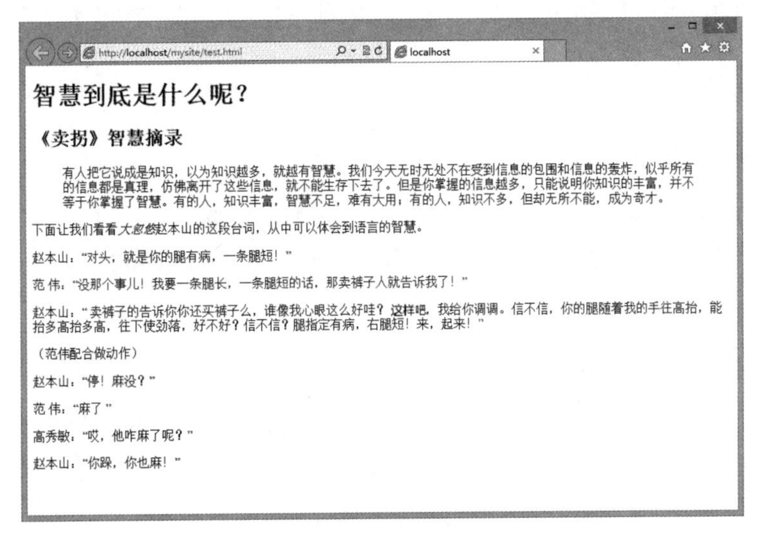

图 3.3　引用信息的语义结构效果

提示

blockquote 和 q 元素都有一个可选的 cite 属性，提供引述内容来源的 URL。该属性对搜索引擎或其他收集引述文本及其引用的脚本来说是有用的。默认情况下，cite 属性值不会显示出来，如果要让访问者看到这个 URL，可以在内容中使用链接（a）重复这个 URL。也可以使用 JavaScript 将 cite 属性值暴露出来，但这样做的效果稍差一些。

blockquote 和 q 元素可以嵌套。嵌套的 q 元素应该自动加上正确的引号。由于内外引号在不同语言中的处理方式不同，因此要根据需要在 q 元素中加上 lang 属性，不过浏览器对嵌套 q 元素的支持程度并不相同，其实浏览器对非嵌套 q 元素的支持也不同。

3.2.12　修饰文本

span 是没有任何语义的行内元素，适合包裹短语、流动对象等内容，而 div 适合包含块级内容。如果希望为行内对象应用以下项目，则可以考虑使用 span 元素。

（1）HTML5 标签属性，如 class、dir、id、lang、title 等。

（2）CSS 样式。

（3）JavaScript 脚本。

【示例】下面的示例使用 span 元素为行内文本“HTML”应用 CSS 样式，设计其显示为红色。

```
<style type="text/css">.red {color: red;}</style>
<p><span class="red">HTML</span>是通向 Web 技术世界的钥匙。</p>
```

在上面的示例中，想对一小块文字指定不同的颜色，但从句子的上下文看，没有一个语义上适合的 HTML 元素，因此额外添加了 span 元素，定义一个类样式。

提示

span 元素没有语义，也没有默认格式，用户可以使用 CSS 添加类样式。可以对一个 span 元素同时添加 class 和 id 属性，两者的区别在于：class 用于一组元素，而 id 用于页面中单独的、唯一的元素。在 HTML5 中，当没有提供合适的语义化元素时，微格式经常使用 span 元素为内容添加语义化类名，以填补语义上的空白。

扫一扫，看视频

3.2.13 非文本注解

在 HTML4 中，u 是纯样式元素，用于为文本添加下划线。与 b、i、s 和 small 一样，HTML5 重新定义了 u，使之不再是无语义、仅用于表现的元素。u 元素可以为一块文字添加明显的非文本注解，如在中文中将文本标为专有名词（即中文的专名号①），或者标明文本拼写有误。

【示例】下面的示例演示了 u 元素的应用。

```
<p>When they<u class="spelling">recieved</u>the package,they put it with
<u class="spelling">there</u></p>
```

class 是可选的，u 文本默认以下划线显示，通过 title 属性可以为该元素包含的内容添加注释。

提示

只有在 cite、em、mark 等其他语义元素不适用的情况下使用 u 元素。同时，建议重新设计 u 文本的样式，以免与同样默认为下划线的链接文本混淆。

3.3 特 殊 文 本

HTML5 新增了很多实用型功能标记，以满足日益丰富的 Web 应用的特殊需求。

扫一扫，看视频

3.3.1 高亮文本

HTML5 使用 mark 元素突出显示文本。可以使用 CSS 对 mark 元素中的文字应用样式（不应用样式也可以），但应仅在合适的情况下使用该元素。无论何时使用 mark 元素，该元素总是用于吸引用户对特定文本的注意。

最能体现 mark 元素作用的情景是在网页中检索某个关键词时呈现的检索结果，现在许多搜索引擎都用其他方法实现了 mark 元素的功能。

【示例 1】下面的示例使用 mark 元素高亮显示对“HTML5”（不区分大小写）关键词的搜索结果，演示效果如图 3.4 所示。

```
    <article>
        <h2><mark>HTML5</mark>中国:中国最大的<mark>HTML5</mark>中文门户 - Powered
by Discuz!官网</h2>
        <p><mark>HTML5</mark>中国,是中国最大的<mark>HTML5</mark>中文门户。为广大
<mark>html5</mark>开发者提供<mark>html5</mark>教程、<mark>html5</mark>开发工具、
<mark>html5</mark>网站示例、<mark>html5</mark>视频、js 教程等多种<mark>html5</mark>
在线学习资源。</p>
        <p>www.html5cn.org/  - 百度快照 - 86%好评</p>
    </article>
```

mark 元素还可以用于标识引用原文，出于某种特殊目的而把原文作者没有重点强调的内容标识出来。

【示例 2】下面的示例使用 mark 元素将唐诗中的韵脚特意高亮显示出来，演示效果如图 3.5 所示。

```
    <article>
        <h2>静夜思 </h2>
        <h3>李白</h3>
        <p>床前明月<mark>光</mark>，疑是地上<mark>霜</mark>。</p>
        <p>举头望明月，低头思故<mark>乡</mark>。</p>
    </article>
```

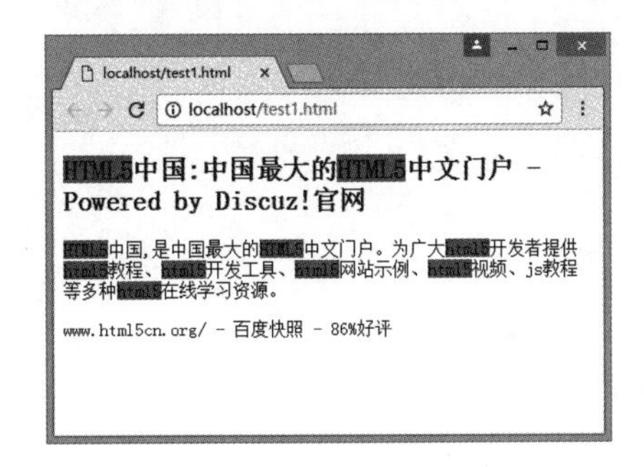

图 3.4　使用 mark 元素高亮显示关键词

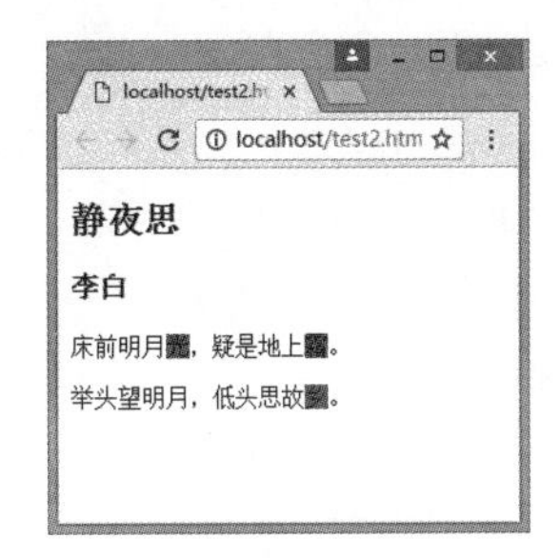

图 3.5　使用 mark 元素高亮显示韵脚

注意

在 HTML4 中，用户习惯使用 em 或 strong 元素突出显示文字，但是 mark 元素的作用与这两个元素的作用是有区别的，不能混用。

mark 元素的标识目的与原文作者无关，或者说它不是被原文作者用来标识文字的，而是后来被引用时添加上去的，它的目的是吸引当前用户的注意力，供用户参考，希望能够对用户有帮助。而 strong 是原文作者用来强调一段文字的重要性的，如错误信息等；em 元素是原文作者为了突出文章重点文字而使用的。

3.3.2　进度信息

progress 是 HTML5 的新元素，它指示某项任务的完成进度。可以用它表示一个进度条，就像在 Web 应用中看到的指示保存或加载大量数据操作进度的组件。

支持 progress 的浏览器会根据属性值自动显示一个进度条，并根据值对其进行着色。<progress>和</progress>之间的文本不会显示出来。例如：

```
    <p>安装进度：<progress max="100" value="35">35%</progress></p>
```

一般只能通过 JavaScript 动态地更新 value 属性值和元素中的文本以指示任务进程。通过 JavaScript（或直接在 HTML 中）将 value 属性设为 35（假定 max="100"）。

progress 元素支持 3 个属性：max、value 和 form。它们都是可选的，max 属性用于指定任务的总工作量，其值必须大于 0；value 用于指定任务已完成的量，值必须大于 0、小于或等于 max 属性值。如果 progress 没有嵌套在 form 元素里面，又需要将它们联系起来，可以添加 form 属性并将其值设为该 form 的 id。

【示例】下面的示例简单演示了如何使用 progress 元素，演示效果如图 3.6 所示。

```
    <section>
        <p>百分比进度: <progress id="progress" max="100"><span>0</span>
%</progress></p>
        <input type="button" onclick="click1()"  value="显示进度"/>
    </section>
    <script>
    function click1(){
        var progress = document.getElementById('progress');
        progress.getElementsByTagName('span')[0].textContent ="0";
        for(var i=0;i<=100;i++)
            updateProgress(i);
    }
    function updateProgress(newValue){
        var progress = document.getElementById('progress');
        progress.value = newValue;
        progress.getElementsByTagName('span')[0].textContent = newValue;
    }
    </script>
```

图 3.6　使用 progress 元素

**注意**

progress 元素不适合用于表示度量衡，如磁盘空间的使用情况或查询结果。如果需要表示度量衡，应使用 meter 元素。

扫一扫，看视频

3.3.3　刻度文本

meter 也是 HTML5 的新元素，它与 progress 元素很像。可以用 meter 元素表示分数的值或已知范围的测量结果。例如，已售票数（共 850 张，已售 811 张）、考试分数（百分制的 90 分）、磁盘使用量（如 256GB 中的 74GB）等测量数据。

HTML5 建议浏览器在呈现 meter 时，在旁边显示一个类似温度计的图形，一个表示测量值的横条，测量值的颜色与最大值的颜色有所区别（相等除外）。作为当前少数几个支持 meter 的浏览器，Firefox 正是这样显示的。对于不支持 meter 的浏览器，可以通过 CSS 对 meter 添加一些额外的样式，或用 JavaScript 进行改进。

【示例】下面的示例简单演示了如何使用 meter 元素，演示效果如图 3.7 所示。

```
    <p>项目的完成状态: <meter value="0.80">80%完成</meter></p>
    <p>汽车损耗程度: <meter low="0.25" high="0.75" optimum="0" value="0.21">
21%</meter></p>
    <p>十公里竞走里程:<meter min="0" max="13.1" value="5.5" title="Miles">
4.5</meter></p>
```

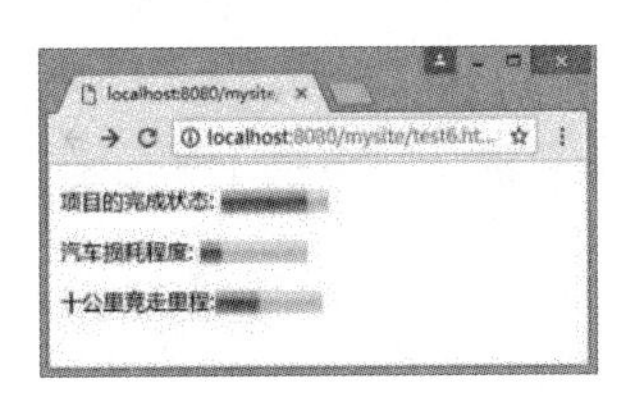

图 3.7　使用 meter 元素

支持 meter 元素的浏览器（如 Firefox）会自动显示测量值，并根据属性值进行着色。<meter>和</meter>之间的文字不会显示出来。如以上示例所示，如果包含 title 文本，就会在鼠标悬停在横条上时显示出来。虽然并非必需，但最好在 meter 元素中包含一些反映当前测量值的文本，供不支持 meter 元素的浏览器显示。

IE 浏览器不支持 meter 元素，它会将 meter 元素中的文本内容显示出来，而不是显示一个彩色的横条。可以通过 CSS 改变其外观。

meter 元素不提供定义好的单位，但可以使用 title 属性指定单位，如以上示例所示。通常，浏览器会以提示框的形式显示 title 文本。meter 元素不用于标记没有范围的普通测量值，如高度、宽度、距离、周长等。

meter 元素包含 7 个属性，简单说明如下。

（1）value：在元素中特别标识出来的实际值。该属性的值默认为 0，可以为该属性指定一个浮点小数值。meter 元素中必须包含 value 属性。

（2）min：设置规定范围时，允许使用的最小值，默认为 0，设定的值不能小于 0。

（3）max：设置规定范围时，允许使用的最大值，默认为 1。如果该属性的值小于 min 属性的值，那么把 min 属性的值视为最大值。

（4）low：设置范围的下限值，必须小于或等于 high 属性的值。同样，如果 low 属性的值小于 min 属性的值，那么把 min 属性的值视为 low 属性的值。

（5）high：设置范围的上限值。如果该属性的值小于 low 属性的值，那么把 low 属性的值视为 high 属性的值。同样，如果该属性的值大于 max 属性的值，那么把 max 属性的值视为 high 属性的值。

（6）optimum：设置最佳值，该属性的值必须在 min 属性的值与 max 属性的值之间，可以大于 high 属性的值。

（7）form：设置 meter 元素所属的一个或多个表单。

3.3.4　时间

扫一扫，看视频

使用 time 元素标记时间、日期或时间段，这是 HTML5 新增的元素。呈现这些信息的方式有多种。例如：

```
    <p>我们在每天早上 <time>9:00</time> 开始营业。</p>
    <p>我在 <time datetime="2024-02-14">情人节</time> 有个约会。</p>
```

time 元素最简单的用法是不包含 datetime 属性。在忽略 datetime 属性的情况下，它们的确提供了具备标准的机器可读格式的时间和日期。如果提供了 datetime 属性，time 标签中的文本可以不严格使用有效的格式；如果忽略 datetime 属性，文本内容就必须是合法的日期或时间格式。

time 中包含的文本内容会出现在屏幕上，对用户可见，而可选的 datetime 属性则是为机器准备的。该属性需要遵循特定的格式。浏览器只显示 time 元素的文本内容，而不会显示 datetime 的值。

datetime 属性不会单独产生任何效果，但可以用于在 Web 应用（如日历应用）之间同步日期和时间。这就是必须使用标准的机器可读格式的原因，这样程序之间就可以使用相同的“语言”来共享信息。

提示

不能在 time 元素中嵌套另一个 time 元素，也不能在没有 datetime 属性的 time 元素中包含其他元素（只能包含文本）。

在早期的 HTML5 说明中，time 元素可以包含一个名为 pubdate 的可选属性。不过，后来 pubdate 已不再是 HTML5 的一部分。

datetime 属性（或者没有 datetime 属性的 time 元素）必须提供具有特定的机器可读格式的日期和时间。这可以简化为以下形式。

```
YYYY-MM-DDThh:mm:ss
```

例如（当地时间）：

```
2024-11-03T17:19:10
```

表示“当地时间 2024 年 11 月 3 日下午 5 时 19 分 10 秒”。小时部分使用 24 小时制，因此表示下午 5 点应使用 17，而非 05。如果包含时间，秒是可选的。也可以使用 hh:mm.sss 格式提供时间的毫秒数。注意，毫秒数之前的符号是一个点。

如果要表示时间段，则格式稍有不同。有几种语法，不过最简单的形式为

```
nh nm ns
```

其中，3 个 n 分别表示小时数、分钟数和秒数。

也可以将日期和时间表示为世界时。在末尾加上字母 Z，就成了全球标准时间（Coordinated Universal Time，UTC）。UTC 是主要的全球时间标准。例如（使用 UTC 的世界时）：

```
2024-11-03T17:19:10Z
```

也可以通过相对 UTC 时差的方式表示时间。这时不写字母 Z，写上减号或加号及时差即可。例如，含相对 UTC 时差的世界时表示形式如下：

```
2024-11-03T17:19:10-03:30
```

表示“纽芬兰标准时间（Newfoundland Stardard Time，NST）2024 年 11 月 3 日下午 5 时 19 分 10 秒”（NST 比 UTC 晚三个半小时）。如果确实要包含 datetime，不必提供时间的完整信息。

扫一扫，看视频

3.3.5 联系信息

HTML4 没有专门用于标记通信地址的元素，HTML5 新增 address 元素，用于定义与

HTML 页面或页面一部分（如一篇报告或新文章）有关的作者、相关人士或组织的联系信息，通常位于页面底部。至于 address 具体表示的是哪一种信息，取决于该元素出现的位置。

【示例】 下面是一个简单的联系信息演示示例。

```
<main role="main">
    <article>
        <h1>文章标题</h1>
        <p>文章正文</p>
        <footer>
            <p>说明文本</p>
            <address>
            <a href="mailto:zhangsan@163.com">zhangsan@163.com</a>.
            </address>
        </footer>
    </article>
</main>
<footer role="contentinfo">
    <p><small>&copy; 2024 baidu, Inc.</small></p>
    <address>
    北京 8 号<a href="index.html">首页</a>
    </address>
</footer>
```

在上面的示例中，页面有两个 address 元素：一个用于 article 的作者，另一个位于页面级的 footer 中，用于整个页面的维护者。article 的 address 只包含联系信息。尽管 article 的 footer 中也有关于作者的背景信息，但这些信息位于 address 元素的外面。

大多数时候，联系信息的形式是作者的电子邮件地址或指向联系信息页的链接。联系信息也有可能是作者的通信地址，这时将地址用 address 标记就是有效的。但是，用 address 标记公司网站“联系我们”页面中的办公地点则是错误的用法。

address 元素中的文字默认以斜体显示。如果 address 嵌套在 article 里，则属于其所在的最近的 article 元素；否则属于页面的 body 元素。当说明整个页面的作者的联系信息时，通常将 address 放在 footer 元素里。article 里的 address 提供的是该 article 作者的联系信息，而不是嵌套在该 article 里的其他任何 article（如用户评论）的作者的联系信息。

address 只能包含作者的联系信息，不能包括其他内容，如文档或文章的最后修改时间。此外，HTML5 禁止在 address 里包含以下元素：h1～h6、article、address、aside、footer、header、hgroup、nav 和 section。

3.3.6 显示方向

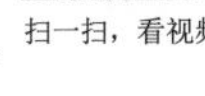

扫一扫，看视频

如果在 HTML 页面中混合了从左到右书写的字符（如大多数语言所用的拉丁字符）和从右到左书写的字符（如阿拉伯语或希伯来语字符），就可能要用到 bdi 和 bdo 元素。

要使用 bdo 元素，必须包含 dir 属性，取值包括 ltr（由左至右）或 rtl（由右至左），指定希望呈现的显示方向。

bdo 元素适用于段落里的短语或句子，不能用它包围多个段落。bdi 元素是 HTML5 中新增的元素，适用于内容的方向不确定的情况，不必包含 dir 属性，因为默认已设为自动判断。

【示例】 下面的示例根据语言不同自动调整用户名的显示顺序。

```
<ul>
```

```
    <li><bdi>jcranmer</bdi></li>
    <li><bdi>hober</bdi></li>
    <li><bdi> نايا </bdi></li>
</ul>
```

扫一扫，看视频

3.3.7 换行

使用 br 元素可以实现文本换行显示。要确保使用 br 元素是最后的选择，因为该元素将表现样式带入了 HTML，而不是让所有的呈现样式都交由 CSS 控制。例如，不要使用 br 元素模拟段落之间的距离。相反，应该用 p 元素标记两个段落并通过 CSS 的 margin 属性规定两个段落之间的距离。

【示例】 对于诗歌、街道地址等应该紧挨着出现的短行，都适合用 br 元素。

```
<p>北京市<br/>
海淀区<br/>
北京大学<br/>
32 号楼</p>
```

每个 br 元素强制让接下来的内容在新的一行显示。如果没有 br 元素，整个地址都会显示在同一行，除非浏览器窗口太窄导致内容换行。可以使用 CSS 控制段落中的行间距以及段落之间的距离。在 HTML5 中，输入
或
都是有效的。

扫一扫，看视频

3.3.8 换行断点

HTML5 为 br 元素引入了一个相近的元素：wbr，它代表"一个可换行处"。可以在一个较长的无间断短语（如 URL）中使用该元素，表示此处可以在必要时进行换行，从而让文本在有限的空间内更具可读性。因此，与 br 元素不同，wbr 元素不会强制换行，而是让浏览器知道哪里可以根据需要进行换行。

【示例】 下面的示例为 URL 字符串添加换行符标签，这样当窗口宽度变化时，浏览器会自动根据断点确定换行位置，效果如图 3.8 所示。

```
    <p>本站旧地址为 https:<wbr>//<wbr>www.old_site.com/，新地址为
https:<wbr>//<wbr>www.new_site.com/。</p>
```

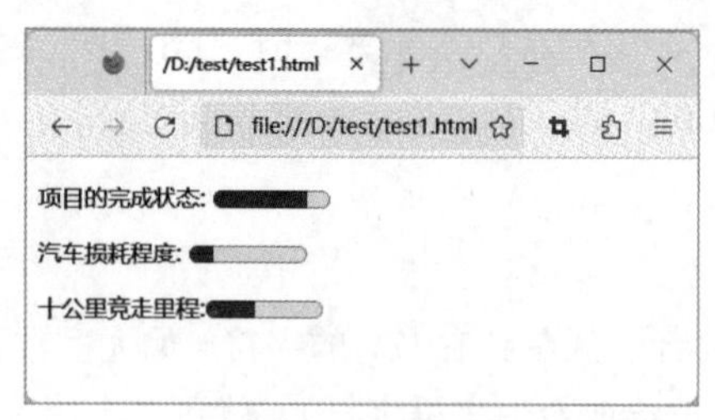

图 3.8　定义换行断点

扫一扫，看视频

3.3.9 旁注

旁注标记是东亚语言（如中文和日文）中的一种惯用符号，通常用于表示生僻字的发音。这些小的注解字符出现在它们标注的字符的上方或右方。它们常简称为旁注（ruby 或 rubi）。日语中的旁注字符称为振假名。

ruby 元素及其子元素 rt 和 rp 是 HTML5 中为内容添加旁注标记的机制。rt 元素指明对基准字符进行注解的旁注字符。可选的 rp 元素用于在不支持 ruby 的浏览器中的旁注文本周围显示括号。

【**示例**】下面的示例演示如何使用<ruby>和<rt>标签为诗句注音，效果如图 3.9 所示。

```
<style type="text/css">
ruby { font-size: 40px; }
</style>
<ruby>少<rt>shào</rt>小<rt>xiǎo</rt>离<rt>lí</rt>家<rt>jiā</rt>老<rt>lǎo</rt>
大<rt>dà</rt>回<rt>huí</rt></ruby>,
<ruby>乡<rt>xiāng</rt>音<rt>yīn</rt>无<rt>wú</rt>改<rt>gǎi</rt>鬓<rt>bìn</rt>
毛<rt>máo</rt>衰<rt>shuāi</rt></ruby>。
```

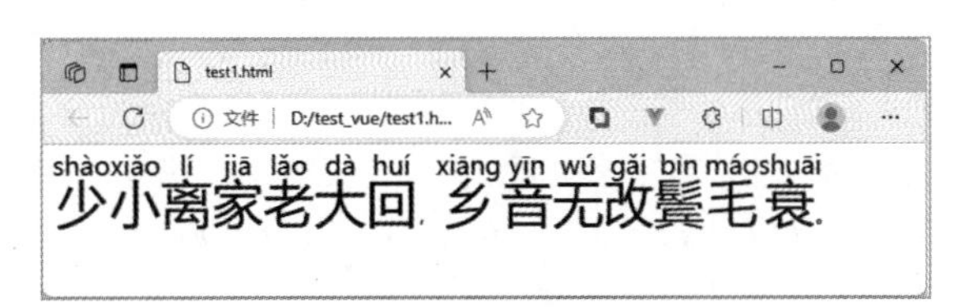

图 3.9　为诗句注音

支持旁注标记的浏览器会将旁注文本显示在基准字符的上方（也可能在旁边），不显示括号；不支持旁注标记的浏览器会将旁注文本显示在括号里，就像普通的文本一样。

3.3.10　展开/折叠

HTML5 新增 details 和 summary 元素，允许用户创建一个可展开、可折叠的元件，让一段文字或标题包含一些隐藏的信息。

一般情况下，details 元素用来对显示在页面的内容作进一步的解释，details 元素内并不仅限于放置文字，也可以放置表单、插件或对一个统计图提供详细数据的表格。

details 元素有一个布尔型的 open 属性，当该属性值为 true 时，details 包含的内容会展开显示；当该属性值为 false（默认值）时，其包含的内容被折叠起来不显示。

summary 元素从属于 details 元素，当单击 summary 元素包含的内容时，details 元素包含的其他所有从属子元素将会展开或折叠。如果 details 元素内没有 summary 元素，浏览器会提供默认文字以供单击，同时还会提供一个类似上下箭头的图标，提示 details 的展开或折叠状态。

当 details 元素的状态从展开切换为折叠，或者从折叠切换为展开时，均会触发 toggle 事件。

【**示例**】下面的示例设计一个商品的详细数据展示，效果如图 3.10 所示。

```
<details>
    <summary>HUAWEI Mate 40 Pro 5G</summary>
    <p>商品详情：</p>
    <dl>
        <dt>电池</dt>
        <dd>4400mAh</dd>
        ...
    </dl>
</details>
```

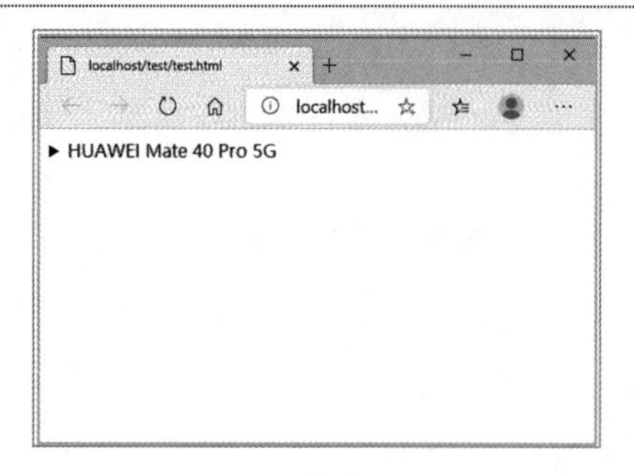

（a）折叠

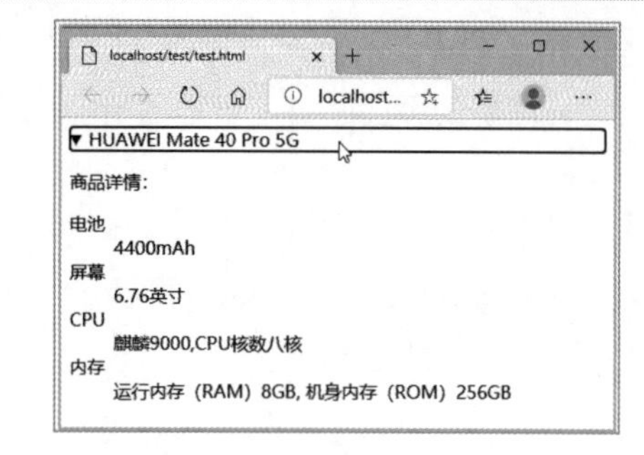

（b）展开

图 3.10　展开信息效果

扫一扫，看视频

3.3.11　对话框

HTML5 新增 dialog 元素，用于定义一个对话框或窗口。dialog 在界面中默认为隐藏状态，可以设置 open 属性，定义默认显示对话框或窗口，也可以在脚本中使用该元素的 show()或 close()方法动态控制对话框的显示或隐藏。

【示例 1】下面是一个简单的演示示例，效果如图 3.11 所示。

```
<dialog>
     <h1>Hi, HTML5</h1>
     <button id="close">关闭</button>
</dialog>
<button id="open">打开对话框</button>
<script>
var d = document.getElementsByTagName("dialog")[0],
     openD = document.getElementById("open"),
     closeD = document.getElementById("close");
openD.onclick = function() {d.show();} // 显示对话框
closeD.onclick = function() {d.close();}  // 关闭对话框
</script>
```

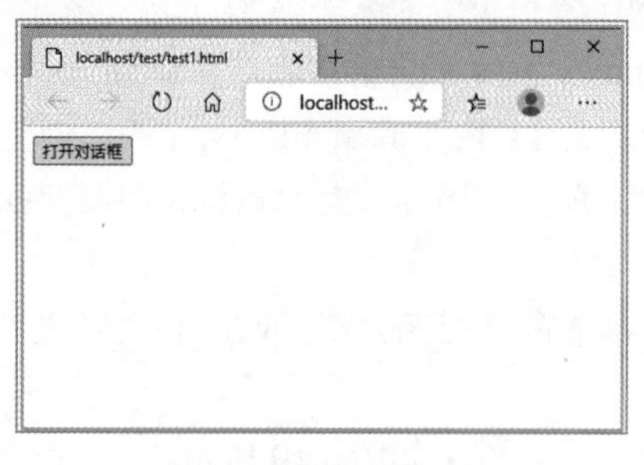

（a）隐藏对话框状态

（b）打开对话框状态

图 3.11　打开对话框效果

在脚本中，设置 dialog.open="open"或 true 可以打开对话框，设置 dialog.open=""或 false 可以关闭对话框。

【示例 2】如果调用 dialog 元素的 showModal()方法，可以以模态对话框的形式打开，效果如图 3.12 所示。然后使用::backdrop 伪类设计模态对话框的背景样式。

```
<style>
::backdrop{background-color:black;}
```

```
    </style>
    <input type="button" value="打开对话框" onclick="document.getElementById('dg').
showModal();">
    <dialog id="dg" onclose="alert('对话框被关闭')" oncancel="alert('在模式对话框中
按下 Esc 键')">
        <h1>Hi, HTML5</h1>
        <input type="button" value="关闭" onclick="document.getElementById('dg').
close();"/>
    </dialog>
```

图 3.12　以模态对话框形式打开

3.4　案 例 实 战

3.4.1　设计提示文本

【案例】在 Web 应用中常常需要用到提示文本。根据性质不同，提示文本可以分为危险信息、警告信息、提示信息和成功信息。HTML 代码如下：

```
    <div class="danger">
        <p><strong>危险!</strong> 危险操作提示。</p>
    </div>
    <div class="success">
        <p><strong>成功!</strong> 操作成功提示。</p>
    </div>
    <div class="info">
        <p><strong>提示!</strong> 提示信息修改等。</p>
    </div>
    <div class="warning">
        <p><strong>警告!</strong> 提示当前操作要注意。</p>
    </div>
```

<div class="…">用于定义信息框，<p>用于包含具体的信息，<strong>用于标记信息的类型，效果如图 3.13 所示。也可以使用<span class="closebtn">×</span>语句添加一个关闭按钮，代码如下，效果如图 3.14 所示。

```
    <div class="alert danger">
        <span class="closebtn">&times;</span>
        <strong>危险!</strong> 危险操作提示。
    </div>
    <div class="alert success">
        <span class="closebtn">&times;</span>
```

```
        <strong>成功!</strong> 操作成功提示。
    </div>
    <div class="alert info">
        <span class="closebtn">&times;</span>
        <strong>提示!</strong> 提示信息修改等。
    </div>
    <div class="alert warning">
        <span class="closebtn">&times;</span>
        <strong>警告!</strong> 提示当前操作要注意。
    </div>
```

图 3.13　信息提示文本风格 1

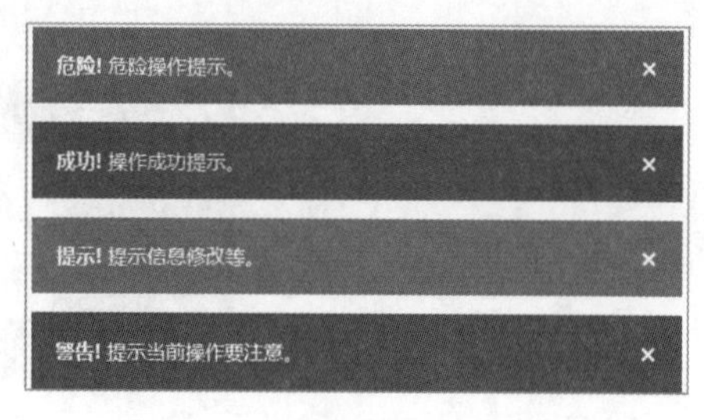

图 3.14　信息提示文本风格 2

扫一扫，看视频

3.4.2　设计网页文本

【案例】 本案例设计一个完整的页面，包含页眉（<header>）、页脚（<footer>）、侧边栏（<nav>）和主体内容（<div class="contents">），页面用到标题文本（包括一级标题、二级标题和三级标题）、段落文本、图标字体、超链接文本、代码文本、备注文本等。主要代码如下，完整代码请参考本节案例源代码，效果如图 3.15 所示。

```
    <header>
        <h1>【纯 CSS3 应用】<span>粘性侧边栏菜单 </span></h1>
        <h3>在线支持，一个有用的课外支持和服务场所</h3>
    </header>
    <div class="flex">
        <nav>
            <a class="logo" href="#">
                <h2>在线支持</h2>
                <p>粘性侧边栏菜单</p>
            </a>
            <a href="#"> <i class="fa fa-home fa-lg"></i> <span>首页</span> </a>
            ...
        </nav>
        <div class="contents">
            <h1>粘性侧边栏</h1>
            <p>粘性侧边栏导航菜单组合运用相对位置和固定位置。通常情况下，侧边栏的行为类
似于普通元素，其位置流动显示。但是，当我们向上滚动屏幕时，边栏会向上移动一部分，然后在到达阈值
点时粘住，不再跟随滚动。为此，本例需要使用<code>position:sticky;</code>样式，这是 CSS3
新增的特性。</p>
            ...
        </div>
    </div>
    <footer>
        <div class="left"><small>Copyright ©2021 Online support | Powered by
```

```
Online support </small></div>
        <div class="right"> <a href="#">首页</a> <a href="#">关于</a>
<a href="#">联系</a> <a href="#">隐私约定</a> </div>
    </footer>
```

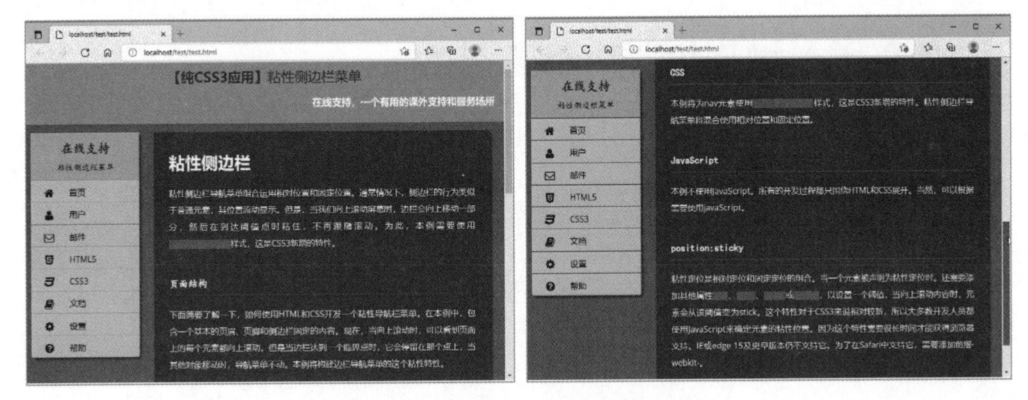

图 3.15　粘性侧边栏菜单应用效果

本 章 小 结

本章首先讲解了网页中最主要的文本样式：标题和段落；然后讲解了多种修饰性文本样式，包括强调、注解、备选、上标、下标、术语、代码、预定义格式、缩写词、编辑、删除、引用、引述、修饰和非文本注解；最后详细讲解了各种特殊功能的文本，如高亮、进度、刻度、时间、联系信息、显示方向、换行、断点、旁注、展开/折叠和对话框。

课 后 练 习

一、填空题

1. 在网页中，基础文本主要包括________和________。
2. HTML5 把标题分为 6 级，分别使用________、________、________、________、________、________标签进行标识，其中________表示最重要的信息，而________表示最次要的信息。
3. 网页正文主要通过________文本来表现；HTML5 使用________标签定义。
4. HTML5 提供了两个强调内容的语义标签：________和________。
5. HTML5 重新定义了________元素，专门用于标识小字印刷体，表示细则一类的旁注。

二、判断题

1. 在 HTML5 中，b 和 i 元素分别表示粗体和斜体。（　　）
2. HTML5 使用 sup 和 sub 元素定义上标和下标。上标和下标文本比正文稍高或稍低。（　　）
3. HTML5 使用 dfn 元素标识专用术语。（　　）

4．在 HTML5 中，使用 small 元素可以标记代码或文件名。 （ ）

5．在 HTML5 中，使用 pre 元素可以定义代码文本。 （ ）

三、选择题

1．使用（ ）元素可以标记缩写词并解释其含义。

A．abbr　　B．title　　C．acronym　　D．dfn

2．使用（ ）元素可以标记用户输入指示。

A．tt　　B．var　　C．samp　　D．kbd

3．使用（ ）元素可以标记已删除文本。

A．tt　　B．ins　　C．del　　D．kbd

4．使用（ ）元素可以定义作品的标题，以指明对某内容源的引用或参考。

A．tt　　B．cite　　C．del　　D．kbd

5．使用（ ）元素可以引述短语。

A．blockquote　　B．cite　　C．q　　D．kbd

四、简答题

1．HTML5 新增了很多实用型功能标记，请举几个示例进行说明。

2．结合本章内容简单说明你对网页文本的认识，你觉得哪个文本标签更有趣或更有价值？

五、上机题

1．定义 5 段文本，包含粗体文本、大字体文本、斜体文本、输出文本及上标和下标文本。

2．有如下 CSS 样式代码，请使用预定义格式显示出来。

```
.warning {
    background-color: #ffffcc;
    border-left: 6px solid #ffeb3b;
}
```

3．哪些标签可以用于显示计算机或程序代码？举例说明。

4．使用正确的标签输出自家的地址。

5．块引用和短引用有什么区别？请使用代码表示出来。

6．编写代码，定义文本从右往左显示。

拓 展 阅 读

第 4 章　HTML5 图像和多媒体

【学习目标】

- 在网页中添加图像。
- 可以设置图像的基本属性。
- 在网页中添加音频和视频。
- 可以设置音频和视频的基本属性。
- 设计简单的图文页面和多媒体页面。

在网页中，文本信息直观、明了，而多媒体信息更富内涵和视觉冲击力。适当使用不同类型的多媒体信息可以展示个性、突出重点、吸引用户。HTML4 需要借助插件为网页添加多媒体信息，HTML5 引入了原生的多媒体技术，设计多媒体信息时更简便，用户体验感更好。本章将详细讲解不同类型的多媒体对象在网页中的使用。

4.1　图　　像

HTML5.1 新增 picture 元素和 img 元素的 srcset、sizes 属性，使响应式图片的实现更为简捷。

4.1.1　使用 img 元素

在 HTML5 中，使用<img>标签可以把图像插入网页中，具体语法格式如下：

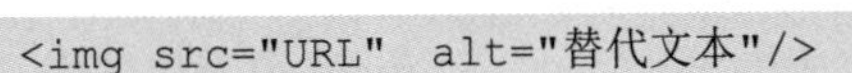

```
<img src="URL"  alt="替代文本"/>
```

img 元素向网页中嵌入一张图像，从技术上分析，<img>标签并不会在网页中插入图像，而是从网页上链接图像，<img>标签创建的是被引用图像的占位空间。

提示

<img>标签有两个必需的属性：src 和 alt。具体说明如下。

（1）alt：设置图像的替代文本。

（2）src：定义显示图像的 URL。

【示例】在下面的示例中，在页面中插入一张图像，在浏览器中的预览效果如图 4.1 所示。

```
<img src="images/1.jpg" width="400"  alt="读书女生"/>
```

HTML5 为<img>标签定义了多个可选属性，简单说明如下。

（1）height：定义图像的高度。取值单位可以是像素或百分比。

（2）width：定义图像的宽度。取值单位可以是像素或百分比。

（3）ismap：将图像定义为服务器端图像的映射。

图 4.1　在网页中插入图像

（4）usemap：将图像定义为客户器端图像的映射。

（5）longdesc：指向包含长的图像描述文档的 URL。

不再推荐使用 HTML4 中的部分属性，如 align（水平对齐方式）、border（边框粗细）、hspace（左右空白）、vspace（上下空白），对于这些属性，HTML5 建议使用 CSS 属性代替。

扫一扫，看视频

4.1.2　使用 figure 元素

使用 figure 元素可以定义流内容。流内容是图表、照片、图形、插图、代码片段以及其他类似的独立内容。使用可选的 figcaption 元素可以定义流内容的标题，figcaption 应该出现在 figure 内容的开头或结尾处。具体用法如下：

```
<figure>
    <figcaption>流内容的标题</figcaption>
    <!-- 流内容 -->
</figure>
```

figure 元素可以包含多个内容块。无论 figure 包含有多少内容，只允许包含一个 figcaption，figcaption 文本是对 figure 内容的简短描述，类似于图片的描述文本。

【示例】 在下面的示例中，figure 包含新闻图片和标题，显示在 article 内容块的中间。figure 图片默认以缩进形式显示。

```
<article>
    <h1>我国首次实现月球轨道交会对接 嫦娥五号完成在轨样品转移</h1>
    <p>12 月 6 日，航天科技人员在北京航天飞行控制中心指挥大厅监测嫦娥五号上升器与轨道器
返回器组合体交会对接情况。</p>
    <p>记者从国家航天局获悉，12 月 6 日 5 时 42 分，嫦娥五号上升器成功与轨道器返回器组合
体交会对接，并于 6 时 12 分将月球样品容器安全转移至返回器中。这是我国航天器首次实现月球轨道交会
对接。</p>
    <figure>
        <figcaption>新华社记者<b>金立旺</b>摄</figcaption>
        <img src="images/news.jpg" alt="嫦娥五号完成在轨样品转移"/> </figure>
    <p>来源：<a href="http://www.xinhuanet.com/">新华网</a></p>
</article>
```

注意

不要简单地将 figure 元素作为在正文中嵌入的独立内容。在这种情况下，更适合使用 aside 元素。

扫一扫，看视频

4.1.3 使用 picture 元素

使用 picture 元素可以设计响应式图片。<picture>标签仅作为容器，可以包含一个或多个<source>子标签。<source>可以加载多媒体源，它包含以下属性。

（1）srcset：必需，设置图片文件路径，如 srcset=" img/minpic.png"；或者是以逗号分隔的用像素密度描述的图片路径，如 srcset="img/minpic.png,img/maxpic.png 2x"。

（2）media：设置媒体查询，如 media=" (min-width: 320px) "。

（3）sizes：设置宽度，如 sizes="100vw"；或者是媒体查询宽度，如 sizes="(min-width: 320px) 100vw"；也可以是用逗号分隔的媒体查询宽度列表，如 sizes="(min-width: 320px) 100vw, (min-width: 640px) 50vw, calc(33vw - 100px) "。

（4）type：设置 MIME 类型，如 type= "image/webp"或 type= "image/vnd.ms-photo"。

浏览器将根据 source 的列表顺序，使用第 1 个合适的 source 元素，并根据该标签设置的属性加载具体的图片源，同时忽略掉后面的<source>标签。

注意

建议在<picture>标签尾部添加<img>标签，用于兼容不支持<picture>标签的浏览器。

【示例】下面的示例使用 picture 元素设计在不同视图下加载不同的图片。演示效果如图 4.2 所示。

```
<picture>
    <source media="(min-width: 650px)" srcset="images/kitten-large.png">
    <source media="(min-width: 465px)" srcset="images/kitten-medium.png">
    <!-- img 标签用于不支持 picture 元素的浏览器 -->
    <img src="images/kitten-small.png" alt="a cute kitten" id="picimg">
</picture>
```

（a）小屏

（b）中屏

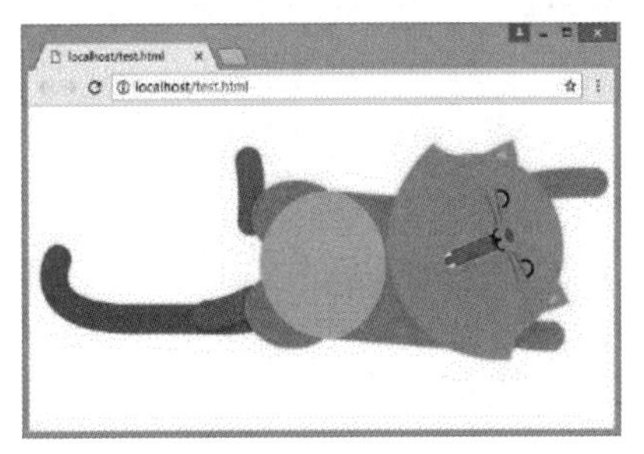
（c）大屏

图 4.2　根据视图大小加载图片

4.1.4 设计横屏和竖屏显示

扫一扫，看视频

【示例】本示例使用<source>标签的 media 属性，根据屏幕的方向作为条件。当屏幕方向为横屏方向时加载 kitten-large.png 的图片；当屏幕方向为竖屏方向时加载 kitten-medium.png 的图片。演示效果如图 4.3 所示。

```
<picture>
      <source media="(orientation: portrait)" srcset="images/kitten-
medium.png">
      <source media="(orientation: landscape)" srcset="images/kitten-
large.png">
      <!-- img 标签用于不支持 picture 元素的浏览器 -->
      <img src="images/kitten-small.png" alt="a cute kitten" id="picimg">
```

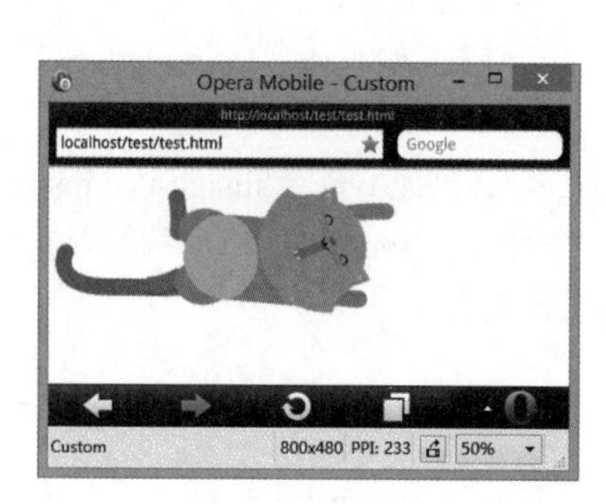

（a）横屏

（b）竖屏

图 4.3　根据屏幕方向加载图片

提示

可以结合多种条件（如屏幕方向和视图大小）分别加载不同的图片。代码如下：

```
<picture>
      <source media="(min-width: 320px) and (max-width: 640px) and
(orientation: landscape)" srcset=" images/minpic_landscape.png">
      <source media="(min-width: 320px) and (max-width: 640px) and
(orientation: portrait)" srcset=" images/minpic_portrait.png">
      <source media="(min-width: 640px) and (orientation: landscape)"
srcset=" images/middlepic_landscape.png">
      <source media="(min-width: 640px) and (orientation: portrait)"
srcset="images/middlepic_portrait.png">
      <img src="images/picture.png" alt=" this is a picture ">
</picture>
```

扫一扫，看视频

4.1.5　根据分辨率显示不同图像

【示例】本示例使用<source>标签的 srcset 属性，以屏幕像素密度作为条件，设计当像素密度为 2x 时，加载后缀为_retina.png 的图片；当像素密度为 1x 时，加载无后缀 retina 的图片。

```
<picture>
      <source media="(min-width:320px)and(max-width: 640px)" srcset="images/
minpic_retina.png 2x">
      <source media="(min-width: 640px)" srcset="img/middle.png,img/middle_
retina.png 2x">
```

```
        <img src="img/picture.png,img/picture_retina.png 2x" alt="this is a picture">
    </picture>
```

提示

有关 srcset 属性的详细说明参考 4.1.7 小节内容。

扫一扫，看视频

4.1.6 根据格式显示不同图像

【示例】 本示例使用<source>标签的 type 属性，以图片的文件格式作为条件。当支持 webp 格式图片时加载 webp 格式图片，当不支持 webp 格式图片时加载 png 格式图片。

```
    <picture>
        <source type="image/webp" srcset="images/picture.webp">
        <img src="images/picture.png" alt=" this is a picture ">
    </picture>
```

扫一扫，看视频

4.1.7 自适应像素比

HTML5 为 img 元素和 source 元素新增了 srcset 属性。srcset 属性是一个包含一个或多个源图的集合，不同源图用逗号分隔，每个源图由以下两部分组成。

（1）图像 URL。

（2）x（像素比描述）或 w（图像像素宽度描述）描述符。描述符与图像 URL 之间需要以一个空格进行分隔，w 描述符的加载策略是通过 sizes 属性中的声明来计算选择的。

如果没有设置第 2 部分，则默认为 1x。在同一个 srcset 中，不能混用 x 描述符和 w 描述符；或者说，不能在同一张图像中既使用 x 描述符，又使用 w 描述符。

sizes 属性的写法与 srcset 属性的写法相同，也是用逗号分隔的一个或多个字符串，每个字符串由以下两部分组成：

（1）媒体查询。最后一个字符串不能设置媒体查询，作为匹配失败后回退选项。

（2）图像 size（大小）信息。不能使用“%”来描述图像大小，如果想用百分比来表示，应使用类似于 vm（100vm＝100%设备宽度）这样的单位来描述，其他的（如 px、em 等）可以正常使用。

sizes 属性中给出的不同媒体查询选择图像大小的建议只对 w 描述符起作用。也就是说，如果 srcset 属性中使用的是 x 描述符，或者根本没有定义 srcset 属性，那么这个 sizes 属性是没有意义的。

【示例】 设计屏幕 5 像素比（如高清 2K 屏）的设备使用 2500px×2500px 的图片，3 像素比的设备使用 1500px×1500px 的图片，2 像素比的设备使用 1000px×1000px 的图片，1 像素比（如普通笔记本显示屏）的设备使用 500px×500px 的图片。对于不支持 srcset 属性的浏览器，显示 src 的图片。

（1）设计之前，先准备 5 张图片。

1）500.png：大小等于 500px×500px。

2）1000.png：大小等于 1000px×1000px。

3）1500.png：大小等于 1500px×1500px。

4）2000.png：大小等于 2000px×2000px。

5）2500.png：大小等于 2500px×2500px。

（2）新建 HTML5 文档，输入以下代码，然后在不同像素比的设备上进行测试。

```
<img width="500" srcset="
        images/2500.png 5x,
        images/1500.png 3x,
        images/1000.png 2x,
        images/500.png 1x"
    src="images/500.png"
/>
```

对于 srcset 中没有给出像素比的设备，不同浏览器的选择策略不同。例如，如果没有给出 1.5 像素比的设备，浏览器可以选择 2 像素比的图片，也可以选择 1 像素比的图片等。

扫一扫，看视频

4.1.8 自适应视图宽

srcset 属性的 w 描述符可以简单理解为描述源图的像素大小，无关宽度还是高度，大部分情况下可以理解为宽度。如果没有设置 sizes，一般是按照 100vm 来选择加载图片。

【示例 1】如果视口在 500px 及以下时，使用 500w 的图片；如果视口在 1000px 及以下时，使用 1000w 的图片，以此类推；如果媒体查询条件都满足，则使用 2000w 的图片。代码如下：

```
<img width="500" srcset="
        images/2000.png 2000w,
        images/1500.png 1500w,
        images/1000.png 1000w,
        images/500.png 500w
        "
    sizes="
        (max-width: 500px) 500px,
        (max-width: 1000px) 1000px,
        (max-width: 1500px) 1500px,
        2000px "
    src="images/500.png"
/>
```

如果没有对应的 w 描述符，一般选择第 1 个大于它的源图。例如，如果有一个媒体查询是 700px，一般加载 1000w 对应的源图。

【示例 2】下面的示例设计使用百分比来设置视口宽度。

```
<img width="500" srcset="
        images/2000.png 2000w,
        images/1500.png 1500w,
        images/1000.png 1000w,
        images/500.png 500w
        "
    sizes="
        (max-width: 500px) 100vm,
        (max-width: 1000px) 80vm,
        (max-width: 1500px) 50vm,
        2000px "
    src="images/500.png"
/>
```

这里设计图片的选择：视口宽度乘以 1、0.8 或 0.5，根据得到的像素来选择不同的 w。例如，如果 viewport 为 800px，对应 80vm，就是 800×0.8=640px，应该加载一个 640w 的源图，但是 srcset 中没有 640w，这时会选择第 1 个大于 640w 的源图，也就是 1000w。如果没有设置，一般是按照 100vm 来选择加载图片。

4.2　音频和视频

HTML5 新增 audio 元素和 video 元素，实现对原生音频和视频的支持。

4.2.1　使用 audio 元素

扫一扫，看视频

<audio>标签可以播放声音文件或音频流，支持 Ogg、MP3、Wav 等格式。其用法如下：

```
<audio src="samplesong.mp3" controls="controls"></audio>
```

其中，src 属性用于指定要播放的声音文件，controls 属性用于设置是否显示工具条。<audio>标签可用的属性见表 4.1。

表 4.1　<audio>标签可用的属性

属　性	值	说　明
autoplay	autoplay	如果出现该属性，则音频在就绪后马上播放
controls	controls	如果出现该属性，则向用户显示控件，如播放按钮
loop	loop	如果出现该属性，则每当音频结束时重新开始播放
preload	preload	如果出现该属性，则音频在页面加载时进行加载，并预备播放；如果使用 "autoplay"，则忽略该属性
src	url	要播放的音频的 URL

提示

如果浏览器不支持<audio>标签，可以在<audio>与</audio>标识符之间嵌入替换的 HTML 字符串，这样旧的浏览器就可以显示这些信息。例如：

```
<audio src="test.mp3" controls="controls">
您的浏览器不支持 audio 标签。
</audio>
```

替换内容可以是简单的提示信息，也可以是一些备用音频插件，或者是音频文件的链接等。

【示例 1】<audio>标签可以包裹多个<source>标签，用于导入不同的音频文件，浏览器会自动选择第 1 个可以识别的格式进行播放。

```
<audio controls>
    <source src="medias/test.ogg" type="audio/ogg">
    <source src="medias/test.mp3" type="audio/mpeg">
    <p>你的浏览器不支持 HTML5 audio，你可以<a href="piano.mp3">下载音频文件</a>
(MP3，1.3MB)</p>
</audio>
```

以上代码在 Chrome 浏览器中的运行结果如图 4.4 所示，这个 audio 元素（含默认控件集）定义了两个音频源文件，一个编码为 Ogg，另一个为 MP3。完整的过程与指定多个视频源文件的过程是一样的。浏览器会忽略它不能播放的，仅播放它能播放的。

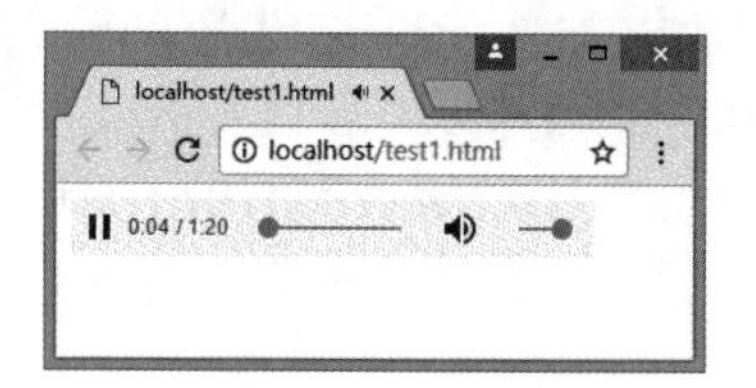

图 4.4　播放音频

支持 Ogg 文件的浏览器（如 Firefox）会加载 piano.ogg。Chrome 同时支持 Ogg 文件和 MP3 文件，但是会加载 Ogg 文件，因为在 audio 元素的代码中，Ogg 文件位于 MP3 文件之前。不支持 Ogg 格式，但支持 MP3 格式的浏览器（IE10）会加载 test.mp3，旧浏览器会显示备用信息。

提示

<source>标签可以为<video>和<audio>标签定义多媒体资源，它必须包裹在<video>或<audio>标识符内。<source>标签包含以下 3 个可用属性。

（1）media：定义媒体资源的类型。

（2）src：定义媒体文件的 URL。

（3）type：定义媒体资源的 MIME 类型。如果媒体类型与源文件不匹配，浏览器可能会拒绝播放。可以省略 type 属性，让浏览器自动检测编码方式。

为了兼容不同浏览器，一般使用多个<source>标签包含多种媒体资源。对于数据源，浏览器会按照声明顺序进行选择，如果支持的不止一种，那么浏览器会优先播放位置靠前的媒体资源。数据源列表的排放顺序应按照用户体验由高到低或者服务器消耗由低到高列出。

【示例 2】下面的示例演示了如何在页面中插入背景音乐。在<audio>标签中设置 autoplay 和 loop 属性。

```
<audio autoplay loop>
    <source src="medias/test.ogg" type="audio/ogg">
    <source src="medias/test.mp3" type="audio/mpeg">
您的浏览器不支持 audio 标签。
</audio>
```

扫一扫，看视频

4.2.2　使用 video 元素

<video>标签可以播放视频文件或视频流，支持 Ogg、MPEG 4、WebM 等格式。其用法如下：

```
<video src="samplemovie.mp4" controls="controls"></video>
```

其中，src 属性用于指定要播放的视频文件，controls 属性用于提供播放、暂停和音量控件。<video>标签可用的属性见表 4.2。

表 4.2　<video>标签可用的属性

属　性	值	描　述
autoplay	autoplay	如果出现该属性，则视频在就绪后马上播放
controls	controls	如果出现该属性，则向用户显示控件，如播放按钮
height	pixels	设置视频播放器的高度
loop	loop	如果出现该属性，则当媒介文件完成播放后再次开始播放
muted	muted	设置视频的音频输出应该被静音

续表

属　性	值	描　述
poster	URL	设置视频下载时显示的图像，或者在用户单击播放按钮前显示的图像
preload	preload	如果出现该属性，则视频在页面加载时进行加载，并预备播放；如果使用"autoplay"，则忽略该属性
src	url	要播放的视频的 URL
width	pixels	设置视频播放器的宽度

提示

HTML5 的<video>标签支持 3 种常用的视频格式，简单说明如下。

（1）Ogg：带有 Theora 视频编码和 Vorbis 音频编码的 Ogg 文件。

（2）MPEG4：带有 H.264 视频编码和 AAC 音频编码的 MPEG4 文件。

（3）WebM：带有 VP8 视频编码和 Vorbis 音频编码的 WebM 文件。

提示

如果浏览器不支持<video>标签，可以在<video>与</video>标识符之间嵌入替换的 HTML 字符串，这样旧的浏览器就可以显示这些信息。例如：

```
<video src="test.mp4" controls="controls">
您的浏览器不支持 video 标签。
</video>
```

【示例 1】 下面的示例使用<video>标签在页面中嵌入一段视频，然后使用<source>标签链接不同的视频文件，浏览器会自己选择第 1 个可以识别的格式。

```
<video controls>
    <source src="medias/trailer.ogg" type="video/ogg">
    <source src="medias/trailer.mp4" type="video/mp4">
您的浏览器不支持 video 标签。
</video >
```

一个 video 元素中可以包含任意数量的 source 元素，因此为视频定义两种不同的格式是相当容易的。浏览器会加载第 1 个它支持的 source 元素引用的文件格式，并忽略其他的来源。

在 Chrome 浏览器中运行以上代码，当鼠标指针经过播放画面时，会出现一个比较简单的视频播放控制条，包含了播放、暂停、位置、时间显示、音量控制等控件，如图 4.5 所示。

图 4.5　播放视频

当为<video>标签设置 controls 属性时，可以在页面上以默认方式进行播放控制。如果不设置 controls 属性，那么在播放时就不会显示控制条界面。

【示例 2】通过设置 autoplay 属性，不需要播放控制条，音频或视频文件就会在加载完成后自动播放。

```
<video autoplay>
    <source src="medias/trailer.ogg" type="video/ogg">
    <source src="medias/trailer.mp4" type="video/mp4">
您的浏览器不支持 video 标签。
</video >
```

也可以使用 JavaScript 脚本控制媒体播放，简单说明如下。

（1）load()：可以加载音频或视频文件。

（2）play()：可以加载并播放音频或视频文件，除非已经暂停，否则默认从开头播放。

（3）pause()：暂停处于播放状态的音频或视频文件。

（4）canPlayType(type)：检测 video 元素是否支持给定 MIME 类型的文件。

【示例 3】下面的示例演示如何通过移动鼠标指针来触发视频的 play 和 pause 功能。设计当用户移动鼠标指针到视频界面上时，播放视频；如果移出鼠标指针，则暂停视频播放。

```
<video id="movies" onmouseover="this.play()" onmouseout="this.pause()"
autobuffer="true"
    width="400px" height="300px">
    <source src="medias/trailer.ogv" type='video/ogg; codecs="theora,
vorbis"'>
    <source src="medias/trailer.mp4" type='video/mp4'>
</video>
```

提示

要实现循环播放，只需使用 autoplay 和 loop 属性。如果不设置 autoplay 属性，通常浏览器会在视频加载时显示视频的第 1 帧，用户可能想对此作出修改，指定自己的图像。这可以通过海报图像实现。

例如，下面的代码用于设置自动播放和循环播放单个 WebM 视频。如果不包含 controls，访问者就无法让视频暂停。因此，如果将视频指定为循环，最好包含 controls。

```
<video src="paddle-steamer.webm" width="369" height="208" autoplay
loop></video>
```

下面的代码指定了海报图像的单个 WebM 视频（含 controls）。

```
<video src="paddle-steamer.webm" width="369" height="208" poster="paddle-
steamer-poster.jpg" controls></video>
```

其中，paddle-steamer.webm 指向视频文件，paddle-steamer-poster.jpg 是想用作海报的图像。

如果用户观看视频的可能性较低（如该视频并不是页面的主要内容），那么可以告诉浏览器不要预先加载该视频。对于设置了 preload="none" 的视频，在初始化视频之前，浏览器显示视频的方式并不一样。

```
<video src="paddle-steamer.webm" preload="none" controls></video>
```

上面的代码在页面完全加载时也不会加载单个 WebM 视频。仅在用户试着播放该视频时才会加载它。这里省略了 width 和 height 属性。

preload 的默认值是 auto。这会让浏览器对用户将要播放该视频有个预期，从而做好准备，让视频可以很快进入播放状态。浏览器会预先加载大部分视频甚至整个视频。因此，在视频播放过程中对其进行多次开始或暂停操作会变得更不容易，因为浏览器总是试着下载较多的数据让访问者观看。

在 none 和 auto 之间有一个不错的中间值，即 preload="metadata"。这样设置会让浏览器仅获取视频的基本信息，如尺寸、时长甚至一些关键的帧。在开始播放之前，浏览器不会显示白色的矩形，而且视频的尺寸也会与实际尺寸一致。

设置 preload="metadata"后，浏览器会知道用户的连接速度并不快，因此需要在不妨碍播放的情况下尽可能地保留带宽资源。

4.3 案例实战

4.3.1 自定义视频播放

扫一扫，看视频

【案例】HTML5 的 video 和 audio 元素拥有很多方法、属性和事件，读者可以参考本章在线支持部分。本案例通过简单的 JavaScript 脚本演示如何控制视频的播放、暂停、放大和缩小。播放和暂停主要调用 play()和 pause()方法，视频缩放主要用到 video 元素的 width 属性。演示效果如图 4.6 所示。

```
<div class="v_box">
    <video id="video1" width="420">
        <source src="mov_bbb.mp4" type="video/mp4">
        <source src="mov_bbb.ogg" type="video/ogg">
        您的浏览器不支持 HTML5 video 标签。</video>
    <div class="v_tool"><span onclick="playPause()">播放/暂停</span><span
onclick="makeBig()">放大</span><span onclick="makeSmall()">缩小</span><span
onclick="makeNormal()">普通</span> </div>
</div>
```

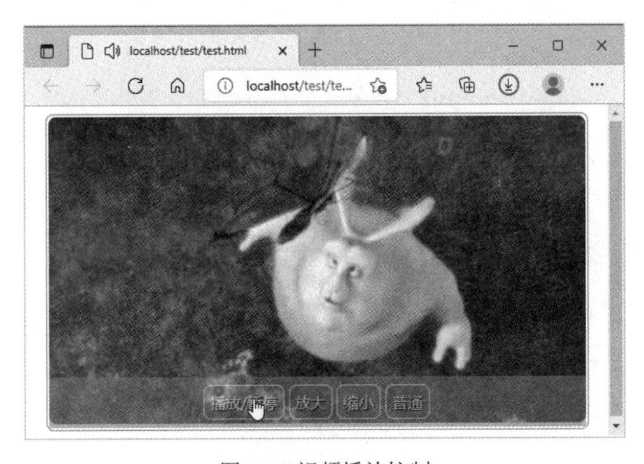

图 4.6　视频播放控制

4.3.2 设计 MP3 播放条

扫一扫，看视频

【案例】本案例设计一个 MP3 播放条，初始界面效果如图 4.7 所示。

图 4.7　MP3 播放条初始界面效果

在播放条中单击“展示”按钮，即可展示歌曲列表，单击歌曲名称即可开始播放音乐，如图 4.8 所示。

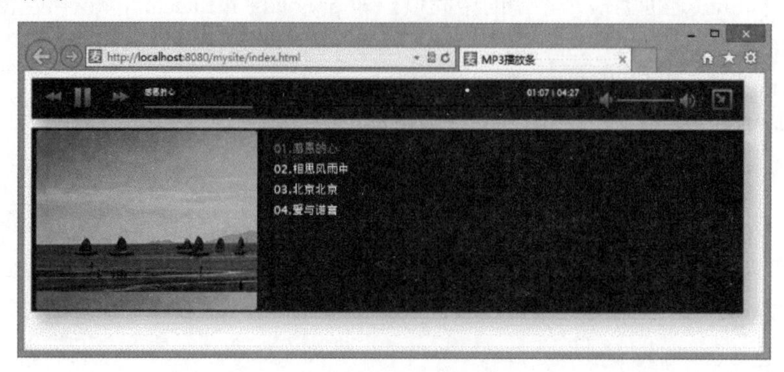

图 4.8　展示播放列表

本案例的设计思路和实现代码与上一个案例基本相同，只不过是重设了 HTML 结构。其中，主体结构为上、中、下结构，顶部分布了多个播放按钮，中部为音乐列表，底部为播放模式切换按钮。HTML 结构代码如下：

```
<audio id="myMusic"> </audio>
<input id="PauseTime" type="hidden"/>
<div class="musicBox">
     <div class="leftControl"></div>
     <div id="mainControl" class="mainControl"></div>
     <div class="rightControl"></div>
     <div class="processControl">
          <div class="songName">MY's Music!</div>
          <div class="songTime">00:00 | 00:00</div>
          <div class="process"></div>
          <div class="processYet"></div>
     </div>
     <div class="voiceEmp"></div>
     <div class="voidProcess"></div>
     <div class="voidProcessYet"></div>
     <div class="voiceFull"></div>
     <div class="showMusicList"></div>
</div>
<div class="musicList">
     <div class="author"></div>
     <div class="list">
          <div class="single"> <span kv="感恩的心">01.感恩的心</span> </div>
          ...
     </div>
</div>
```

在页面中通过<div class="musicBox">容器设计了一个个性 MP3 播放条 UI，内部包含多个 div 元素，然后使用 CSS 分别设计播放条的各种控制按钮。

在 audio.js 脚本文件中，为每个按钮绑定 click 事件，监听控制条的行为，并根据用户操作执行相应的命令。

<div class="musicList">容器包含一个歌曲列表，默认隐藏显示。当在控制条内单击“展开”按钮时，显示<div class="musicList">容器，当用户选择一首歌曲，则通过 JavaScript 脚本把歌曲的路径传递给 audio 元素进行播放。详细代码请参考本节案例源代码。

本 章 小 结

本章首先讲解了如何在网页中插入图像、流内容，如何设计响应式图像，如横屏、竖屏、分辨率、图片格式、像素比、视图宽等；然后讲解了音频和视频的插入方法，并简单介绍了视频的控制方法。通过学习本章内容，读者能够设计图文并茂的页面，并且可以设计简单的多媒体页面。

课 后 练 习

一、填空题

1．在网页中，________信息直观明了，而________信息更富内涵和视觉冲击力。

2．在 HTML5 中，使用________标签可以把图像插入网页中。

3．<img>标签包含两个必需的属性：________和________。

4．使用________元素可以定义流内容，使用________元素可以定义流内容的标题。

5．使用_________元素可以设计响应式图片，该标签仅作为容器，可以包含一个或多个________子标签。

二、判断题

1．<img>标签的 alt 属性可以定义提示文本。 （ ）

2．figcaption 文本是对 figure 内容的简短描述，类似于图片的描述文本。 （ ）

3．<picture>标签可以定义响应式图片，它可以包含一个或多个<img>子标签。 （ ）

4．<audio>标签可以播放声音文件或音频流。 （ ）

5．<video>标签可以包裹多个<source>标签，用来导入不同的视频文件。 （ ）

三、选择题

1．<audio>标签不支持（ ）格式。

A．Ogg　　B．Vorbis　　C．MP4　　D．Wav

2．在<video>标签中，（ ）属性可以定义视频静音播放。

A．autoplay　　B．controls　　C．loop　　D．muted

3．在<video>标签中，（ ）属性可以定义播放前显示的静态图片效果。

A．preload　　B．poster　　C．loop　　D．muted

4．在<img>标签的 srcset 属性中，x 描述符表示（ ）。

A．像素比　　B．宽度比　　C．密度比　　D．倍数比

5．<source media="(orientation: portrait)" srcset="a.png">表示（ ）。

A．横屏显示　　B．竖屏显示　　C．倒立显示　　D．平方显示

四、简答题

1．结合个人学习体会，简单说明使用网页图像的作用及注意问题。
2．根据个人浏览体验，简单说明视频设计要关注的问题。

五、上机题

1．模仿图 4.9 所示的效果设计一个卡片式图文版式。

图 4.9　卡片式图文版式

2．使用 video 元素设计一个视频播放器，效果如图 4.10 所示。

图 4.10　视频播放器

拓 展 阅 读

第 5 章　HTML5 列表和超链接

【学习目标】

- 正确使用各种列表标签。
- 根据网页设计需求合理设计列表结构。
- 能够正确定义各种类型的超链接。

在网页中，大部分信息都是列表结构，如菜单栏、图文列表、分类导航、新闻列表、栏目列表等。HTML5 定义了 3 套列表标签，通过列表结构实现对网页信息的合理组织。另外，网页中还包含大量超链接，超链接能够把整个网站、全球互联网联系在一起。列表结构与超链接关系紧密，经常结合使用。本章将详细讲解列表的结构和超链接的应用形式。

5.1　列　　表

5.1.1　定义无序列表

扫一扫，看视频

无序列表是一种不按顺序排序的列表结构，使用 ul 元素定义。在<ul>标签中可以包含一个或多个<li>标签定义的列表项目。它们的结构关系与嵌套语法格式如下：

```
<ul>                                        <!-- 标识列表框 -->
    <li>[包含项目信息]</li>                 <!-- 标识列表项目 -->
    ...                                     <!-- 省略的列表项目 -->
</ul>                                       <!-- 结束列表框 -->
```

【示例 1】下面的示例使用无序列表定义一元二次方程的求解方法，效果如图 5.1 所示。

```
<h1>解一元二次方程</h1>
<p>一元二次方程求解有 4 种方法：</p>
<ul>
    <li>直接开平方法</li>
    <li>配方法</li>
    <li>公式法</li>
    <li>分解因式法</li>
</ul>
```

列表可以嵌套使用，即列表项目可以再包含一个列表结构，因此列表结构可以分为一级列表和多级列表。一级列表在浏览器中解析后，会在每个列表项目前面添加一个黑色圆点修饰符，而多级无序列表则会根据级数调整列表项目修饰符。

【示例 2】下面的示例在页面中设计了 3 层嵌套的多级列表结构，其默认解析效果如图 5.2 所示。

```
<ul>
    <li>一级列表项目 1
```

```
            <ul>
                <li>二级列表项目 1</li>
                <li>二级列表项目 2
                    <ul>
                        <li>三级列表项目 1</li>
                        <li>三级列表项目 2</li>
                    </ul>
                </li>
            </ul>
        </li>
        <li>一级列表项目 2</li>
    </ul>
```

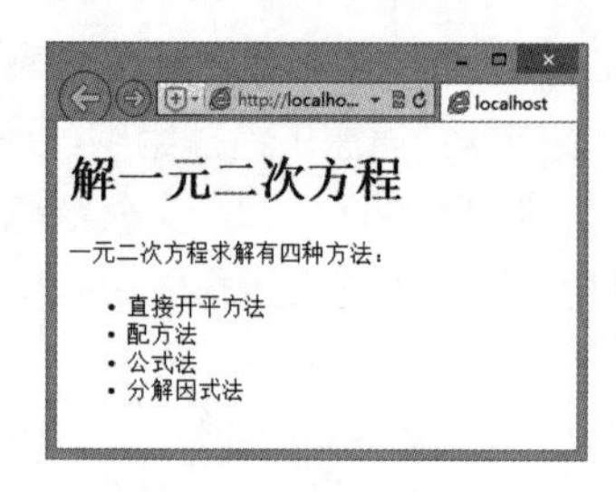

图 5.1　定义无序列表

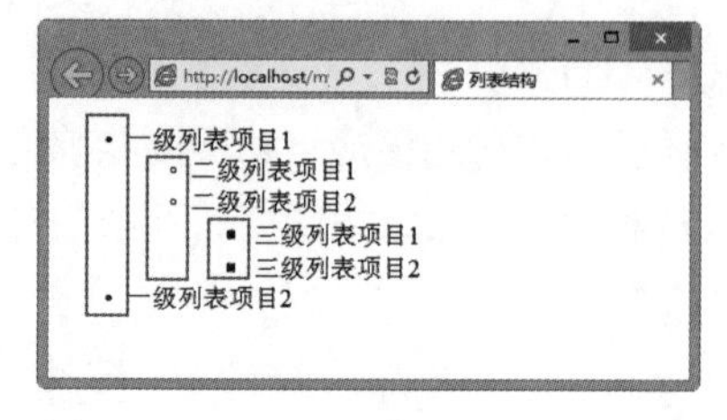

图 5.2　多级无序列表的默认解析效果

无序列表在嵌套结构中随着其所包含的列表级数的增加而逐渐缩进，并且随着列表级数的增加而改变不同的修饰符。合理使用列表结构能让页面的结构更加清晰。

扫一扫，看视频

5.1.2　定义有序列表

有序列表是一种在意排序位置的列表结构，使用 ol 元素定义。在<ol>标签中可以包含一个或多个使用<li>标签定义的列表项目。在强调项目排序的栏目中，选用有序列表会更科学，如新闻列表（根据新闻时间排序）、排行榜（强调项目的名次）等。

【示例 1】列表结构在网页中比较常见，其应用范畴比较广泛，可以是新闻列表、销售列表，也可以是导航、菜单、图表等。下面的示例显示 3 种列表应用样式，效果如图 5.3 所示。

```
<h1>列表应用</h1>
<h2>百度互联网新闻分类列表</h2>
<ol>
    <li>网友热论网络文学：渐入主流还是刹那流星？</li>
    <li>电信封杀路由器？消费者质疑：强迫交易</li>
    <li>大学生创业俱乐部为大学生自主创业助力</li>
</ol>
<h2>焊机产品型号列表</h2>
<ul>
    <li>直流氩弧焊机系列</li>
    <li>空气等离子切割机系列</li>
    <li>氩焊/手弧/切割三用机系列</li>
</ul>
<h2>站点导航菜单列表</h2>
<ul>
    <li>微博</li>
```

```
        <li>社区</li>
        <li>新闻</li>
    </ul>
```

【示例 2】有序列表也可以分为一级有序列表和多级有序列表，浏览器默认解析时都是将有序列表以阿拉伯数字表示，并增加缩进，效果如图 5.4 所示。

```
<ol>
    <li>一级列表项目 1
        <ol>
            <li>二级列表项目 1</li>
            <li>二级列表项目 2
                <ol>
                    <li>三级列表项目 1</li>
                    <li>三级列表项目 2</li>
                </ol>
            </li>
        </ol>
    </li>
    <li>一级列表项目 2</li>
</ol>
```

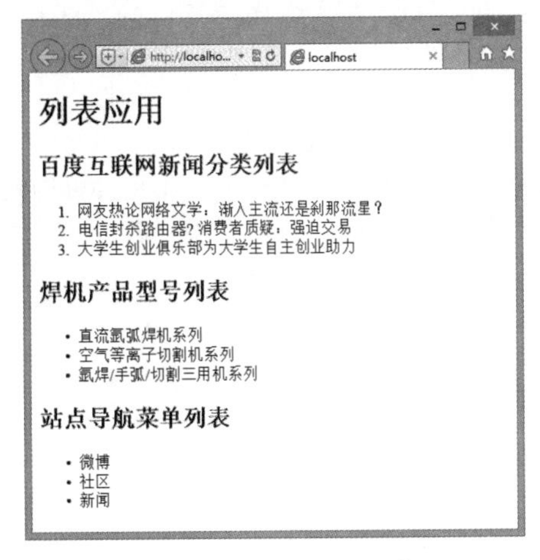

图 5.3　列表的应用形式

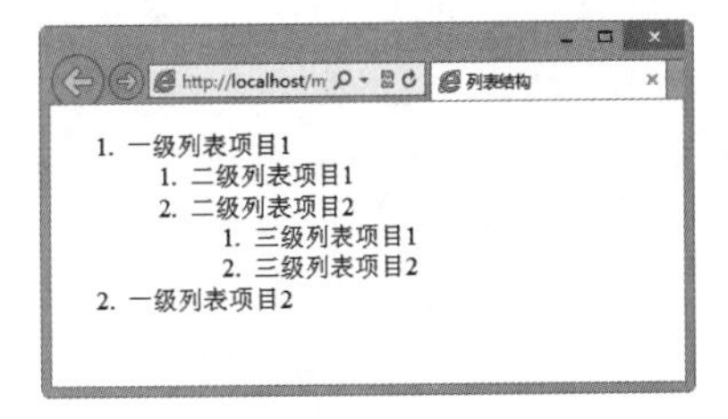

图 5.4　多级有序列表默认解析效果

<ol>标签包含 3 个比较实用的属性，具体说明见表 5.1。

表 5.1　<ol>标签包含的属性

属　　性	取　　值	说　　明
reversed	reversed	定义列表顺序为降序，如 9、8、7、…
start	number	定义有序列表的起始值
type	1、A、a、I、i	定义在列表中使用的标记类型

start 和 type 是两个重要的属性，建议始终使用数字排序，这对于用户和搜索引擎都比较友好。页面呈现效果可以通过 CSS 设计预期的标记样式。

【示例 3】下面的示例设计有序列表降序显示，序列的起始值为 5，类型为大写罗马数字，效果如图 5.5 所示。

```
<ol type="I" start="5" reversed >
```

```
    <li>黄鹤楼 <span>崔颢</span> </li>
    <li>送元二使安西 <span>王维</span> </li>
    <li>凉州词（黄河远上）<span>王之涣</span> </li>
    <li>登鹳雀楼<span>王之涣</span> </li>
    <li>登岳阳楼<span>杜甫</span> </li>
</ol>
```

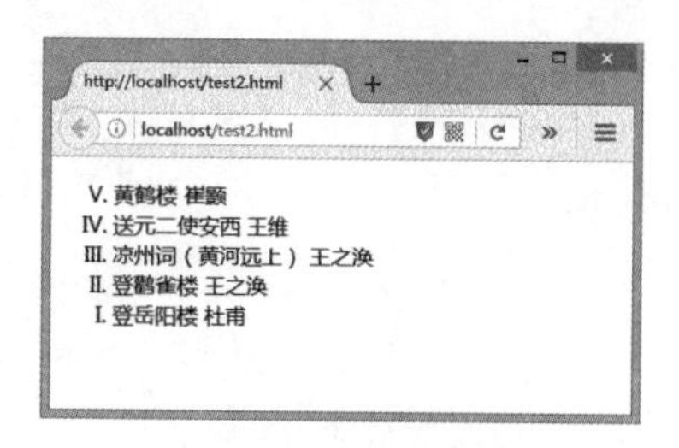

图 5.5　有序列表降序显示效果

<li>标签也包含两个实用属性：type 和 value，其中 value 可以设置项目编号的值。使用 value 属性可以对某个列表项目的编号进行修改，后续的列表项目会相应地重新编号。因此，可以使用 value 在有序列表中指定两个或两个以上位置相同的编号。例如，在分数排名的列表中，该列表通常会显示为 1、2、3、4、5，但如果存在 2 个并列第 2 名，则可以将第 3 个项目设置为<li value="2">，将第 4 个项目设置为<li value="4">，这时列表将显示为 1、2、2、4、5。

扫一扫，看视频

5.1.3　定义描述列表

描述列表是一种特殊的列表结构，它包括词条和解释两部分内容，使用 dl 元素可以定义描述列表。在<dl>标签中可以包含一个或多个<dt>（标识词条）和<dd>（标识解释）标签。

描述列表内的<dt>和<dd>标签组合形式有多种，简单说明如下。

（1）单条形式。单条形式的用法如下：

```
<dl>
    <dt>描述标题</dt>
    <dd>描述内容</dd>
</dl>
```

（2）一带多形式。一带多形式的用法如下：

```
<dl>
    <dt>描述标题</dt>
    <dd>描述内容 1</dd>
    <dd>描述内容 2</dd>
    ...
</dl>
```

（3）配对形式。配对形式的用法如下：

```
<dl>
    <dt>描述标题 1</dt>
    <dd>描述内容 1</dd>
    <dt>描述标题 2</dt>
    <dd>描述内容 2</dd>
    ...
</dl>
```

【示例 1】下面的示例定义了一个中药词条列表。

```
<h2>中药词条列表</h2>
<dl>
    <dt>丹皮</dt>
    <dd>为毛茛科多年生落叶小灌木植物牡丹的根皮。产于安徽、山东等地。秋季采收，晒干。生用或炒用。</dd>
</dl>
```

在上面的示例中，“丹皮”是词条，而“为毛茛科多年生落叶小灌木植物牡丹的根皮。产于安徽、山东等地。秋季采收，晒干。生用或炒用。”是对词条进行的描述（或解释）。

【示例 2】下面的示例使用描述列表显示两个成语的解释。

```
<h1>成语词条列表</h1>
<dl>
    <dt>知无不言，言无不尽</dt>
    <dd>知道的就说，要说就毫无保留。</dd>
    <dt>智者千虑，必有一失</dt>
    <dd>不管多聪明的人，在很多次的考虑中，也一定会出现个别错误。</dd>
</dl>
```

【示例 3】在下面的示例中，描述列表中包含了 2 个词条，介绍花圃中花的种类。

```
<div class="flowers">
    <h1>花圃中的花</h1>
    <dl>
        <dt>玫瑰花</dt>
        <dd>玫瑰花，一名赤蔷薇，为蔷薇科落叶灌木。茎多刺。花有紫、白两种，形似蔷薇和月季。一般用作蜜饯、糕点等食品的配料。花瓣、根均作药用，入药多用紫玫瑰。</dd>
        <dt>杜鹃花</dt>
        <dd>中国十大名花之一。在所有观赏花木之中，称得上花、叶兼美，地栽、盆栽皆宜，用途最为广泛的……</dd>
    </dl>
</div>
```

当列表包含的内容比较集中时，可以适当添加一个标题，效果如图 5.6 所示。

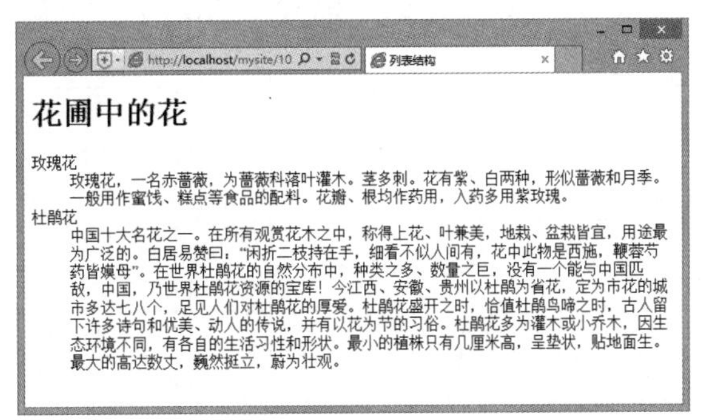

图 5.6　描述列表结构分析图

提示

描述列表不局限于定义词条解释关系，搜索引擎认为 dt 元素包含的是抽象、概括或简练的内容，对应的 dd 元素包含的内容是与 dt 元素相关联的具体、详细或生动的说明。例如：

```
<dl>
```

```
    <dt>软件名称</dt>
    <dd>小时代 2.6.3.10</dd>
    <dt>软件大小</dt>
    <dd>2431 KB</dd>
    <dt>软件语言</dt>
    <dd>简体中文</dd>
</dl>
```

5.2 超 链 接

超链接一般包括两部分内容：链接目标和链接对象。链接目标通过<a>标签的 href 属性设置，定义当单击链接对象时会发生什么；链接对象是<a>标签包含的文本或图片等对象，是访问者在页面中看到的内容。

扫一扫，看视频

5.2.1 定义普通链接

使用<a>标签可以定义超链接，具体语法格式如下：

```
<a href="链接目标">链接文本</a>
```

链接目标是目标网页的 URL，可以是相对路径，也可以是绝对路径。链接文本默认显示为下划线，单击后会跳转到目标页面。链接对象也可以是图像等内容。

【示例】创建指向另一个网站的链接。

```
<a href="http://www.w3school.com.cn" rel="external"> W3School</a>
```

rel 属性是可选的，可以对带有 rel="external"的链接添加不同的样式，从而告知访问者这是一个指向外部网站的链接。

<a>标签包含多个属性，其中 HTML5 支持的属性见表 5.2。

表 5.2 <a>标签包含的属性

属 性	取 值	说 明
download	filename	规定被下载的链接目标
href	URL	规定链接指向的页面的 URL
hreflang	language_code	规定被链接文档的语言
media	media_query	规定被链接文档是为何种媒介/设备优化的
rel	text	规定当前文档与被链接文档之间的关系
target	_blank、_parent、_self、_top、framename	规定在何处打开链接文档
type	MIME type	规定被链接文档的 MIME 类型

如果不使用 href 属性，则不可以使用 download、hreflang、media、rel、target 和 type 属性。在默认状态下，链接页面会显示在当前窗口中，可以使用 target 属性改变页面显示的窗口。

提示

在 HTML4 中，<a>标签可以定义链接，也可以定义锚点。但是在 HTML5 中，<a>标签只能定义链接，如果不设置 href 属性，则只是链接的占位符，而不再是一个锚点。

5.2.2　定义块链接

扫一扫，看视频

在 HTML4 中，链接中只能包含图像、短语及标记文本短语的行内元素，如 em、strong、cite 等。HTML5 允许在链接内包含任何类型的元素或元素组，如段落、列表、整篇文章和区块，这些元素大部分为块级元素，所以也称为块链接。

注意

链接内不能包含其他链接、音频、视频、表单控件、iframe 等交互式内容。

【示例】下面的示例以文章的一小段内容为链接，指向完整的文章。可以通过 CSS 让部分文字显示下划线，或者所有的文字都不会显示下划线。

```
<a href="pages.html">
    <h1>标题文本</h1>
    <p>段落文本</p>
    <p>更多信息</p>
</a>
```

一般建议将最相关的内容放在链接的开头，而且不要在一个链接中放入过多内容。例如：

```
<a href="pioneer-valley.html">
    <h1>标题文本</h1>
    <img src="images/1.jpg" width="143" height="131" alt="1" />
    <img src=" images/2.jpg" width="202" height="131" alt="2" />
    <p>段落文本</p>
</a>
```

注意

不要过度使用块链接，尽量避免将一大段内容使用一个链接包起来。

5.2.3　定义锚点链接

扫一扫，看视频

锚点链接是定向同一页面或者其他页面中的特定位置的链接。例如，在一个很长的页面底部设置一个锚点链接，当浏览到页面底部时直接单击该链接，立即跳转到页面顶部，避免上下滚动。

创建锚点链接的步骤如下。

（1）定义锚点：任何被定义了 ID 值的元素都可以作为锚点标记。定义 ID 值时不要含有空格，同时不要置于绝对定位元素内。

（2）定义链接：为<a>标签设置 href 属性，值为“#+锚点名称”，如“#p4”。如果要链接到其他页面，如 test.html，则输入“test.html#p4”，可以使用相对路径或绝对路径。需要注意的是，锚点名称是区分大小写的。

【示例】下面的示例定义一个锚点链接，链接到同一个页面的不同位置，效果如图 5.7 所示。单击网页顶部的文本链接后，会跳转到页面底部的图片 4 所在的位置。

```
<!doctype html>
<body>
<p><a href="#p4">查看图片 4</a> </p>
```

```
<h2>图片 1</h2>
<p><img src="images/1.jpg" /></p>
<h2>图片 2</h2>
<p><img src="images/2.jpg" /></p>
<h2>图片 3</h2>
<p><img src="images/3.jpg" /></p>
<h2 id="p4">图片 4</h2>
<p><img src="images/4.jpg" /></p>
<h2>图片 5</h2>
<p><img src="images/5.jpg" /></p>
<h2>图片 6</h2>
<p><img src="images/6.jpg" /></p>
</body>
```

（a）跳转前

（b）跳转后

图 5.7　定义锚点链接

扫一扫，看视频

5.2.4　定义目标链接

链接指向的目标可以是网页、位置，也可以是一张图片、一个电子邮件地址、一个文件、FTP 服务器，甚至是一个应用程序、一段 JavaScript 脚本等。

【示例 1】如果浏览器能够识别 href 属性指向链接的目标类型，会直接在浏览器中显示；如果浏览器不能识别该类型，会弹出“文件下载”对话框，允许用户下载到本地，如图 5.8 所示。

```
<p><a href="images/1.jpg">链接到图片</a></p>
<p><a href="demo.html">链接到网页</a></p>
<p><a href="demo.docx">链接到 Word 文档</a></p>
```

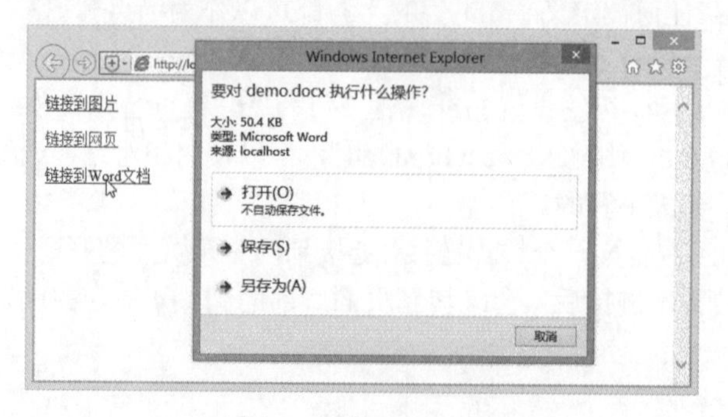

图 5.8　下载 Word 文档

定义链接地址为邮箱地址，即 E-Mail 链接。通过 E-Mail 链接可以为用户提供方便的反馈与交流机会。当浏览者单击 E-Mail 链接时，会自动打开客户端浏览器默认的电子邮件处理程序，收件人的邮件地址被 E-Mail 链接中指定的地址自动更新，浏览者不用手动输入。

创建 E-Mail 链接的方法如下：为<a>标签设置 href 属性，值为“mailto:+电子邮件地址+?+subject=+邮件主题”，如“mailto:namee@mysite.cn?subject=意见和建议”，其中 subject 表示邮件主题，为可选项目。

【示例 2】下面的示例使用<a>标签创建电子邮件链接。

```
<a href="mailto:namee@mysite.cn">namee@mysite.cn</a>
```

如果将 href 属性设置为“#”，则表示一个空链接，单击空链接，页面不会发生变化。

```
<a href="#">空链接</a>
```

如果将 href 属性设置为 JavaScript 脚本，单击脚本链接，将会执行脚本。

```
<a href="javascript:alert(&quot;谢谢关注，投票已结束。&quot;);">我要投票</a>
```

5.2.5　定义下载链接

扫一扫，看视频

HTML5 新增 download 属性，使用该属性可以强制浏览器执行下载操作，而不是直接解析并显示出来。

【示例】下面的示例比较了链接使用 download 属性和不使用 download 属性的区别。

```
<p><a href="images/1.jpg" download >下载图片</a></p>
<p><a href="images/1.jpg" >浏览图片</a></p>
```

5.2.6　定义图像热点

扫一扫，看视频

图像热点就是为图像的局部区域定义链接，当单击热点区域时，会激活链接，并跳转到指定目标页面或位置。图像热点是一种特殊的链接形式，常用于在图像上设置多热点的导航。

使用<map>和<area>标签可以定义图像热点，具体说明如下。

（1）<map>：定义热点区域。包含 id 属性，定义热点区域的 ID，或者定义可选的 name 属性，也可以作为一个句柄，与热点图像进行绑定。<img>标签中的 usemap 属性可以引用<map>标签中的 id 或 name 属性（根据浏览器），所以应同时向<map>标签添加 id 和 name 属性。

（2）<area>：定义图像映射中的区域，area 元素必须嵌套在<map>标签中。该标签包含一个必须设置的属性 alt，定义热点区域的替换文本。该标签还包含多个可选属性，见表 5.3。

表 5.3　<area>标签包含的属性

属　性	取　值	说　明
coords	坐标值	定义可单击区域（对鼠标敏感的区域）的坐标
href	URL	定义此区域的目标 URL
nohref	nohref	从图像映射排除某个区域
shape	default、rect（矩形）、circ（圆形）、poly（多边形）	定义区域的形状
target	_blank、_parent、_self、_top	规定在何处打开 href 属性指定的目标 URL

【示例】下面的示例演示了如何为一张图片定义多个热点区域。

```
<img src="images/china.jpg" width="618" height="499" border="0" usemap="#Map">
```

```
<map name="Map">
    <area shape="circle" coords="221,261,40" href="show.php?name=青海">
    <area shape="poly" coords="411,251,394,267,375,280,395,295,407,299,431,
307,436,303,429,284,431,271,426,255" href="show.php?name=河南">
    <area shape="poly" coords="385,336,371,346,370,375,376,385,394,395,403,
403,410,397,419,393,426,385,425,359,418,343,399,337" href="show.php?name=湖南">
</map>
```

提示

定义图像热点时，建议借助 Dreamweaver，可以快速实现可视化设计视图。

扫一扫，看视频

5.2.7 定义框架链接

HTML5 已经不支持 frameset 框架，但是仍然支持 iframe 浮动框架。浮动框架可以自由控制窗口大小，可以配合网页布局在任何位置插入窗口。

使用 iframe 创建浮动框架的用法如下：

```
<iframe src="URL">
```

其中，src 表示浮动框架中显示网页的路径，可以是绝对路径，也可以是相对路径。

【示例】 下面的示例是在浮动框架中链接到百度首页，效果如图 5.9 所示。

```
<iframe src="http://www.baidu.com"></iframe>
```

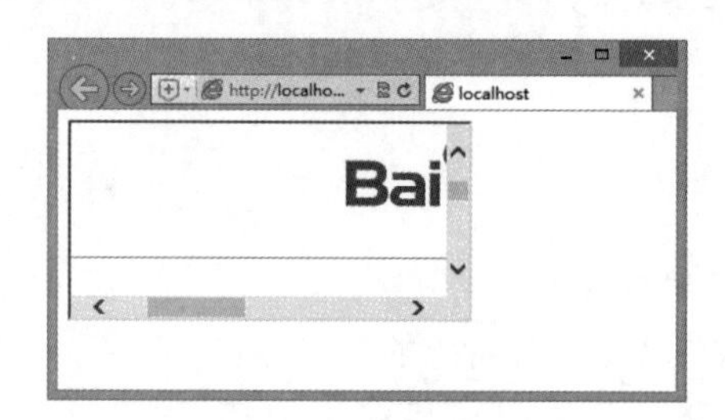

图 5.9　使用浮动框架

在默认情况下，浮动框架的宽度和高度为 220px×120px。如果需要调整浮动框架的尺寸，应该使用 CSS 样式。<iframe>标签包含多个属性，其中被 HTML5 支持或新增的属性见表 5.4。

表 5.4　<iframe>标签包含的属性

属　性	取　值	说　明
frameborder	1、0	规定是否显示框架周围的边框
height	pixels、%	规定 iframe 的高度
longdesc	URL	规定一个页面，该页面包含了有关 iframe 的较长描述
marginheight	pixels	定义 iframe 的顶部和底部的边距
marginwidth	pixels	定义 iframe 的左侧和右侧的边距
name	frame_name	规定 iframe 的名称
sandbox	""、allow-forms、allow-same-origin、allow-scripts、allow-top-navigation	启用一系列对 iframe 中内容的额外限制
scrolling	yes、no、auto	规定是否在 iframe 中显示滚动条
seamless	seamless	布尔值属性，规定 iframe 看上去像是包含文档的一部分，即无边框或无动条

续表

属　　性	取　　值	说　　明
src	URL	规定在 iframe 中显示的文档的 URL
srcdoc	HTML_code	规定在 iframe 中显示的页面的 HTML 内容
width	pixels、%	定义 iframe 的宽度

5.3　案例实战

5.3.1　设计普通菜单

扫一扫，看视频

【案例】本案例使用列表结构设计一个普通菜单，列表容器中的每个列表项目包含一个超链接文本；然后使用 CSS 让每个列表项目向左浮动，实现并列显示，最后一个列表项目向右浮动，效果如图 5.10 所示。有关 CSS 样式请参考本节案例源代码。

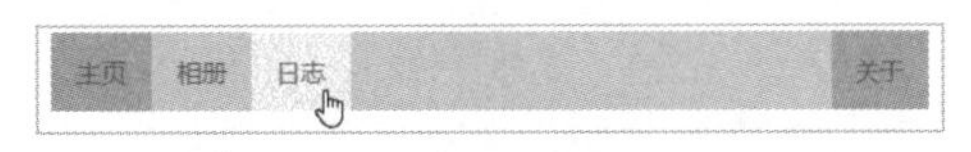

图 5.10　普通水平菜单显示效果

```
<ul>
    <li><a class="active" href="#home">主页</a></li>
    <li><a href="#news">相册</a></li>
    <li><a href="#contact">日志</a></li>
    <li style="float:right"><a class="active" href="#about">关于</a></li>
</ul>
```

5.3.2　设计二级菜单

扫一扫，看视频

【案例】在传统网页设计中，经常会看到二级菜单，很多 Web 应用也经常大量使用二级菜单。在扁平化网页设计中，二级菜单设计风格才慢慢淡化。二级菜单是嵌套列表结构的典型应用，一般是在外层列表结构的项目中再包含一级列表结构，本案例核心结构如下：

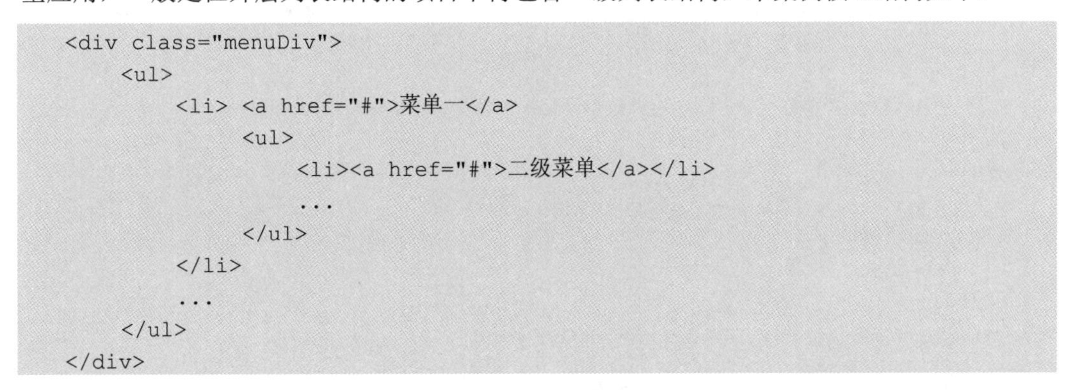

```
<div class="menuDiv">
    <ul>
        <li> <a href="#">菜单一</a>
            <ul>
                <li><a href="#">二级菜单</a></li>
                ...
            </ul>
        </li>
        ...
    </ul>
</div>
```

外层列表的<li>包含一个<a>和一个<ul>，<a>用于激活二级<ul>列表结构，以显示二级菜单，如图 5.11 所示。在此基础上，可以设计多层嵌套的列表结构。子菜单的显示和隐藏通过 CSS 控制。本案例重点学习二

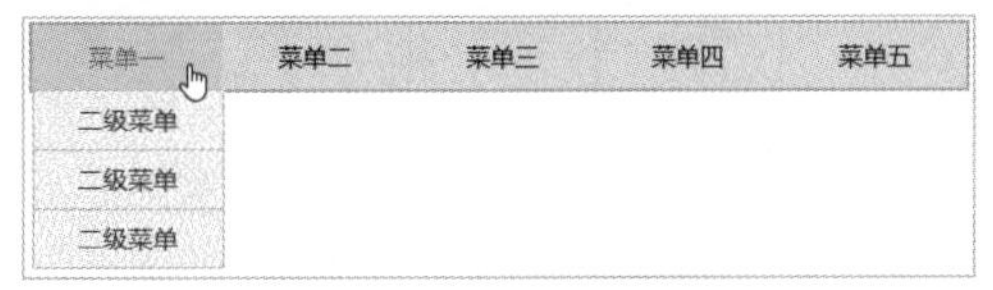

图 5.11　二级菜单显示效果

级菜单的结构设计，有关案例完整结构和样式代码请参考本节案例源代码。

扫一扫，看视频

5.3.3 设计下拉菜单

【案例】下拉菜单是一种简化的菜单组件，应用比较广泛，可以使用任何 HTML 元素打开下拉菜单，如<span>、<a>、<button>等标签。使用容器元素（如<div>）创建下拉菜单的内容，放在页面中的任何位置；然后使用 CSS 设置下拉内容的样式。本案例设计的下拉菜单结构如下：

```
<div class="dropdown">
    <button class="dropbtn">下拉菜单</button>
    <div class="dropdown-content">
        <a href="#">菜单项目 1</a>
        <a href="#">菜单项目 2</a>
        <a href="#">菜单项目 3</a>
    </div>
</div>
```

.dropdown 类使用 position:relative 定义定位框，通过绝对定位设置下拉菜单的内容放置在下拉按钮的右下角位置。.dropdown-content 类默认隐藏下拉菜单，当鼠标指针移动到下拉菜单容器<div class="dropdown">包裹的下拉按钮上时，使用:hover 选择器显示容器包含的子容器（下拉菜单），效果如图 5.12 所示。

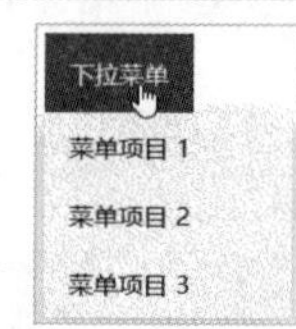

图 5.12　下拉菜单效果

扫一扫，看视频

5.3.4 设计选项卡

【案例】选项卡组件包含导航按钮容器和 Tab 面板容器，单击不同的导航按钮，将显示对应的 Tab 容器内容，同时隐藏其他 Tab 容器内容。因此，标准的选项卡结构如下：

```
<div class="tab">
    <button class="tablinks" onclick="openCity(event, 'London')"
id="defaultOpen">伦敦</button>
    <button class="tablinks" onclick="openCity(event, 'Paris')">巴黎
</button>
    <button class="tablinks" onclick="openCity(event, 'Tokyo')">东京
</button>
</div>
<div id="London" class="tabcontent">
    <h3>伦敦市</h3>
    <p>伦敦市介绍......</p>
</div>
<div id="Paris" class="tabcontent">
    <h3>巴黎市</h3>
    <p>巴黎市介绍.......</p>
</div>
<div id="Tokyo" class="tabcontent">
    <h3>东京市</h3>
    <p>东京市介绍......</p>
</div>
```

以上代码定义了 3 个选项卡，对应设计了 3 个内容容器。在默认状态下，使用 CSS 显示第 1 个选项卡和第 1 个内容容器，效果如图 5.13 所示。当单击其他选项卡时，使用 JavaScript 动态显示当前选项卡和对应的内容容器，同时隐藏其他内容容器。

图 5.13　选项卡效果

5.3.5　设计便签

【案例】 便签组件是一种吸附式侧边超链接集，当鼠标指针经过时会自动滑出超链接按钮，移开之后又会自动缩回并吸附在边框上，主要结构如下，效果如图 5.14 所示。

```
<div id="mySidenav" class="sidenav">
    <a href="#" id="about">关于</a>
    <a href="#" id="blog">博客</a>
    <a href="#" id="projects">产品</a>
    <a href="#" id="contact">联系</a>
</div>
```

图 5.14　便签效果

便签组件的结构比较简单，通过一个<div id="mySidenav" class="sidenav">容器包裹一组超链接信息（<a>）。主要通过 CSS 定位技术，让便签超链接都吸附在窗口边框上，设计当鼠标指针经过时，修改 left 定位值，实现滑出效果。

5.3.6　设计侧边栏

【案例】 侧边栏组件常用于移动 Web 应用中，它能够在有限的屏幕空间中收纳更多的内容，使用手指一划，就能够从一侧拉出一个面板，不需要时可以关闭，实用且不占用空间。本案例针对桌面应用设计一个侧边栏，需要使用鼠标进行操作，单击主界面按钮，才能够滑出面板，主要结构如下：

```
<div id="mySidenav" class="sidenav">
    <a href="javascript:void(0)" class="closebtn" onclick="closeNav()">
&times;</a>
    <a href="#">关于</a>
    <a href="#">服务</a>
    <a href="#">产品</a>
    <a href="#">联系</a>
```

```
    </div>
    <div id="main">
        <h2>左侧边栏</h2>
        <p>点击以下图标按钮，打开侧边栏，主体内容向右偏移。</p>
        <span style="font-size:30px;cursor:pointer" onclick="openNav()">
&#9776; 打开</span>
    </div>
```

在默认状态下，侧边栏面板<div id="mySidenav" class="sidenav">被隐藏，单击主界面中的“打开”按钮☰可以滑出面板，而单击面板中的“×”按钮，可以收起面板，效果如图 5.15 所示。

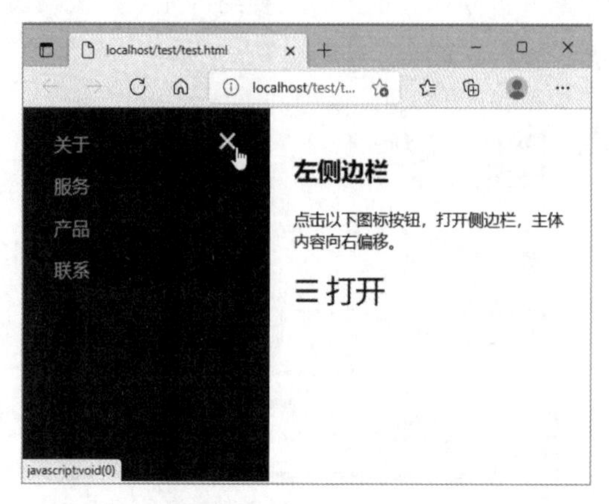

图 5.15　侧边栏面板效果

侧边栏可以位于左侧、右侧、顶部或底部，具体形式可以根据应用需要而定。

扫一扫，看视频

5.3.7　设计手风琴

【案例】手风琴组件类似于伸缩盒，其结构和功能与选项卡组件相似，但显示形式不同。手风琴也包括导航按钮和面板容器两部分，但是按钮与对应的容器一般放在一起，结构如下：

```
    <button class="accordion">选项 1</button>
    <div class="panel">
        <p>内容一</p>
    </div>
    <button class="accordion">选项 2</button>
    <div class="panel">
        <p>内容二</p>
    </div>
    <button class="accordion">选项 3</button>
    <div class="panel">
        <p>内容三</p>
    </div>
```

一般情况下，内容容器都隐藏显示，单击按钮可以展开对应的内容容器。手风琴有两种展开形式：一种是一次只能展开一个容器，类似于单选按钮组，只能选中一个按钮；另一种是每个容器都可以任意展开和收起，类似于复选框组。本案例中的手风琴效果如图 5.16 所示。

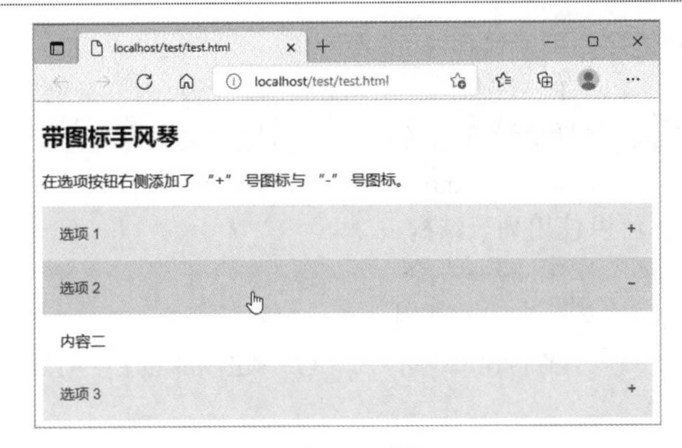

图 5.16　手风琴效果

本 章 小 结

本章详细讲解了列表结构的设计，包括无序列表、有序列表和描述列表，另外还讲解了超链接的类型及其定义方法。在网页设计中，列表和超链接一般会配合使用，通过列表项目包含超链接可以设计完整的导航组件。导航组件的结构和样式多种多样，但其核心结构基本相同。

课 后 练 习

一、填空题

1．无序列表是一种不分________的列表结构，使用________元素定义，其内包含多个________元素。

2．有序列表是一种在意排序位置的列表结构，使用________元素定义。

3．使用_____元素可以定义描述列表，其中可以包含一个或多个_______和_______标签。

4．使用_____标签可以定义超链接。

5．超链接一般包括两部分内容：___________和___________。链接目标通过________属性设置。

二、判断题

1．链接目标是目标网页的 URL，必须提供完整的路径。　（　　）

2．链接对象是<a>标签包含的文本，是访问者在页面中看到的链接文本。　（　　）

3．链接内不能包含其他链接、音频、视频、表单控件、iframe 等内容。　（　　）

4．描述列表内的<dt>和<dd>标签必须配对使用。　（　　）

5．列表可以嵌套使用，即<ul>或<ol>标签中可以再包含一个列表结构。　（　　）

三、选择题

1．使用（　　）属性可以强制浏览器执行下载操作。

A．media　　B．download　　C．rel　　D．target

2．以下选项中，链接内不能包含（　　）内容。

A．文本　　B．图像　　C．块元素　　D．视频

3．将<a>标签的 href 属性值设置为（　　），可以定义锚点链接。

A．#name　　B．@name　　C．?name　　D．%name

4．（　　）信息不可以使用列表结构。

A．菜单　　B．新闻头条　　C．文章正文　　D.分类信息

5．设计一个站点导航菜单，应该使用（　　）标签组合。

A．<ul>和<li>　　B．<ol>和<li>　　C．<dl>和<dt>　　D．<dl>和<dd>

四、简答题

1．结合个人学习经历，简单说明设计超链接时应该注意的问题。

2．列表结构有哪几种，它们的使用边界是什么？

五、上机题

1．图文列表结构是将列表内容以图片的形式显示，在图中展示的内容主要包含标题、图片和图片相关说明的文字，如图 5.17 所示。请尝试设计一个图文列表结构。

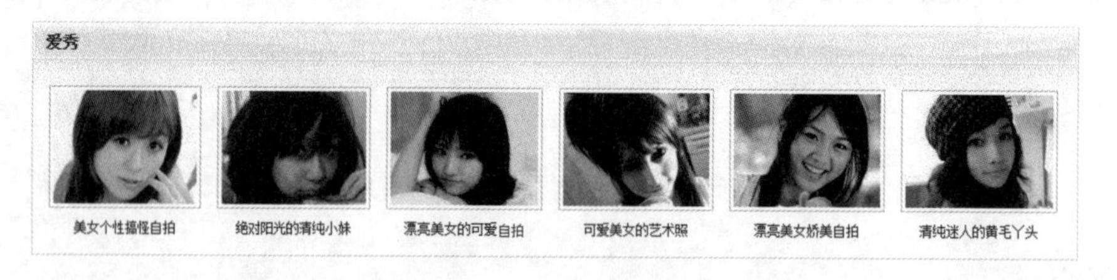

图 5.17　图文列表结构

2．新闻栏目多使用列表结构构建，然后通过 CSS 列表样式进行美化。请模仿图 5.18 设计一个新闻分类列表结构，主要使用描述列表和无序列表嵌套实现。

图 5.18　新闻分类列表结构

拓 展 阅 读

第 6 章　HTML5 表格

【学习目标】

- 正确使用与表格相关的标签。
- 正确设置表格与单元格属性。
- 根据数据显示的需求合理创建表格结构。

表格主要用于显示包含行、列结构的二维数据，如财务报表、日历表、时刻表、节目表等。在大多数情况下，这类信息由列标题或行标题并结合多行多列数据构成。本章将详细介绍如何设计符合 HTML5 标准的表格结构，以及正确使用表格属性。

6.1　创 建 表 格

6.1.1　定义普通表格

扫一扫，看视频

表格一般由一个 table 元素及一个或多个 tr 和 td 元素组成，其中 table 负责定义表格框，tr 负责定义表格行，td 负责定义单元格。它们的结构关系与嵌套语法格式如下：

```
<table>                          <!-- 标识表格框 -->
    <tr>                         <!-- 标识表格行，行的顺序与位置一致 -->
        <td>[包含数据]</td>      <!-- 标识单元格，默认顺序从左到右并列显示 -->
        ...                      <!-- 省略单元格 -->
    </tr>                        <!-- 结束表格行 -->
    ...                          <!-- 省略的行与单元格 -->
</table>                         <!-- 结束表格框 -->
```

【示例】下面的示例设计了一个 HTML5 表格，包含两行两列，效果如图 6.1 所示。

```
<article>
    <h1>《春晓》</h1>
    <table>
        <tr>
            <td>春眠不觉晓，</td>
            <td>处处闻啼鸟。</td>
        </tr>
        <tr>
            <td>夜来风雨声，</td>
            <td>花落知多少。</td>
        </tr>
    </table>
</article>
```

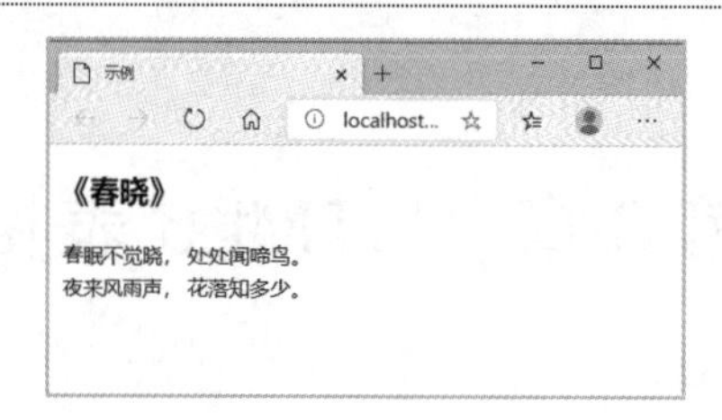

图 6.1　设计简单的表格

6.1.2　定义标题单元格

在 HTML 表格中，单元格分为以下两种类型。

（1）标题单元格：包含列或行的标题，由 th 元素创建。

（2）数据单元格：包含数据，由 td 元素创建。

在默认状态下，th 元素包含的文本居中、加粗显示，而 td 元素包含的文本左对齐、以正常字体显示。

【示例 1】下面设计一个包含标题信息的表格，效果如图 6.2 所示。

```
<table>
    <tr><th>用户名</th><th>电子邮箱</th></tr>
    <tr><td>张三</td><td>zhangsan@163.com</td></tr>
</table>
```

标题单元格一般位于表格内第 1 行，可以根据需要把标题单元格放在表格内的任意位置，如第 1 行或最后一行，第 1 列或最后一列等。也可以定义多重标题，如同时定义行标题和列标题。

【示例 2】下面设计一个简单课程表，包含行标题和列标题，效果如图 6.3 所示。

```
<table>
    <tr><th> </th>
        <th>星期一</th><th>星期二</th><th>星期三</th><th>星期四</th><th>星期五
</th>
    </tr>
    <tr><th>第 1 节</th>
        <td>语文</td><td>物理</td> <td>数学</td><td>语文</td> <td>美术</td>
    </tr>
    <tr><th>第 2 节</th>
        <td>数学</td><td>语文</td> <td>体育</td> <td>英语</td><td>音乐</td>
    </tr>
    <tr><th>第 3 节</th>
        <td>语文</td><td>体育</td><td>数学</td><td>英语</td><td>地理</td>
    </tr>
    <tr><th>第 4 节</th>
        <td>地理</td><td>化学</td> <td>语文</td><td>语文</td><td>美术</td>
    </tr>
</table>
```

图 6.2　设计带有标题单元格的表格

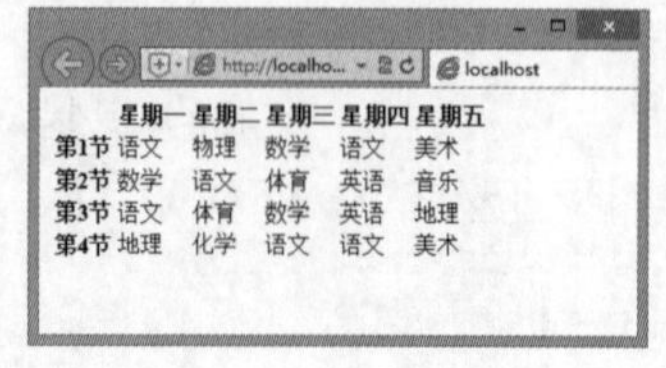

图 6.3　设计带有双标题单元格的表格

6.1.3 定义表格标题

扫一扫，看视频

使用 caption 元素可以定义表格的标题。每个表格只能定义一个标题，<caption>标签必须位于<table>标签后面，作为其紧邻的子元素存在。

【示例】下面为 6.1.2 小节中的示例 1 中的表格添加一个标题，效果如图 6.4 所示。在默认状态下，标题位于表格上方居中显示。

```
<table>
    <caption>通讯录</caption>
    <tr><th>用户名</th><th>电子邮箱</th></tr>
    <tr><td>张三</td><td>zhangsan@163.com</td></tr>
</table>
```

图 6.4 设计带有标题的表格

在 HTML4 中，可以使用 align 属性设置标题的对齐方式，在 HTML5 中已不赞成使用，建议使用 CSS 设计表格的标题样式。

6.1.4 为表格行分组

扫一扫，看视频

表格行可以分组，这对于复杂的表格来说很重要，以便对表格结构进行功能分区。使用 thead 元素定义表格的标题区域，使用 tbody 元素定义表格的数据区域，使用 tfoot 元素定义表格的脚部区域，如注释、数据汇总等。

【示例】下面的示例使用表格行分组标签设计一个功能完备的表格结构。

```
<table>
    <caption>结构化表格标签</caption>
    <thead>
        <tr><th>标签</th><th>说明</th></tr>
    </thead>
    <tfoot>
        <tr><td colspan="2">* 在表格中，上述标签属于可选标签。</td></tr>
    </tfoot>
    <tbody>
        <tr><td>&lt;thead&gt;</td> <td>定义表头结构</td></tr>
        <tr><td>&lt;tbody&gt;</td><td>定义表格主体结构</td></tr>
        <tr><td>&lt;tfoot&gt;</td><td>定义表格的页脚结构</td></tr>
    </tbody>
</table>
```

在上面的代码中，<tfoot>放在<thead>和<tbody>之间，而在浏览器中会发现<tfoot>的内容显示在表格底部。<tfoot>标签有一个 colspan 属性，该属性的主要功能是横向合并单元格，将表格底部的两个单元格合并为一个单元格，效果如图 6.5 所示。

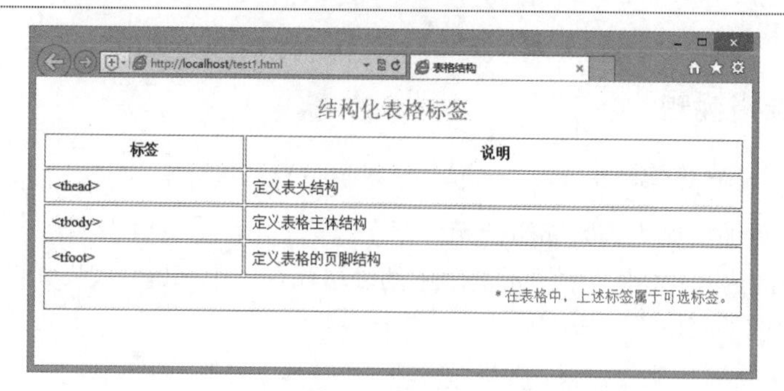

图 6.5　表格结构效果图

注意

thead、tfoot 和 tbody 应该结合使用，并且必须位于 table 内部，正常顺序是 thead、tfoot、tbody，这样浏览器在接收到所有数据前先呈现表格标题、脚部区域，即先渲染表格的整体面貌。在默认情况下，这些元素不会影响表格的布局。

扫一扫，看视频

6.1.5　为表格列分组

ccol 和 colgroup 元素可以对表格的列进行分组。它们可以组合使用，也可以单独使用，并且都只能作为 table 的子元素使用。表格列分组的主要功能如下：对列单元格进行快速格式化，避免对列中的每个单元格逐一格式化，这对于大容量的表格来说至关重要。

【示例 1】下面的示例使用 col 元素为表格中的 3 列设置不同的对齐方式，效果如图 6.6 所示。

```
<table width="100%" border="1">
     <col align="left"/>                          <!-- 设置第 1 列格式 -->
     <col align="center"/>                        <!-- 设置第 2 列格式 -->
     <col align="right"/>                         <!-- 设置第 3 列格式 -->
     <tr><td>慈母手中线，</td><td>游子身上衣。</td><td>临行密密缝，</td></tr>
     <tr><td>意恐迟迟归。</td><td>谁言寸草心，</td><td>报得三春晖。</td></tr>
</table>
```

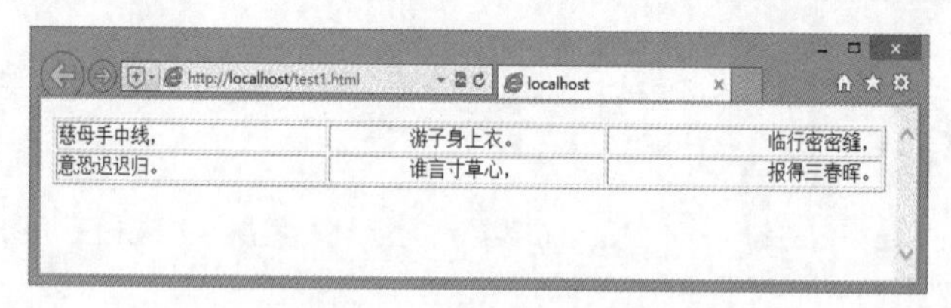

图 6.6　表格列分组样式

上面的示例使用 HTML 标签属性 align 设置对齐方式，建议使用 CSS 样式，这样会更标准。

【示例 2】下面的示例使用 colgroup 元素为表格中的每列定义不同的宽度，效果如图 6.7 所示。

```
<style type="text/css">
.col1 { width:25%; color:red; font-size:16px; }
.col2 { width:50%; color:blue; }
```

```
</style>
<table width="100%" border="1">
    <colgroup span="2" class="col1"></colgroup>        <!-- 设置第 1、2 列样式 -->
    <colgroup class="col2"></colgroup>                 <!-- 设置第 3 列样式 -->
    <tr><td>慈母手中线，</td><td>游子身上衣。</td><td>临行密密缝，</td></tr>
    <tr><td>意恐迟迟归。</td><td>谁言寸草心，</td><td>报得三春晖。</td></tr>
</table>
```

图 6.7　定义表格列分组样式

span 是<colgroup>和<col>标签的专用属性，用于设置列组应该横跨的列数，取值为正整数。例如，在一个包含 6 列的表格中，第 1 组有 4 列，第 2 组有 2 列。

```
<colgroup span="4"></colgroup>
<colgroup span="2"></colgroup>
```

浏览器将表格的单元格合并成列时，会将每行前 4 个单元格合并成第 1 个列组，将后面两个单元格合并成第 2 个列组。如果没有 span 属性，则每个<colgroup>或<col>标签代表一列，按顺序排列。

【示例 3】下面的示例把<col>标签嵌入<colgroup>标签中使用。

```
<table width="100%" border="1">
    <colgroup>
        <col span="2" class="col1"/>
        <col class="col2"/>
    </colgroup>
    <tr><td>慈母手中线，</td><td>游子身上衣。</td><td>临行密密缝，</td></tr>
    <tr><td>意恐迟迟归。</td><td>谁言寸草心，</td><td>报得三春晖。</td></tr>
</table>
```

如果没有对应的 col 元素，列会从 colgroup 元素那里继承所有的属性。

提示

现代浏览器都支持<colgroup>和<col>标签，但是大部分浏览器仅支持 col 和 colgroup 元素的 span 和 width 属性。因此，只能通过列分组为表格的列定义宽度，也可以定义背景色，但是其他 CSS 样式不支持。通过示例 2，也能看到 CSS 样式中的 color:red;和 font-size:16px;都没有效果。

6.2　控制表格

<table>、<td>和<th>标签都包含多个属性，其中大部分属性可以使用 CSS 属性直接替代，因此不再建议使用。也有多个专用属性无法使用 CSS 实现，这些专用属性对于表格来说很重要，本节将重点讲解。

扫一扫，看视频

6.2.1 设置表格摘要

使用<table>标签的 summary 属性可以设置表格内容的摘要，该属性的值不会显示，但是屏幕阅读器或搜索引擎可以利用该属性对表格内容进行检索。

【示例】下面的示例使用 summary 属性为表格添加一个简单的说明，以方便搜索引擎检索。

```
<table summary="rules 属性取值说明">
    <tr><th>值</th><th>说明</th></tr>
    <tr><td>none</td><td>没有线条。</td></tr>
    <tr><td>groups</td><td>位于行组和列组之间的线条。</td></tr>
    <tr><td>rows</td><td>位于行之间的线条。</td></tr>
    <tr><td>cols</td><td>位于列之间的线条。</td></tr>
    <tr><td>all</td><td>位于行和列之间的线条。</td></tr>
</table>
```

扫一扫，看视频

6.2.2 定义单元格跨列或跨行显示

colspan 和 rowspan 是两个重要的单元格属性，分别用于定义单元格可跨列或跨行显示，取值为正整数。

【示例】下面的示例使用 colspan=5 属性定义单元格跨列显示，效果如图 6.8 所示。

```
<table border=1>
    <tr><th align=center colspan=5>课程表</th></tr>
    <tr><th>星期一</th><th>星期二</th><th>星期三</th><th>星期四</th><th>星期五</th>
    </tr>
    <tr><td align=center colspan=5>上午</td></tr>
    <tr><td>语文</td><td>物理</td><td>数学</td><td>语文</td><td>美术</td></tr>
    <tr><td>数学</td><td>语文</td><td>体育</td><td>英语</td><td>音乐</td></tr>
    <tr><td>语文</td><td>体育</td><td>数学</td><td>英语</td><td>地理</td></tr>
    <tr><td>地理</td><td>化学</td><td>语文</td><td>语文</td><td>美术</td></tr>
    <tr><td align=center colspan=5>下午</td></tr>
    <tr><td>作文</td><td>语文</td><td>数学</td><td>体育</td><td>化学</td></tr>
    <tr><td>生物</td><td>语文</td><td>物理</td><td>自修</td><td>自修</td></tr>
</table>
```

课程表				
星期一	星期二	星期三	星期四	星期五
上午				
语文	物理	数学	语文	美术
数学	语文	体育	英语	音乐
语文	体育	数学	英语	地理
地理	化学	语文	语文	美术
下午				
作文	语文	数学	体育	化学
生物	语文	物理	自修	自修

图 6.8 定义单元格跨列显示

扫一扫，看视频

6.2.3 将单元格设置为标题

使用 th 元素定义标题有一个缺陷：无法确保每一个<th>标签都是标题，这对于机器检索来说是不利的。因此 HTML5 使用 scope 属性为单元格显式设置标题。取值说明如下。

（1）row：设置为行标题。

（2）col：设置为列标题。

（3）rowgroup：设置为行组（由<thead>、<tbody>或<tfoot>标签定义）标题。

（4）colgroup：设置为列组（由<col>或<colgroup>标签定义）标题。

【示例】下面的示例将第 2 个和第 3 个 th 元素标识为列的标题，这样搜索引擎就会忽略第 1 个 th 元素。同时将第 2 行和第 3 行的第 1 个单元格标识为行的标题。

```
<table border="1">
    <tr><th></th><th scope="col">月份</th><th scope="col">金额</th></tr>
    <tr><td scope="row">第 1 组</td><td>1</td><td>$100.00</td></tr>
    <tr><td scope="row">第 2 组</td><td>2</td><td>$10.00</td></tr>
</table>
```

6.2.4 为单元格指定标题

扫一扫，看视频

由于单元格可以合并，同时使用 thead 元素可以设置多行标题，这很容易让标题单元格与数据单元格之间的关系变得混乱，不是那么一目了然。使用 headers 属性可以为数据单元格指定标题，该属性的值是一个标题名称，标题名称通过标题单元格的 id 属性定义。

【示例】下面的示例分别为表格中不同的数据单元格定义标题，效果如图 6.9 所示。

```
<table border="1" width="100%">
    <tr>
        <th id="name">姓名</th>
        <th id="Email">电子邮件</th>
        <th id="Phone">电话</th>
        <th id="Address">地址</th>
    </tr>
    <tr>
        <td headers="name">张三</td>
        <td headers="Email">zhangsan@163.com</td>
        <td headers="Phone">135****8888</td>
        <td headers="Address">北京市****38 号</td>
    </tr>
</table>
```

图 6.9 为数据单元格定义标题

6.2.5 定义信息缩写

扫一扫，看视频

使用 abbr 属性可以为单元格中的内容定义缩写。abbr 属性不会在浏览器中产生任何视觉效果，主要为机器检索服务。

【示例】下面的示例演示了如何在 HTML 中使用 abbr 属性。

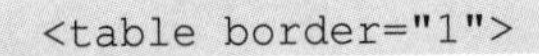

```
<table border="1">
```

```
        <tr><th>名称</th><th>说明</th></tr>
        <tr>
            <td abbr="HTML">HyperText Markup Language</td>
            <td>超级文本标记语言</td>
        </tr>
        <tr>
            <td abbr="CSS">Cascading Style Sheets</td>
            <td>层叠样式表</td>
        </tr>
</table>
```

扫一扫，看视频

6.2.6 为数据单元格分类

使用 axis 属性可以对单元格进行分类。在一个大型数据表格中，表格里通常存放了不同类型的数据，通过分类属性 axis，浏览器可以快速检索同类信息。axis 属性值是类型名称，这些名称可以帮助引擎快速查询。例如，在食品列表中使用 axis=meals 设置早餐类记录，浏览器就能根据该分类快速获取早餐单元格的信息，汇总计算早餐食品的总价和个数。

【示例】下面的示例使用 axis 属性对表格中的每列数据进行了分类。

```
<table border="1" width="100%">
    <tr>
        <th axis="name">姓名</th>
        <th axis="Email">电子邮件</th>
        <th axis="Phone">电话</th>
        <th axis="Address">地址</th>
    </tr>
    <tr>
        <td axis="name">张三</td>
        <td axis="Email">zhangsan@163.com</td>
        <td axis="Phone">135****8888</td>
        <td axis="Address">北京市****38 号</td>
    </tr>
</table>
```

6.3 案 例 实 战

扫一扫，看视频

6.3.1 设计日历表

【案例】网页中经常会看到日历表，它适合使用表格结构进行设计。本案例中的日历表比较简单，其中有当天日期状态、当天日期文字说明以及双休日以红色文字浅灰色背景显示，并且将周日到周一的标题加粗显示。具体步骤如下：

（1）新建 HTML5 文档，在<body>标签内输入以下代码。

```
<table>
    <caption>2022 年 2 月 2 日</caption>
    <thead>
        <tr><th>日</th><th>一</th><th>二</th><th>三</th><th>四</th><th>
五</th><th>六</th></tr>
```

```
        </thead>
        <tbody>
             <tr><td>30</td><td>31</td><td>1</td><td>2</td><td>3</td><td>4
</td><td>5</td></tr>
             <tr><td>6</td><td>7</td><td>8</td><td>9</td><td>10</td><td>11
</td><td>12</td></tr>
             <tr><td>13</td><td>14</td><td>15</td><td>16</td><td>17</td><td>18
</td><td>19</td></tr>
             <tr><td>20</td><td>21</td><td>22</td><td>23</td><td>24</td><td>25
</td><td>26</td></tr>
             <tr><td>27</td><td>28</td><td>1</td><td>2</td><td>3</td><td>4
</td><td>5</td></tr>
             <tr><td>6</td><td>7</td><td>8</td><td>9</td><td>10</td><td>11
</td><td>12</td></tr>
        </tbody>
   </table>
```

日历表使用表格结构进行创建，不仅在结构上表达了日历是一种二维数据结构，而且能在无 CSS 渲染的情况下将日历表呈现为表格化效果。

（2）定义一个内部样式表，然后设计表格框样式。为了方便控制表格列样式。在表格框<table>内部前面添加如下代码。

```
   <table>
        <caption>2022 年 2 月 2 日</caption>
        <colgroup span="7">
        <col span="1" class="day_off">
        <col span="5">
        <col span="1" class="day_off">
        </colgroup>
   ...
```

使用<colgroup>标签将表格的前后两列（即双休日）的日期定义为单独的样式，以区别于其他单元格的格式。本案例重点练习表格标签的应用，CSS 样式不再详细说明，感兴趣的读者可以参考本节案例源代码。在浏览器中预览时的效果如图 6.10 所示。

（a）无样式表格

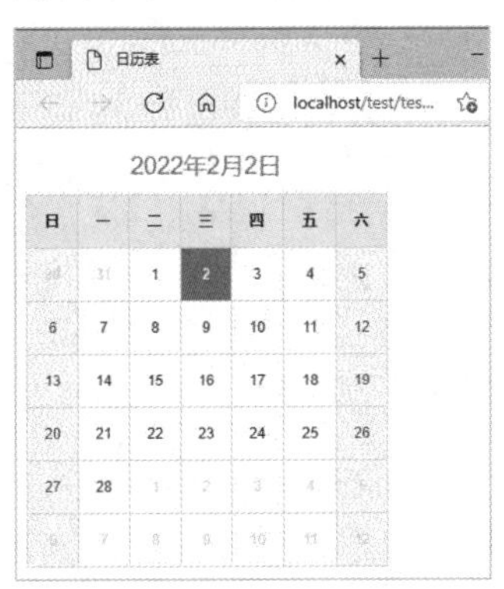

（b）添加样式的表格

图 6.10　设计日历表效果

6.3.2　设计个人简历表

扫一扫，看视频

【案例】个人简历一般比较简洁、明了，信息组织有条理且重点突出，使用表格来设计个人简历是最佳选择。在设计表格时，与个人简历无关的信息尽量不要写，而与个人经历和特长相关的信息不要漏写。本案例使用 HTML5 表格设计一份个人简历表，代码如下，效果如图 6.11 所示。

```
    <h1 style="text-align: center">个人简历</h1>
    <table class="tabtop" width="100%" border="1" cellpadding="1"
cellspacing="2" align="center">
        <tr>
            <td>姓名</td><td width="10%">张三</td>
            <td width="10%">性别</td><td width="10%">男</td>
            <td width="10%">出生日期</td><td colspan="2"width="10%">2000 年 1 月
1 日</td>
            <td colspan=""width="10%" rowspan="4"><img src="img_avatar.png"
width="249" height="248" alt=""/></td>
        </tr><tr>
            <td>民族</td><td>汉族</td>
            <td>政治面貌</td><td>中共党员</td>
            <td>婚姻状况</td><td>已婚</td>
        </tr><tr>
            <td>现所在地</td><td>北京海淀清华大学</td>
            <td>籍贯</td><td>北京海淀</td>
            <td>学历</td><td>本科</td>
        </tr><tr>
            <td width="8%">毕业学校</td><td colspan="2" width="8%">清华大学</td>
            <td width="8%">专业</td><td colspan="2" width="8%">信息技术与计算机
</td>
        </tr><tr>
            <td rowspan="5">学习经历</td><td colspan="2">起止年月</td>
            <td colspan="2">就读（培训）学校</td><td colspan="3">专业/课程</td></tr>
        <tr><td colspan="2"> </td><td colspan="2"></td><td colspan="3">
</td></tr>
        <tr><td colspan="2"> </td><td colspan="2"></td><td colspan="3">
</td></tr>
        <tr><td colspan="2"> </td><td colspan="2"></td><td colspan="3">
</td></tr>
        <tr><td colspan="2"> </td><td colspan="2"></td><td colspan="3">
</td></tr>
        <tr><td rowspan="5">工作经历</td><td colspan="2">起止年月</td><td
colspan="2">工作单位</td><td colspan="3">职责</td></tr>
        <tr><td colspan="2"> </td><td colspan="2"></td><td colspan="3">
</td></tr>
        <tr><td colspan="2"> </td><td colspan="2"></td><td colspan="3">
</td></tr>
        <tr><td colspan="2"> </td><td colspan="2"></td><td colspan="3">
</td></tr>
        <tr><td colspan="2"> </td><td colspan="2"></td><td colspan="3">
</td></tr>
        <tr><td colspan="1" rowspan="2">求职意向</td><td colspan="7" rowspan="2">
</td></tr>
    </table>
```

图 6.11　设计个人简历表效果

在制作表格时，由于有一些列没有内容，这时设计出来的表格在网页中的显示效果不佳，因为表格列的宽高是由包含的子元素决定的，当其中不存在任何内容时会收缩显示，这时表格看起来很丑，因此给单元格设定一个宽度，会让表格变得更好看。

本 章 小 结

本章讲解了 HTML5 表格结构设计，主要包括 10 个标签，其中<table>、<tr>、<td>、<th>用于设计表格基本结构，<caption>用于定义表格标题，<thead>、<tbody>、<tfoot>、<col>、<colgroup>用于分组。另外还讲解了表格、单元格的多个专用属性，正确使用它们对于设计结构合理、逻辑清晰的表格很重要。

课 后 练 习

一、填空题

1．表格主要用于显示包含________结构的________数据。

2．在表格结构中，________元素负责定义表格框，________元素负责定义表格行，________元素负责定义单元格。

3．单元格分为两种类型：________，由________元素创建；________，由________元素创建。

4．使用________元素可以定义表格的标题。

5．使用________元素可以定义表格的标题区域，使用________元素可以定义表格的数据区域，使用________元素可以定义表格的脚部区域。

二、判断题

1．在默认状态下，th 文本居中、加粗显示，而 td 文本左对齐、以正常字体显示。（　　）

2．标题单元格必须位于表格内的第 1 行。（　　）

3．每个表格可以定义多个标题，<caption>可以放在<table>内任意位置。（　　）

4．thead、tfoot 和 tbody 可以结合使用，并且必须位于 table 内部。（　　）

5．ccol 和 colgroup 可以对表格列进行分组。它们可以组合使用，也可以单独使用。（　　）

三、选择题

1．使用（　　）属性可以对单元格进行分类。

A．axis　　B．abbr　　C．headers　　D．scope

2．使用（　　）属性可以为单元格指定标题。

A．axis　　B．abbr　　C．headers　　D．scope

3．使用（　　）属性可以将单元格设置为标题。

A．axis　　B．abbr　　C．headers　　D．scope

4．使用（　　）属性可以定义单元格跨列显示。

A．colspan　　B．rowspan　　C．col　　D．span

5．使用（　　）属性可以设置表格内容的摘要。

A．axis　　B．summary　　C．headers　　D．scope

四、简答题

1．简单介绍一下表格包含的标签及其主要作用。

2．表格包含很多属性，大部分属性都可以使用 CSS 属性替换，请结合 HTML 参考手册举几个例子。

五、上机题

1．模仿图 6.12 设计受理员业务统计表。

图 6.12　受理员业务统计表

2．模仿图 6.13 设计部门管理表格。提示，图标使用 font-awesome.css 实现。

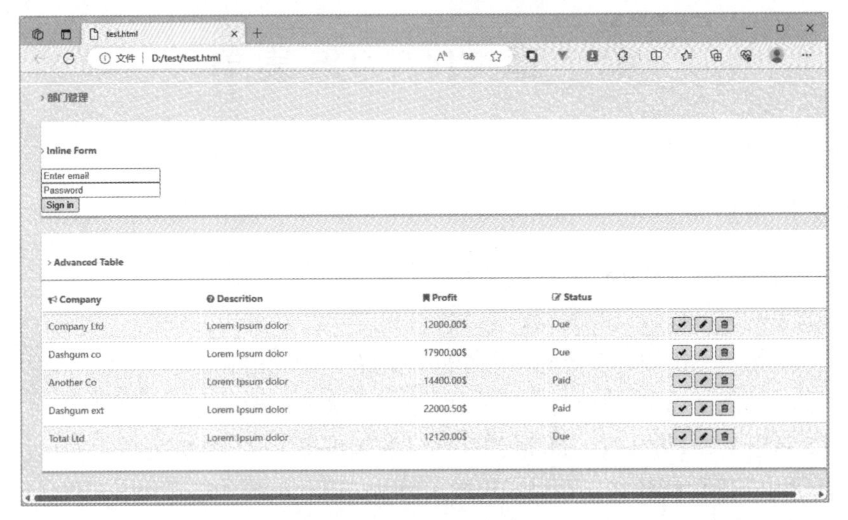

图 6.13 部门管理表格

拓 展 阅 读

第 7 章　HTML5 表单

【学习目标】

- 定义完整的表单结构，合理组织表单控件。
- 正确使用文本框、文本区域等输入型表单控件。
- 正确选用单选按钮、复选框、选择框等选择性表单控件。
- 能够根据网站需求设计结构合理、用户体验完美的表单。

HTML5 基于 Web Forms 2.0 标准对 HTML4 表单进行全面升级，在保持简洁、易用的基础上，新增了很多控件和属性，减轻了开发人员的负担。本章将重点介绍 HTML5 表单的基本结构、常用表单控件的使用方法，以及 HTML5 表单的新功能应用。

7.1　认 识 表 单

表单为访问者提供了与网站进行互动的途径，其主要功能是收集用户的信息，如姓名、地址、电子邮件地址等，这些信息可以通过各种表单控件来完成。

完整的表单一般由 HTML 控件和 JavaScript 脚本两部分组成，HTML 控件提供用户交互界面，JavaScript 脚本提供表单验证和数据处理，本章重点介绍 HTML 控件。完善的表单结构通常包括表单标签、表单控件和表单按钮。表单标签用于定义采集数据的范围；表单控件包含文本框、文本区域、密码框、隐藏域、复选框、单选框、选择框和文件域等，用于采集用户的输入或选择的数据；表单按钮包括提交按钮、重置按钮和一般按钮，提交按钮用于将数据传送到服务器端的程序，重置按钮可以取消输入，一般按钮可以定义其他处理工作。

表单的交互状态可以分为 3 个阶段：交互前、交互中、交互后。在交互前，表单处于初始化状态；在交互中，用户开始输入信息，光标插入后，输入框会聚焦，占位符消失；在交互后，如果输入内容有误，表单会反馈错误信息，如果输入内容正确，则数据会被提交到服务器。

扫一扫，看视频

7.2　定 义 表 单

每个表单都以<form>标签开始，以</form>标签结束。两个标签之间是各种标签和控件。每个控件都有一个 name 属性，用于在提交表单时标识数据。访问者通过提交按钮提交表单，触发提交按钮时，填写的表单数据将被发送给服务器端的处理程序。

【示例】新建 HTML5 文档，保存为 test.html，在<body>内使用<form>标签设计一个简单反馈信息表单，主要用到文本框<input type="text">、下拉列表<select>、文本区域<textarea>和提交按钮<input type="submit">，并使用<label>标签附加控件说明，效果如图 7.1 所示。

```
<form action="/action_page.php">
    <label for="cname">联系人</label>
```

```
        <input type="text" id="cname" name="cname" placeholder="请输入姓名..">
        <label for="email">邮箱</label>
        <input type="text" id="email" name="email" placeholder="请输入邮箱..">
        <label for="country">城市</label>
        <select id="country" name="country">
            <option value="australia">北京</option>
            <option value="canada">上海</option>
            <option value="usa">厦门</option>
        </select>
        <label for="subject">反馈信息</label>
        <textarea id="subject"name="subject"placeholder="反馈内容.."
style="height:200px"></textarea>
        <input type="submit" value="提交">
    </form>
```

（a）无 CSS 渲染的效果　　　　（b）CSS 渲染后的效果

图 7.1　设计表单结构

<form>标签包含很多属性，HTML5 支持的属性见表 7.1。

表 7.1　HTML5 支持的<form>标签的属性

属　性	值	说　明
accept-charset	charset_list	设置服务器可以处理的表单数据字符集
action	URL	设置当提交表单时向何处发送表单数据
autocomplete	on、off	设置是否启用表单的自动完成功能
enctype	application/x-www-form-urlencoded、multipart/form-data、text/plain	设置在发送表单数据之前如何对其进行编码
method	get、post	设置用于发送表单数据的 HTTP 方法
name	form_name	设置表单的名称
novalidate	novalidate	如果使用该属性，那么提交表单时不进行验证
target	_blank、_self、_parent _top、framename	设置在何处打开 action 绑定的 URL

如果要与服务器进行交互，必须设置以下两个属性。

（1）method：设置发送表单数据的 HTTP 方法。如果使用 method="get"方式提交，表单数据以查询字符串的形式传输，会显示在浏览器的地址栏里；如果使用 method="post"方式提交，表单数据在请求正文中以二进制数据流形式传输，这样比较安全。同时，使用 post 方式可以向服务器发送更多的数据。

（2）action：设置当提交表单时向服务器端的哪个处理程序发送表单数据，值为 URL 字符串。

HTML5 的重要特性就是对表单进行完善，新增的表单属性如下。

（1）accept：限制用户可上传文件的类型。

（2）autocomplete：如果对 form 元素或特定的字段添加 autocomplete="off"，就会关闭浏览器对该表单或该字段的自动填写功能。默认值为 on。

（3）autofocus：页面加载后将焦点放到该字段。

（4）multiple：允许输入多个电子邮件地址或者上传多个文件。

（5）list：将 datalist 与 input 联系起来。

（6）maxlength：指定 textarea 的最大字符数，在 HTML5 之前的文本框就支持该特性。

（7）pattern：定义一个用户所输入的文本在提交之前必须遵循的模式。

（8）placeholder：指定一个出现在文本框中的提示文本，用户开始输入后该文本消失。

（9）required：需要访问者在提交表单之前必须完成该字段。

（10）formnovalidate：关闭 HTML5 的自动验证功能。应用于提交按钮。

（11）novalidate：关闭 HTML5 的自动验证功能。应用于表单元素。

7.3 使用表单控件

表单控件分为 4 类：输入型控件，如文本框、文本区域、密码框、文件域；选择型控件，如单选按钮、复选框和选择框；操作按钮，如提交按钮、重置按钮和普通按钮；辅助控件，如隐藏字段、标签控件等。

扫一扫，看视频

7.3.1 文本框

文本框是用于输入单行信息的控件，如姓名、地址等。普通文本框使用带有 type="text" 属性的 input 标签定义。

```
<input type="text" name="控件名称" value="默认值">
```

除了 type 属性之外，使用 name 属性可以帮助服务器程序获取访问者在文本框中输入的值，使用 value 属性可以设置文本框的默认值。name 属性和 value 属性对于其他的表单控件来说，也是很重要的，具有相同的功能。

type 属性的默认值为 text，因此 HTML5 允许使用以下两种形式定义文本框。

```
<input type="text" />
<input>
```

为了满足特定类型信息的输入需求，HTML5 在文本框的基础上新增以下单行输入型表单控件。

（1）电子邮件框：<input type="email">。
（2）搜索框：<input type="search">。
（3）电话框：<input type="tel">。
（4）URL 框：<input type="url">。
（5）日期：<input type="date">。
（6）数字：<input type="number">。
（7）范围：<input type="range">。
（8）颜色：<input type="color" />。
（9）全局日期和时间：<input type="datetime" />。
（10）局部日期和时间：<input type="datetime-local" />。
（11）月：<input type="month" />。
（12）时间：<input type="time" />。
（13）周：<input type="week" />。
（14）输出：<output></output>。

7.3.2 文本区域

扫一扫，看视频

如果要输入一段不限格式的文本，如回答问题、评论反馈等，可以使用文本区域。使用<textarea>标签可以定义文本区域控件。

```
<textarea rows="行高" cols="列宽">默认文本</textarea>
```

该标签包含多个属性，常用属性说明如下。

（1）maxlength：设置输入的最大字符数，也适用于文本框控件。

（2）cols：设置文本区域的宽度（以字符为单位）。

（3）rows：设置文本区域的高度（以行为单位）。

（4）wrap：定义输入内容大于文本区域宽度时的显示方式。

1）wrap="hard"，如果文本区域内的文本自动换行显示，则提交文本中会包含换行符。当将 wrap 设置为"hard"时，必须设置 cols 属性。

2）wrap="soft"，为默认值，提交的文本不会在自动换行位置添加换行符。

如果没有使用 maxlength 限制文本区域的最大字符数，最大可以输入 32700 个字符，如果输入内容超出文本区域，会自动显示滚动条。

textarea 没有 value 属性，在<textarea>和</textarea>标签之间包含的文本将作为默认值显示在文本区域内。可以使用 placeholder 属性定义用于占位的文本，该属性也适用于文本框控件。

7.3.3 密码框

扫一扫，看视频

密码框是特殊类型的文本框，与文本框的唯一区别如下：在密码框中输入的文本会显示为圆点或星号。密码框的作用如下：防止身边的人看到用户输入的密码。使用 type="password"的<input>标签可以创建密码框。

```
<input type="password" name="password" />
```

当访问者在密码框中输入密码时，输入字符用圆点或星号隐藏了起来。但提交表单时访问者输入的真实信息会被发送给服务器。信息在发送过程中没有加密。如果要真正地保护密码，可以使用 https://协议进行传输。

使用 size 属性可以定义密码框的大小，以字符为单位。如果需要，可以使用 maxlength 设置密码框允许输入的最大长度。

扫一扫，看视频

7.3.4 文件域

文件域也是特殊类型的文本框，用于把本地文件上传到服务器。为 input 元素设置 type="file"属性，可以创建文件域。

```
<input type="file" id="picture" name="picture" />
```

文件域默认只能单文件上传，需要多文件上传时需要添加 multiple 属性。

```
<input type="file" multiple id="picture" name="picture" />
```

在传统浏览器中，文件域显示为一个只读文本框和选择按钮；而在现代浏览器中，多数显示为“选择文件”按钮和提示信息，如图 7.2 所示。

（a）未选择文件

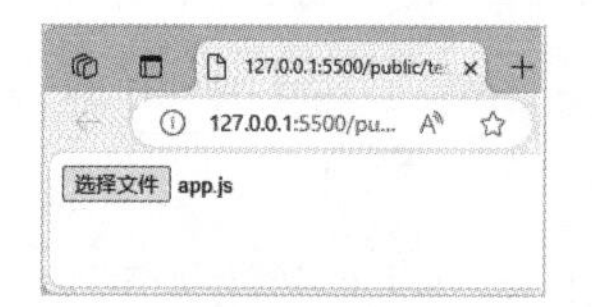

（b）选择单文件

（c）选择多文件

图 7.2　文件域界面显示效果

当选择并上传文件后，在服务器端程序中可以通过文件域对象（name）的 files 获取到选择的文件列表对象，文件列表对象中的每个 file 对象都有对应的文件属性。

扫一扫，看视频

7.3.5 单选按钮

如果从一组相关但又互斥的选项中进行单选，可以使用单选按钮，如性别。为 input 元素设置 type="radio"属性，可以创建单选按钮。

【示例】 单选按钮一般成组使用，每个选项都表示为组中的一个单选按钮。在默认状态下，单选按钮处于未选中状态，一旦选中，就不能取消，除非在单选按钮组中进行切换。

```
<p class="row">性别:
    <input type="radio" id="gender-male" name="gender" value="male" />
    <label for="gender-male">男</label>
    <input type="radio" id="gender-female" name="gender" value="female" />
    <label for="gender-female">女</label>
</p>
```

同一组单选按钮的 name 属性值必须相同，确保只有一个能被选中，服务器根据 name 获取单选按钮组的值。value 属性也很重要，因为对于单选按钮来说，访问者无法输入值。

提示

当用户需要在作出选择前查看所有选项时，可以使用单选按钮。单选按钮平等地强调所有选项。如果所有选项不值得平等关注，或者没有必要呈现，则可以考虑使用下拉菜单，如城市、年、月、日等。如果只有两个可能的选项，并且这两个选项可以清楚地表示为二选一，可以考虑使用复选框，如使用单个复选框表示“我同意”，而不是两个单选按钮表示“我同意”和“我不同意”。

7.3.6　复选框

如果要选择或取消操作，或者在一组选项中进行多选，则可以使用复选框，如是否同意、个人特长等。为 input 元素设置 type="checkbox"属性，可以创建复选按钮。

【示例】 下面的示例创建一组联系方式的复选框。

```
<p class="row">
    <input type="checkbox" id="email" name="email[]" value="电子邮箱" />
    <label for="email">电子邮件</label>
    <input type="checkbox" id="phone" name="email[]" value="电话" />
    <label for="phone">电话</label>
</p>
```

使用 checked 属性可以设置复选框在默认状态下处于选中状态，也适用于单选按钮。每个复选框对应的 value 值及复选框组的 name 名称都会被发送给服务器端。

在服务器端的程序中可以使用 name 获取上传的复选框的信息。如果组内所有复选框使用同一个 name，可以将多个复选框组织在一起。空的方括号是为 PHP 脚本的 name 准备的，如果使用 PHP 程序处理表单，使用 name="email[]"就会自动地创建一个包含复选框值的数组，名为$_POST['email']。

7.3.7　选择框

选择框为访问者提供一组选项，允许其从中进行选择。如果允许单选，则呈现为下拉菜单样式；如果允许多选，则呈现为一个列表框，在需要时会自动显示滚动条。

选择框由两个元素合成：select 和 option。一般在 select 元素中设置 name 属性，在每个 option 元素中设置 value 属性。

【示例 1】 下面的示例创建一个简单的城市选择框。

```
<label for="state">省市</label>
<select id="state" name="state">
    <option value="BJ">北京</option>
    <option value="SH">上海</option>
    ...
</select>
```

在下拉菜单中，默认选中的是第 1 个选项；而在列表框中，默认没有选中任何项。

使用 multiple 属性可以设置多选；使用 size 属性可以设置选择框的高度（以行为单位）；每个选项的 value 属性值是选项选中后要发送给服务器的数据，如果省略 value，则包含的文本会被发送给服务器；使用 selected 属性可以设置选项默认为选中状态。

使用 optgroup 元素可以对选择项目进行分组，一个<optgroup>标签包含多个<option>标签，然后使用 label 属性设置分类标题，分类标题是一个不可选的伪标题。

【示例 2】 下面的示例使用 optgroup 元素对下拉菜单项目进行分组。

```
<select name="city">
    <optgroup label="山东省">
    <option value="潍坊">潍坊</option>
    <option value="青岛" selected="selected">青岛</option>
```

```
        </optgroup>
        <optgroup label="山西省">
        <option value="太原">太原</option>
        <option value="榆次">榆次</option>
        </optgroup>
    </select>
```

扫一扫，看视频

7.3.8 标签

标签是描述表单控件的文本，使用 label 元素可以定义标签，它有一个特殊的 for 属性。如果 for 属性的值与一个表单控件的 id 属性的值相同，那么这个标签就与该表单控件绑定起来。如果单击这个标签，与之绑定的表单控件就会获得焦点，这能够提升用户体验。

```
<label for="name">用户名</label>
<input type="text" id="name" name="name" />
```

如果将一个表单控件放在<label>和</label>之间，也可以实现绑定。

```
<label>用户名<input type="text" name="name" /></label>。
```

在这种情况下就不再需要 for 和 id。不过，将标签与表单控件分开会更容易添加样式。

扫一扫，看视频

7.3.9 隐藏字段

隐藏字段用于记录与表单相关联的值，该信息不会显示在页面中，可以视为不可见的文本框，但在源代码中可见。隐藏字段使用带有 type="hidden"属性的 input 标签定义。

```
<input type="hidden" name="form_key" value="form_id_1234567890" />
```

隐藏字段的值会被提交给服务器。常用隐藏字段记录先前表单收集的信息，或者与当前页面或表单相关的标志，以便将这些信息同当前表单的数据一起提交给服务器端程序进行处理。

注意

不要将密码、信用卡号等敏感信息放在隐藏字段中。虽然它们不会显示到网页中，但访问者可以通过查看 HTML 源代码看到它。

扫一扫，看视频

7.3.10 按钮

表单按钮包括 3 种类型：提交按钮、重置按钮和普通按钮。

（1）当单击提交按钮时，会将表单的内容进行提交。定义方法如下：<input type="submit"/>、<input type="image" />或者<button>按钮名称<button/>。

（2）当单击重置按钮时，可以清除用户在表单中输入的信息，恢复默认值。定义方法如下：<input type="reset" />。按钮默认显示为“重置”，使用 value 属性可以设置按钮显示的名称。

（3）普通按钮默认没有功能，需要配合 JavaScript 脚本才能实现具体的功能。定义方法如下：<input type="button" />。

提交按钮可以呈现为文本：

```
<input type="submit" value="提交表单" />
```

也可以呈现为图像，使用 type="image"可以创建图像按钮，width 和 height 为可选属性。

```
<input type="image" src="submit.png" width="188" height="95" alt="提交表单" />
```

如果不设置 name 属性，则提交按钮的 value 属性值就不会发送给服务器。

如果省略 value 属性，那么根据不同的浏览器，提交按钮会显示默认的“提交”文本。如果有多个提交按钮，可以为每个按钮设置 name 属性和 value 属性，从而让脚本知道用户单击的是哪个按钮；否则，最好省略 name 属性。

7.4 组织表单控件

扫一扫，看视频

使用<fieldset>标签可以组织表单控件，将表单对象进行分组，使表单结构更容易理解。在默认状态下，分组的表单对象外面会显示一个包围框。使用<legend>标签可以定义分组的标题，描述标题默认显示在<fieldset>包含框的左上角。也可以使用<h1>～<h6>标签定义分组标题。

对于单选按钮组或复选框组，建议使用<fieldset>对其进行分组，添加一个明确的上下文，让表单结构显得更清晰。

【示例】在下面的示例中，表单的 4 个部分分别使用了 fieldset，并使用一个嵌套的 fieldset 将公共字段部分的性别单选按钮包围起来。为被嵌套的 fieldset 添加 radios 类，方便设置样式，同时添加一个 legend，用于描述单选按钮。

```
<h1>表单标题</h1>
<form method="post" action="show-data.php">
    <fieldset>
        <h2 class="hdr-account">字段分组标题</h2>
        ... 用户名字段 ...
    </fieldset>
    <fieldset>
        <h2 class="hdr-address">字段分组标题</h2>
        ... 联系地址字段 ...
    </fieldset>
    <fieldset>
        <h2 class="hdr-public-profile">字段分组标题</h2>
        ... 公共字段 ...
        <div class="row">
            <fieldset class="radios">
                <legend>性别</legend>
                <input type="radio" id="gender-male" name="gender"
value="male" />
                <label for="gender-male">男士/label>
                <input type="radio" id="gender-female" name="gender"
value="female" />
                <label for="gender-female">女士</label>
            </fieldset>
```

```
        </div>
    </fieldset>
    <fieldset>
        <h2 class="hdr-emails">电子邮箱</h2>
        ... E-mail 字段...
    </fieldset>
    <input type="submit" value="提交表单" class="btn" />
</form>
```

使用 fieldset 元素对表单进行组织是可选的，使用 legend 也是可选的（使用 legend 时必须要有 fieldset）。推荐使用 fieldset 和 legend 对相关的单选按钮组、复选框组进行分组。

7.5 HTML5 表单应用

扫一扫，看视频

7.5.1 定义自动完成输入

autocomplete 属性可以帮助用户在文本框中实现自动完成输入，取值包括 on 和 off。适用的 input 类型包括 text、search、url、telephone、email、password、datepickers、range 和 color。

autocomplete 属性也适用于 form 元素，默认状态下表单的 autocomplete 属性处于打开状态，其包含的输入域会自动继承 autocomplete 状态，也可以为输入域单独设置 autocomplete 状态。

提示

在某些浏览器中需要先启用浏览器本身的自动完成功能，才能使 autocomplete 属性起作用。

【示例】设置 autocomplete 为 on 时，可以使用 HTML5 新增的 datalist 元素和 list 属性提供一个数据列表供用户进行选择。下面的示例演示如何应用 autocomplete 属性、datalist 元素和 list 属性实现自动完成输入。

```
<h2>输入你最喜欢的城市名称</h2>
<form autocompelete="on">
    <input type="text" id="city" list="cityList">
    <datalist id="cityList" style="display:none;">
        <option value="BeiJing">BeiJing</option>
        <option value="QingDao">QingDao</option>
        <option value="QingZhou">QingZhou</option>
        <option value="ShangHai">ShangHai</option>
    </datalist>
</form>
```

在浏览器中预览，当用户将焦点定位到文本框中时，会自动出现一个城市列表供用户选择，如图 7.3 所示；当用户单击页面中的其他位置时，这个列表就会消失。

当用户输入时，该列表会随用户的输入自动更新。例如，当输入字母 q 时，会自动更新列表，只列出以 q 开头的城市名称，如图 7.4 所示。随着用户不断地输入新的字母，下面的列表还会随之变化。

图 7.3 自动完成数据列表

图 7.4 数据列表随用户输入而更新

扫一扫，看视频

7.5.2 定义自动获取焦点

autofocus 属性可以实现在加载页面时，让表单控件自动获取焦点。其用法如下：

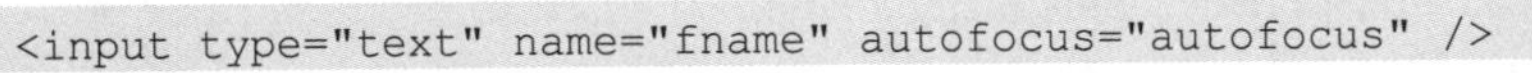

```
<input type="text" name="fname" autofocus="autofocus" />
```

autocomplete 属性适用于所有<input>标签的类型，如文本框、复选框、单选按钮、普通按钮等。

注意

在同一页面中只能指定一个 autofocus 对象，当页面中的表单控件比较多时，建议为最需要聚焦的那个控件设置 autofocus 属性值，如页面中的搜索文本框，或者许可协议的“同意”按钮等。

【示例】下面的示例演示如何应用 autofocus 属性。

```
<form>
    <p>请仔细阅读许可协议：</p>
    <p><label for="textarea1"></label>
        <textarea name="textarea1" id="textarea1" cols="45" rows="5">许可协
议具体内容……</textarea></p>
    <p><input type="submit" value="同意" autofocus>
        <input type="submit" value="拒绝"></p>
</form>
```

在浏览器中预览，“同意”按钮会自动获取焦点，因为通常希望用户直接单击该按钮。如果将“拒绝”按钮的 autofocus 属性值设置为 on，则页面载入后焦点就会放在“拒绝”按钮上，但从用户体验的角度来分析，这样并不合适。

扫一扫，看视频

7.5.3 定义所属表单

在 HTML4 中，用户必须把相关的控件放在<form>和</form>之间。在提交表单时，在<form>和</form>之外的控件将被忽略。HTML5 新增的 form 属性可以设置表单控件归属的表单，不管是否位于<form>和</form>之间，该属性适用于所有<input>标签的类型。

【示例】form 属性必须引用所属表单的 id，如果一个 form 属性要引用两个或两个以上的表单，则需要使用空格将表单的 id 值分隔开。下面是一个 form 属性应用。

```
<form action="" method="get" id="form1">
请输入姓名：<input type="text" name="name1" autofocus/>
```

```
    <input type="submit"  value="提交"/>
    </form>
    请输入住址：<input type="text" name="address1" form="form1" />
```

如果填写姓名和住址并单击“提交”按钮，则 name1 和 address1 分别会被赋值为所填写的值。例如，如果在姓名处填写 zhangsan，在住址处填写“北京”，则单击“提交”按钮后，服务器端会接收到“name1=zhangsan”和“address1=北京”。用户也可以在提交后观察浏览器的地址栏，可以看到有“name1=zhangsan&address1=北京”字样。

扫一扫，看视频

7.5.4 定义表单重写

HTML5 新增了 5 个表单重写属性，用于重写<form>标签属性设置，简单说明如下。

（1）formaction：重写<form>标签的 action 属性。

（2）formenctype：重写<form>标签的 enctype 属性。

（3）formmethod：重写<form>标签的 method 属性。

（4）formnovalidate：重写<form>标签的 novalidate 属性。

（5）formtarget：重写<form>标签的 target 属性。

注意

表单重写属性仅适用于 submit 和 image 类型的 input 元素。

【示例】下面的示例设计通过 formaction 属性，实现将表单提交到不同的服务器页面。

```
    <form action="1.asp" id="testform">
    请输入电子邮件地址：<input type="email" name="userid" /><br />
        <input type="submit" value="提交到页面 1" formaction="1.asp" />
        <input type="submit" value="提交到页面 2" formaction="2.asp" />
        <input type="submit" value="提交到页面 3" formaction="3.asp" />
    </form>
```

扫一扫，看视频

7.5.5 定义最小值、最大值和步长

min、max 和 step 属性用于为包含数字或日期的 input 输入类型设置限值，适用于 date pickers、number 和 range 类型的<input>标签，简单说明如下。

（1）max：设置输入框所允许的最大值。

（2）min：设置输入框所允许的最小值。

（3）step：为输入框设置步长。例如，step="4"，则合法值包括-4、0、4 等。

【示例】下面的示例设计一个数字输入框，规定该输入框接收 0～12 的值，并且数字间隔为 4。

```
    <form action="testform.asp" method="get">
        请输入数值：<input type="number" name="number1" min="0" max="12"
step="4" />
        <input type="submit" value="提交" />
    </form>
```

在浏览器中预览，如果单击数字输入框右侧的微调按钮，则可以看到数字以 4 为步长递增；如果输入不合法的数值，如 5，单击“提交”按钮时会显示错误提示信息。

7.5.6　定义匹配模式

扫一扫，看视频

pattern 属性可以设置输入控件的验证模式。模式就是 JavaScript 正则表达式，通过自定义的正则表达式匹配用户输入的内容，以便进行验证。该属性适用于 text、search、url、telephone、email 和 password 类型的<input>标签。

【示例】下面的示例使用 pattern 属性设置文本框必须输入 6 位数的邮政编码。

```
<form action="/testform.asp" method="get">
    请输入邮政编码：<input type="text" name="zip_code" pattern="[0-9]{6}" />
    <input type="submit" value="提交" />
</form>
```

在浏览器中预览，如果输入的不是 6 位数，则会出现错误提示信息。如果输入的并非规定的数字，而是字母，也会出现这样的错误提示信息，因为 pattern="[0-9]{6}"中规定了必须输入 0～9 这样的阿拉伯数字，并且必须为 6 位数。

7.5.7　定义替换文本

扫一扫，看视频

placeholder 属性用于为输入框提供一种文本提示，这些提示可以描述输入框期待用户输入的内容，在输入框为空时显示，而当输入框获取焦点时自动消失。placeholder 属性适用于 text、search、url、telephone、email 和 password 类型的<input>标签。

【示例】下面是 placeholder 属性的一个应用示例。请注意比较本例与上例提示方法的不同。

```
<form action="/testform.asp" method="get">
    请输入邮政编码：<input type="text" name="zip_code" pattern="[0-9]{6}"
placeholder="请输入 6 位数的邮政编码" />
    <input type="submit" value="提交" />
</form>
```

在浏览器中预览，当输入框获取焦点并输入字符时，提示文字消失。

7.5.8　定义必填

扫一扫，看视频

required 属性用于定义在输入框中填写的内容不能为空，否则不允许提交表单。该属性适用于 text、search、url、telephone、email、password、date pickers、number、checkbox、radio 和 file 类型的<input>标签。

【示例】下面的示例使用 required 属性规定必须在输入框中输入内容。

```
<form action="/testform.asp" method="get">
    请输入姓名：<input type="text" name="usr_name" required="required" />
    <input type="submit" value="提交" />
</form>
```

在浏览器中预览，当输入框内容为空并单击“提交”按钮时，会出现“请填写此字段”的提示，只有输入内容之后才允许提交表单。

7.5.9　定义复选框状态

扫一扫，看视频

在 HTML4 中，复选框有两种状态：选中和未选中。HTML5 为复选框添加了一种状态：

未知，使用 indeterminate 属性可以进行控制，它与 checked 属性一样，都是布尔属性，用法相同。

```
<label><input type="checkbox" id="chk1" >未选中状态</label>
<label><input type="checkbox" id="chk2" checked >选中状态</label>
<label><input type="checkbox" id="chk3" indeterminate >未知状态</label>
```

【示例】在 JavaScript 脚本中可以直接设置或访问复选框的状态。

```
<style>
input:indeterminate {width: 20px; height: 20px;}      /*未知状态的样式*/
input:checked {width: 20px; height: 20px;}            /*选中状态的样式*/
</style>
<script>
chk3.indeterminate = true;                            //设置为未知状态
chk2.indeterminate = false;                           //设置为已知状态
if ( chk3.indeterminate ){ alert("未知状态") }
else{
     if ( chk3.checked ){ alert("选中状态") }
     else{ alert("未选中状态") }
}
</script>
```

目前浏览器仅支持使用 JavaScript 脚本控制未知状态，如果直接为复选框标签设置 indeterminate 属性，则无任何效果，如图 7.5 所示。

图 7.5　复选框的 3 种状态

提示

复选框的 indeterminate 状态的价值仅是视觉意义，在用户界面上看起来更友好，复选框的值仍然只有选中和未选中两种。

扫一扫，看视频

7.5.10　获取文本选取方向

HTML5 为文本框和文本区域控件新增 selectionDirection 属性，用于检测用户在这两个元素中使用鼠标选择文本时的操作方向。如果是正向选择，则返回"forward"；如果是反向选择，则返回"backward"；如果没有选择，则返回"forward"。

【示例】下面的示例简单演示如何获取用户选择文本时的操作方向。

```
<script>
function ok() {
     var a=document.forms[0]['test'];
     alert(a.selectionDirection);
}
</script>
<form>
<input type="text" name="test" value="selectionDirection属性">
```

```
<input type="button" value="提交" onClick="ok()">
</form>
```

7.5.11　访问标签绑定的控件

扫一扫，看视频

HTML5 为 label 元素新增 control 属性，允许使用该属性访问 label 绑定的表单控件。

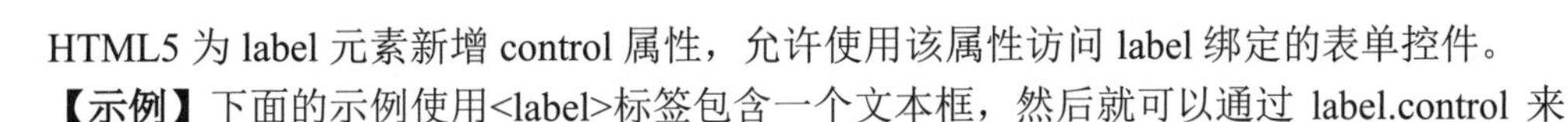

【示例】下面的示例使用<label>标签包含一个文本框，然后就可以通过 label.control 来访问文本框。

```
<script type="text/javascript">
function setValue() {
     var label = document.getElementById("label");
     label.control.value = "010888";            //访问绑定的文本框并设置它的值
}
</script>
<form>
<label id="label">邮编<input id="code" maxlength="6"></label>
<input type="button" value="默认值" onclick="setValue()">
</form>
```

提示

也可以通过 label 元素的 for 属性绑定文本框，然后使用 label 元素的 control 属性访问它。

7.5.12　访问控件的标签集

扫一扫，看视频

HTML5 为所有表单控件新增 labels 属性，允许使用该属性访问与控件绑定的标签对象，该属性返回一个 NodeList（节点集合）对象。然后可以通过下标或 for 循环访问某个具体绑定的标签。

【示例】下面的示例使用 text.labels.length 获取与文本框绑定的标签个数，如果仅绑定一个标签，则创建一个标签，然后绑定到文本框上，设置它的属性，并显示在按钮前面。然后判断用户输入的信息，并将验证信息显示在第 2 个绑定的标签对象中，效果如图 7.6 所示。

```
<script type="text/javascript">
window.onload = function () {
    var text = document.getElementById('text');
    var btn = document.getElementById('btn');
    if(text.labels.length==1) {                      //如果文本框仅绑定一个标签
          var label = document.createElement("label");     //创建标签对象
          label.setAttribute("for","text");          //绑定到文本框上
          label.setAttribute("style","font-size:9px;color:red");
                                                     //设置标签文本的样式
          btn.parentNode.insertBefore(label,btn); //插入按钮前面并显示
    }
    btn.onclick = function() {
          if (text.value.trim() == "") {         //如果文本框为空，则提示错误信息
                text.labels[1].innerHTML = "不能够为空";
          }
          else if(! /^[0-9]{6}$/.test(text.value.trim())){
                                                 //如果不是 6 位数字，则提示非法
```

```
                    text.labels[1].innerHTML = "请输入 6 位数字";
                } else{                                         //否则提示验证通过
                    text.labels[1].innerHTML = "验证通过";
                }
            }
        }
    </script>
    <form>
        <label id="label" for="text">邮编</label>
        <input id="text">
        <input id="btn" type="button" value="验证">
    </form>
```

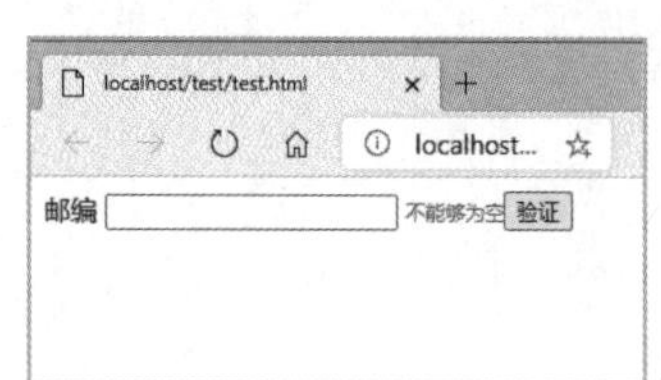

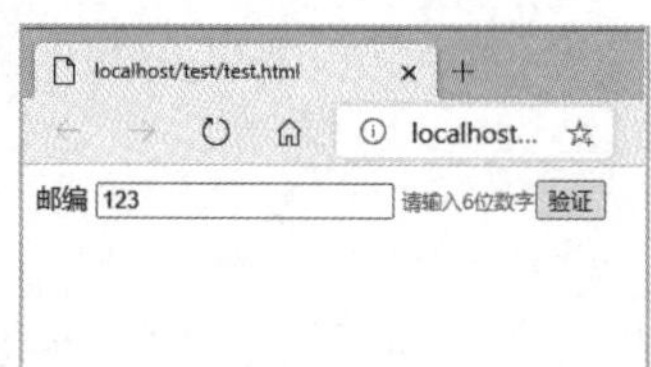

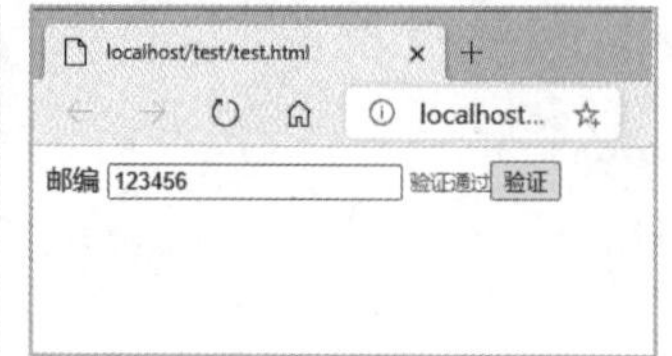

图 7.6　验证输入的邮政编码

扫一扫，看视频

7.5.13　定义数据列表

HTML5 新增 datalist 元素，用于为输入框提供一个可选的列表，供用户输入匹配或直接选择。如果不想从列表中选择，也可以自行输入内容。

datalist 元素需要与 option 元素配合使用，每一个 option 选项都必须设置 value 属性值。其中，<datalist>标签用于定义列表框，<option>标签用于定义列表项。如果要把 datalist 元素提供的列表绑定到某输入框上，还需要使用输入框的 list 属性来引用 datalist 元素的 id 属性。

【示例】下面的示例演示了 datalist 元素和 list 属性如何配合使用。

```
<form action="testform.asp" method="get">
    请输入网址：<input type="url" list="url_list" name="weblink" />
    <datalist id="url_list">
        <option label="新浪" value="http://www.sina.com.cn" />
        <option label="搜狐" value="http://www.sohu.com" />
        <option label="网易" value="http://www.163.com" />
    </datalist>
    <input type="submit" value="提交" />
</form>
```

在 Chrome 浏览器中运行以上代码，当用户单击输入框之后，就会弹出一个网址下拉列表，供用户选择，效果如图 7.7 所示。

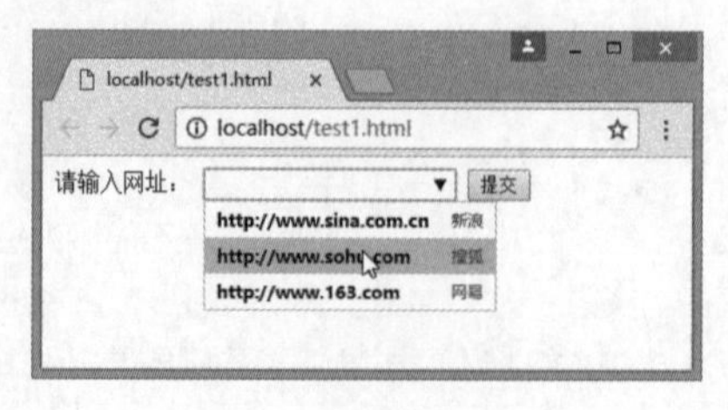

图 7.7　list 属性应用

扫一扫，看视频

7.5.14　定义输出结果

HTML5 新增 output 元素，用于在浏览器中显示计算结果或脚本输出，其语法如下：

```
<output name="">结果信息</output>
```

output 元素应该位于表单结构的内部，或者设置 form 属性，指定所属表单。也可以设置 for 属性，绑定输出控件。

【示例】下面是 output 元素的一个应用示例。该示例计算用户输入的两个数字的乘积。

```
<script type="text/javascript">
 function multi(){
     a=parseInt(prompt("请输入第 1 个数字。",0));
     b=parseInt(prompt("请输入第 2 个数字。",0));
     document.forms["form"]["result"].value=a*b;
 }
</script>
<body onload="multi()">
<form action="testform.asp" method="get" name="form">
     两数的乘积为: <output name="result"></output>
</form>
</body>
```

以上代码在 Chrome 浏览器中的运行结果如图 7.8 和图 7.9 所示。当页面载入时，会首先提示“请输入第 1 个数字”，输入并单击“确定”按钮后再根据提示输入第 2 个数字。再次单击“确定”按钮后，显示计算结果，如图 7.10 所示。

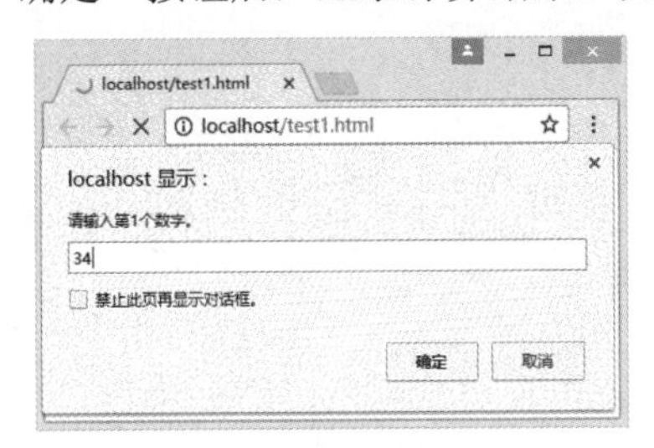

图 7.8　提示输入第 1 个数字

图 7.9　提示输入第 2 个数字

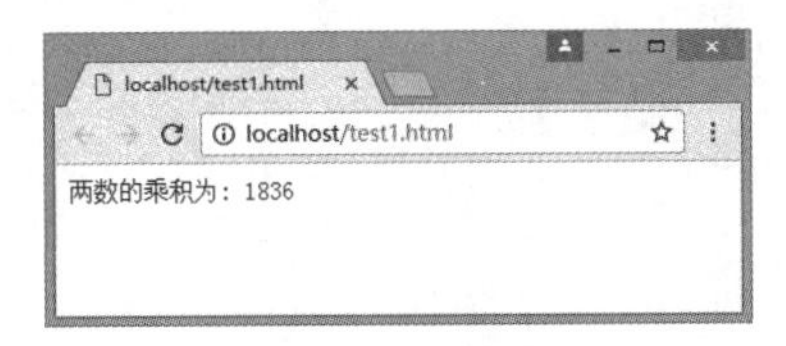

图 7.10　显示计算结果

扫一扫，看视频

7.6　案例实战：设计信息统计表

在设计表单时，正确选用各种表单控件很重要，这 w 是结构标准化和语义化的要求，也是用户体验的需要。主要建议如下。

（1）对于不确定性的信息，应该使用输入型控件，如姓名、地址、电话等。

（2）对于易错信息或者答案固定的信息，应该使用选择型控件，如国家、年、月、日、星座等。

（3）如果希望所有选项一览无余，应该使用单选按钮组或复选框组，不应该使用下拉菜单。下拉菜单会隐藏部分选项，用户需要多次操作才能够浏览全部选项。

（4）当选项很少时，应该使用单选按钮组或复选框组；而当选项很多时，使用单选按钮组或复选框会占用过多的空间，此时应该使用下拉菜单。

（5）多项选择可以有两种设计方法：使用复选框或者使用列表框。复选框更直观，列表框容易产生混乱，需要添加提示文本，显然没有复选框那样简单。

（6）应该为控件设置默认值，建议采用提示性的标签文本或者默认值，直接或间接提醒用户输入，是一种人性化的设计，可以提升用户体验。

（7）当设计单选按钮组、复选框或下拉菜单时，设置 value 值或显示值时要直观、明了，方便浏览和操作，避免造成歧义。

（8）对于单选、复选的选项，减少选项的数量，同时可以考虑使用短语来作为选项。

（9）对于选项的排列顺序，应该遵循合理的逻辑顺序，如按首字母排列、按声母排列，并根据一般使用习惯设置默认值。

（10）在尽可能的前提下，应该避免使用多种控件，让表单页面更简洁，易于操作。

【案例】本案例设计一个信息统计表单，表单结构如下。

```
   <form action="#" class="form1">
        <p><em>*</em>号所在项为必填项</p>                    <!-- 提示段落 -->
        <fieldset class="fld1">                              <!-- 字段集 1 -->
        <legend>基本信息</legend>                            <!-- 字段集 1 标题 -->
        <ol>                                                 <!-- 字段集 1 内嵌列表 -->
            <li><!-- 说明标签，以下类同 -->
                <label for="name">姓名<em>*</em></label><input id="name"></li>
            <li><label for="address">地址<em>*</em></label> <input
id="address"></li>
            <li><label for="dob-y">出生<span class="sr">年</span><em>*</em></label>
                      <select id="dob-y"><option value="1979">1979</option>
                           <option value="1980">1980</option></select>
                      <label for="dob-m" class="sr">月<em>*</em></label>
                      <select id="dob-m"><option value="1">Jan</option>
                           <option value="2">Feb</option></select>
                      <label for="dob" class="sr">日<em>*</em></label>
                      <select id="dob"><option value="1">1</option>
                           <option value="2">2</option></select></li>
            <li><label for="sex">性别<em>*</em></label>
                <select id="sex"><option value="female">女</option>
                                <option value="male">男</option></select></li>
        </ol></fieldset>
        <fieldset class="fld2"><legend>选填信息</legend> <!-- 字段集 2 和标题 -->
        <ol>                                                  <!-- 字段集 1 内嵌列表 -->
            <li><fieldset>                                    <!-- 列表内嵌字段集合  -->
                <legend>你喜欢这个表单吗? <em>*</em></legend><!--子字段集合标题 -->
                <label><input name="invoice-address" type="radio">喜欢</label>
                <label><input name="invoice-address" type="radio">不喜欢</label>
                </fieldset></li>
            <li><fieldset>
                <legend>你喜欢什么运动?</legend>
                <label for="football"><input id="football" type="checkbox">足球
</label>
                <label for="golf"><input id="basketball" type="checkbox">篮球
```

```
</label>
                <label for="rugby"><input id="ping" type="checkbox">乒乓球</label>
                </fieldset></li>
            <li><fieldset>
                <legend>请写下你的建议。<em>*</em></legend>
                <label for="comments"><textarea id="comments"rows="7" cols="25">
</textarea></label></fieldset></li></ol>
        </fieldset>
        <input value="提交个人信息" class="submit" type="submit">
    </form>
```

整个表单结构使用 fieldset 分为两组：基本信息和选填信息。基本信息部分主要使用单行文本框和下拉菜单进行设计，使用 label 绑定提示信息；选填信息部分主要使用单选按钮组、复选框组和文本区域进行设计。对于单选按钮组和复选框组，嵌套使用了两个 fieldset 进行选项管理。设计效果如图 7.11 所示。

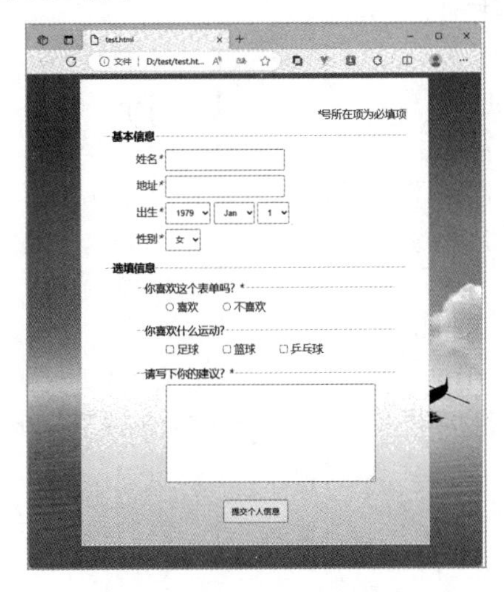

图 7.11　信息统计表单设计效果

本 章 小 结

本章首先介绍了表单的基本结构；然后详细讲解了常用表单控件，包括文本框、文本区域、密码框、文件域、单选按钮、复选框、选择框、标签、隐藏字段和按钮；最后详细讲解了 HTML5 新增的常用功能。通过学习本章内容，读者能够初步掌握 HTML5 表单结构的设计。

课 后 练 习

一、填空题

1．表单为访问者提供了与__________进行互动的途径，其主要功能是__________。
2．完善的表单结构通常包括__________、__________和__________。
3．完整的表单一般由__________控件和__________脚本两部分组成。
4．表单按钮包括__________、__________和__________。

5．每个表单都以__________标签开始，以__________标签结束。

6．表单控件分为4类：__________、__________、__________、__________。

二、判断题

1．每个控件都有一个id属性，用于在提交表单时标识数据。（ ）

2．单击提交按钮时，填写的表单数据将被发送给JavaScript脚本程序。（ ）

3．文本框是输入格式信息控件，如文章等。（ ）

4．大部分表单控件都应定义name和value属性。（ ）

5．密码框是特殊类型的文本框，与文本框的唯一区别是输入的信息会被加密。（ ）

三、选择题

1．（ ）不是输入型控件。

A．<input type="tel">　　B．<input type="url">

C．<input type="date">　　D．<input type="reset">

2．（ ）不是选择型控件。

A．单选按钮　　B．提交按钮　　C．复选框　　D．列表框

3．（ ）信息适合选用单选按钮。

A．日期　　B．年龄　　C．性别　　D．兴趣

4．（ ）信息适合选用下拉菜单。

A．国籍　　B．姓名　　C．性别　　D．兴趣

5．上传表单时希望把用户在表单页面停留的时间也提交给服务器，以便改善表单的用户体验，该选用（ ）控件。

A．文本框　　B．文件域　　C．隐藏字段　　D．文本区域

四、简答题

1．在设计表单时，正确选用各种表单控件很重要，这是结构标准化和语义化的要求，也是用户体验的需要。说说你的建议和想法。

2．HTML5表单包含很多布尔值属性，请列举几个并说明它们的作用。

五、上机题

1．设计下拉搜索表单，结构包括控制按钮、文本框和一组超链接，效果如图7.12所示。

2．设计表格搜索框，结构包括文本框和表格，通过文本框可以过滤表格数据，如图7.13所示。

图7.12　下拉搜索表

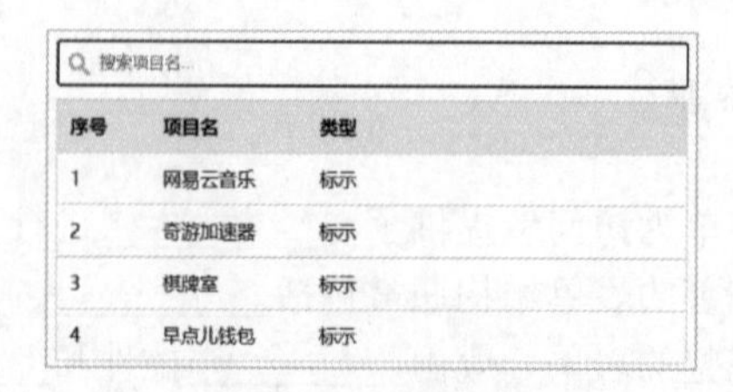

图7.13　表格搜索框

3．设计一个简单的登录表单，结构包括文本框、复选框和提交按钮，如图 7.14 所示。

4．创建留言表单，表单功能为用户留言，结构包括文本框和提交按钮，如图 7.15 所示。

图 7.14　登录表单

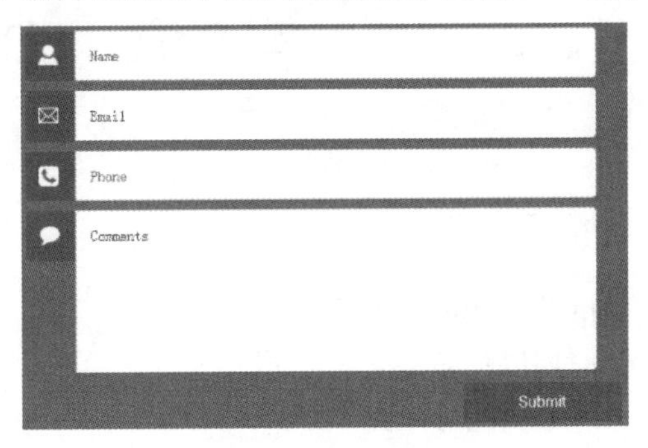

图 7.15　留言表单

拓 展 阅 读

第 8 章　HTML5 画布

【学习目标】

- 使用 canvas 元素。
- 绘制图形。
- 设置图形样式。
- 灵活使用 Canvas API 设计网页动画。

HTML5 新增<canvas>标签，并提供了一套 Canvas API，允许用户通过使用 JavaScript 脚本在<canvas>标签标识的画布上绘制图形、创建动画，甚至可以进行实时视频处理或渲染。本章将重点介绍 Canvas API 的基本用法，帮助用户在网页中绘制漂亮的图形，创造丰富多彩、赏心悦目的 Web 动画。

扫一扫，看视频

8.1　使用 canvas 元素

在 HTML5 文档中，使用<canvas>标签可以在网页中创建一块画布。其用法如下：

```
<canvas id="myCanvas" width="200" height="100"></canvas>
```

该标签包含以下 3 个属性。

（1）id：标识画布，以方便 JavaScript 脚本对其引用。

（2）height：设置 canvas 的高度。

（3）width：设置 canvas 的宽度。

在默认情况下，canvas 创建的画布大小为宽 300px、高 150px，可以使用 width 和 height 属性自定义其宽度和高度。

与<img>不同，<canvas>需要结束标签</canvas>。如果结束标签不存在，则文档的其余部分会被认为是替代内容，将不会显示出来。

【示例 1】 可以使用 CSS 控制 canvas 的外观。例如，在下面的示例中使用 style 属性为 canvas 元素添加一个实线的边框，在浏览器中的预览效果如图 8.1 所示。

```
<canvas id="myCanvas" style="border:1px solid;" width="200" height="100">
</canvas>
```

使用 JavaScript 可以在 canvas 画布内绘画或设计动画。具体步骤如下：

（1）在 HTML5 页面中添加<canvas>标签，设置 canvas 的 id 属性以便 Javascript 调用。

```
<canvas id="myCanvas" width="200" height="100"></canvas>
```

（2）在 JavaScrip 脚本中使用 document.getElementById()方法，根据 canvas 元素的 id 获取对 canvas 的引用。

```
var c=document.getElementById("myCanvas");
```

（3）通过 canvas 元素的 getContext()方法获取画布渲染上下文（context）对象，以获取允许进行绘制的 2D 环境。

```
var context=c.getContext("2d");
```

getContext("2d")方法返回一个画布渲染上下文对象，使用该对象可以在 canvas 元素中绘制图形，参数"2d"表示二维绘图。

（4）使用 JavaScript 进行绘制。例如，使用以下代码可以绘制一个位于画布中央的矩形。

```
context.fillStyle="#FF00FF";
context.fillRect(50,25,100,50);
```

在这两行代码中，fillStyle 属性定义将要绘制的矩形的填充颜色为粉红色，fillRect()方法指定了要绘制的矩形的位置和尺寸。图形的位置由前面的 canvas 坐标值决定，尺寸由后面的宽度和高度值决定。在本示例中，坐标值为(50,25)，尺寸为宽 100px、高 50px，根据这些数值，粉红色矩形将出现在画面的中央。

【示例 2】下面给出完整的示例代码。

```
<canvas id="myCanvas" style="border:1px solid;" width="200" height="100">
</canvas>
<script>
    var c=document.getElementById("myCanvas");
    var context=c.getContext("2d");
    context.fillStyle="#FF00FF";
    context.fillRect(50,25,100,50);
</script>
```

以上代码在浏览器中的预览效果如图 8.2 所示。在画布周围添加边框是为了能更清楚地看到中间矩形在画布中位于什么位置。

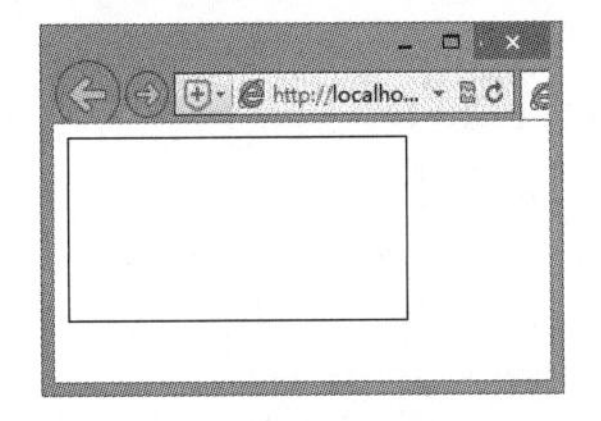

图 8.1　为 canvas 元素添加实线边框

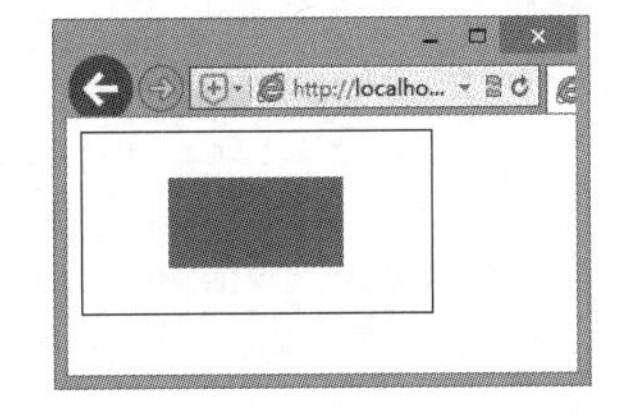

图 8.2　使用 canvas 绘制图形

fillRect(50,25,100,50)方法用于绘制矩形图，它的前两个参数用于指定矩形的 x 轴和 y 轴坐标，后面两个参数用于设置绘制矩形的宽度和高度。

在 canvas 中，坐标原点(0,0)位于 canvas 画布的左上角，x 轴水平向右延伸，y 轴垂直向下延伸，所有元素的位置都相对于原点进行定位，如图 8.3 所示。

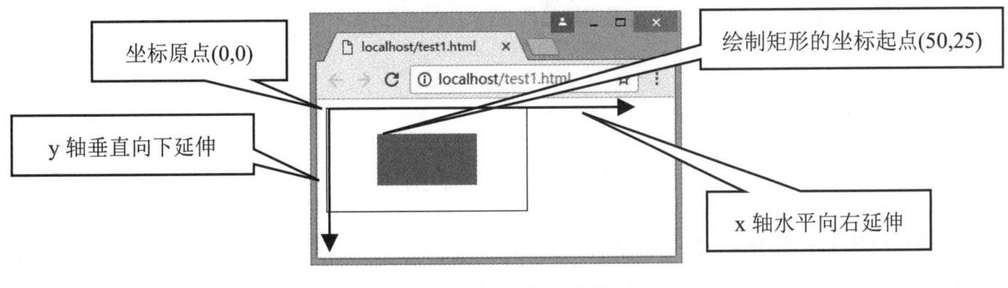

图 8.3　canvas 默认坐标点

8.2 绘制图形

本节将介绍基本图形的绘制方法，包括矩形、直线、圆形、曲线等形状或路径。

扫一扫，看视频

8.2.1 矩形

canvas 仅支持一种原生的图形绘制：矩形。绘制其他图形时至少需要生成一条路径。canvas 提供了以下 3 种绘制矩形的方法。

（1）fillRect(x, y, width, height)：绘制一个填充的矩形。

（2）strokeRect(x, y, width, height)：绘制一个矩形的边框。

（3）clearRect(x, y, width, height)：清除指定矩形区域，让清除部分完全透明。

参数说明如下：

（1）x：矩形左上角的 x 坐标。

（2）y：矩形左上角的 y 坐标。

（3）width：矩形的宽度，以像素为单位。

（4）height：矩形的高度，以像素为单位。

【示例】下面的示例分别使用上述 3 种方法绘制了 3 个嵌套的矩形，预览效果如图 8.4 所示。不同于路径函数，以上 3 个函数绘制之后，会马上显现在 canvas 上，即时生效。

```
<canvas id="canvas" width="300" height="200" style="border:solid 1px #999;"></canvas>
<script>
draw();
function draw() {
    var canvas = document.getElementById('canvas');
    if (canvas.getContext) {
            var ctx = canvas.getContext('2d');
            ctx.fillRect(25,25,100,100);
            ctx.clearRect(45,45,60,60);
            ctx.strokeRect(50,50,50,50);
    }
}
</script>
```

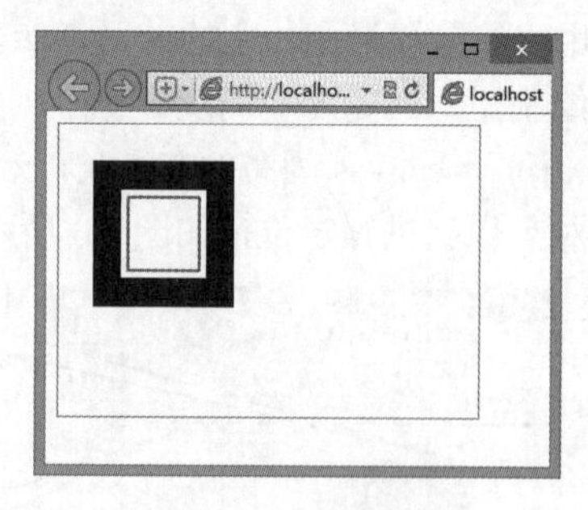

图 8.4　绘制矩形

在上面的代码中，fillRect()方法绘制了一个边长为 100px 的黑色正方形。clearRect()方法从正方形的中心开始擦除了一个 60px×60px 的正方形，strokeRect()方法在清除区域内生成一个 50px×50px 的正方形边框。

8.2.2 路径

扫一扫，看视频

图形的基本元素是路径。路径是通过不同颜色和宽度的线段或曲线相连形成的不同形状的点的集合。一条路径，甚至一条子路径，都是闭合的。使用路径绘制图形的步骤如下：

（1）创建路径起始点。

（2）使用画图命令绘制路径。

（3）封闭路径。

（4）生成路径之后，可以通过描边或填充路径区域来渲染图形。

需要调用的方法说明如下：

（1）beginPath()：开始路径。新建一条路径，生成之后，图形绘制命令被指向到路径上生成路径。

（2）closePath()：闭合路径。闭合路径之后，图形绘制命令又重新指向上下文中。

（3）stroke()：描边路径。通过线条来绘制图形轮廓。

（4）fill()：填充路径。通过填充路径的内容区域生成实心的图形。

提示

生成路径的第 1 步是调用 beginPath()方法。当调用 beginPath()方法时，开始重新绘制新的图形。闭合路径 closePath()方法不是必需的。当调用 fill()方法时，所有没有闭合的形状都会自动闭合，所以不需要调用 closePath()方法，但是调用 stroke()方法时不会自动闭合。

【示例 1】下面的示例绘制一个三角形，效果如图 8.5 所示。代码仅提供绘图函数 draw()，完整代码可以参考 8.2.1 节示例，后面各节示例类似。

```
function draw() {
    var canvas = document.getElementById('canvas');
    if (canvas.getContext){
        var ctx = canvas.getContext('2d');
        ctx.beginPath();
        ctx.moveTo(75,50);
        ctx.lineTo(100,75);
        ctx.lineTo(100,25);
        ctx.fill();
    }
}
```

使用 moveTo(x, y)方法可以将笔触移动到指定的 x 坐标和 y 坐标上。当初始化 canvas，或者调用 beginPath()方法时，通常会使用 moveTo()方法重新设置起点。

【示例 2】用户可以使用 moveTo()方法绘制一些不连续的路径。下面的示例绘制一个笑脸图形，效果如图 8.6 所示。

```
function draw() {
    var canvas = document.getElementById('canvas');
    if (canvas.getContext){
        var ctx = canvas.getContext('2d');
        ctx.beginPath();
        ctx.arc(75,75,50,0,Math.PI*2,true);          //绘制
```

```
            ctx.moveTo(110,75);
            ctx.arc(75,75,35,0,Math.PI,false);              //口(顺时针)
            ctx.moveTo(65,65);
            ctx.arc(60,65,5,0,Math.PI*2,true);              //左眼
            ctx.moveTo(95,65);
                 ctx.arc(90,65,5,0,Math.PI*2,true);         //右眼
            ctx.stroke();
        }
    }
```

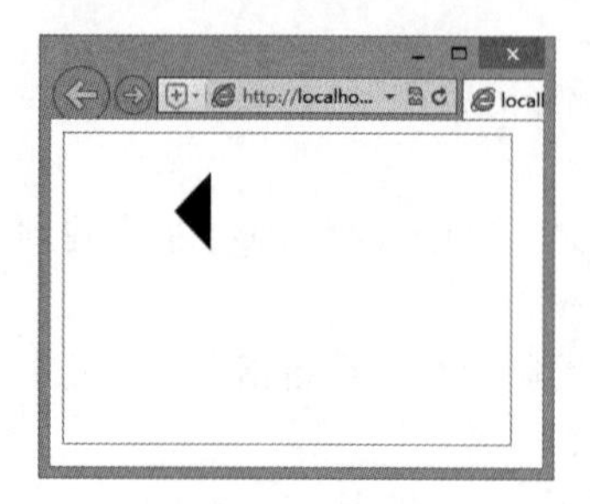

图 8.5　绘制三角形

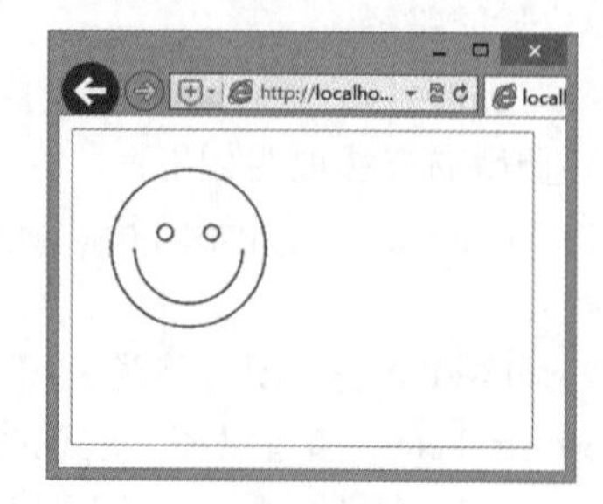

图 8.6　绘制笑脸

上面的代码中使用了 arc()方法，调用该方法可以绘制圆形，在后面小节中将详细说明。

扫一扫，看视频

8.2.3　直线

使用 lineTo()方法可以绘制直线。其用法如下：

```
lineTo(x,y)
```

参数 x 和 y 分别表示终点位置的 x 坐标和 y 坐标。lineTo(x, y)将绘制一条从当前位置到指定(x, y)位置的直线。

【示例】下面的示例绘制两个三角形，一个是填充的，另一个是描边的，效果如图 8.7 所示。

```
function draw() {
    var canvas = document.getElementById('canvas');
    if (canvas.getContext){
        var ctx = canvas.getContext('2d');
        //填充三角形
        ctx.beginPath();
        ctx.moveTo(25,25);
        ctx.lineTo(105,25);
        ctx.lineTo(25,105);
        ctx.fill();
        //描边三角形
        ctx.beginPath();
        ctx.moveTo(125,125);
        ctx.lineTo(125,45);
        ctx.lineTo(45,125);
        ctx.closePath();
        ctx.stroke();
    }
}
```

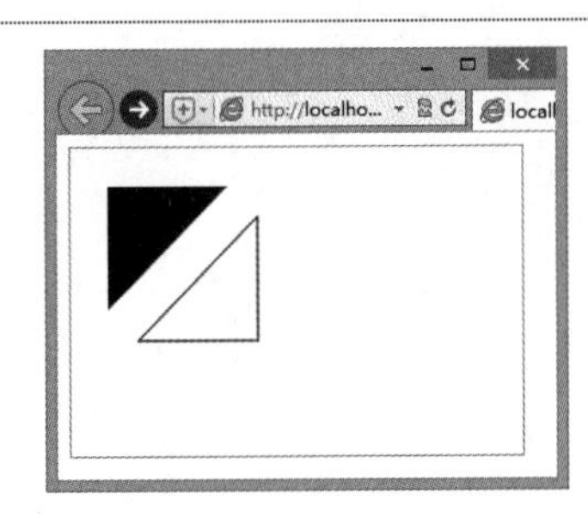

图 8.7 绘制三角形

在上面的示例代码中，从调用 beginPath()方法准备绘制一条新的路径开始，使用 moveTo()方法移动到目标位置，绘制两条线段构成三角形的两条边。当路径使用填充（fill()）时，路径自动闭合；当路径使用描边（stroke()）时，则不会闭合路径。如果没有添加闭合路径（closePath()）到描边三角形中，则只绘制了两条线段，并不是一个完整的三角形。

8.2.4 圆弧

扫一扫，看视频

使用 arc()方法可以绘制弧或者圆。其用法如下：

```
ccontext.arc(x, y, r, sAngle, eAngle, counterclockwise);
```

参数说明如下。

（1）x：圆心的 x 坐标。

（2）y：圆心的 y 坐标。

（3）r：圆的半径。

（4）sAngle：起始角，以弧度计。提示：弧的圆形的三点钟位置是 0°。

（5）eAngle：结束角，以弧度计。

（6）counterclockwise：可选参数，定义绘图方向。false 为顺时针，为默认值，true 为逆时针。

如果使用 arc()方法创建圆，则可以把起始角设置为 0，结束角设置为 2*Math.PI。

【示例 1】 下面的示例绘制了 12 个不同角度以及填充的圆弧。主要使用两个 for 循环，生成圆弧的行列(x,y)坐标。每一段圆弧的开始都调用 beginPath()方法。在本示例中，每个圆弧的参数都是可变的，(x,y)坐标是可变的，半径（radius）和开始角度（startAngle）都是固定的。结束角度（endAngle）在第 1 列开始时是 180°（半圆），然后每列增加 90°。最后一列形成一个完整的圆，效果如图 8.8 所示。

```
function draw() {
    var canvas = document.getElementById('canvas');
    if (canvas.getContext){
        var ctx = canvas.getContext('2d');
        for(var i=0;i<4;i++){
            for(var j=0;j<3;j++){
                ctx.beginPath();
                var x= 25+j*50;                              //x 坐标值
                var y= 25+i*50;                              //y 坐标值
                var radius= 20;                              //圆弧半径
                var startAngle= 0                            //开始点
                var endAngle= Math.PI+(Math.PI*j)/2;         //结束点
                var anticlockwise= i%2==0 ? false : true;//顺时针或逆时针
```

```
                    ctx.arc(x,y,radius,startAngle,endAngle,anticlockwise);
                    if (i>1){
                         ctx.fill();
                    } else {
                         ctx.stroke();
                    }
               }
          }
     }
}
```

使用 arcTo()方法可以绘制曲线，该方法是 lineTo()方法的曲线版，它能够创建两条切线之间的弧或曲线。其用法如下：

```
context.arcTo(x1,y1,x2,y2,r);
```

参数说明如下。

（1）x1：弧的起点的 x 坐标。

（2）y1：弧的起点的 y 坐标。

（3）x2：弧的终点的 x 坐标。

（4）y2：弧的终点的 y 坐标。

（5）r：弧的半径。

【示例 2】 本示例使用 lineTo()和 arcTo()方法绘制直线和曲线，效果如图 8.9 所示。

```
function draw() {
     var canvas = document.getElementById('canvas');
     var ctx = canvas.getContext('2d');
     ctx.beginPath();
     ctx.moveTo(20,20);                                    //设置起点
     ctx.lineTo(100,20);                                   //绘制水平直线
     ctx.arcTo(150,20,150,70,50);                          //绘制曲线
     ctx.lineTo(150,120);                                  //绘制垂直直线
     ctx.stroke();                                         //开始绘制
}
```

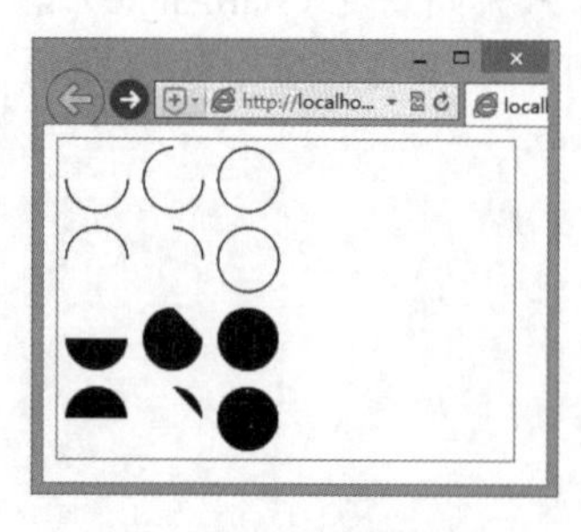

图 8.8　绘制圆和弧

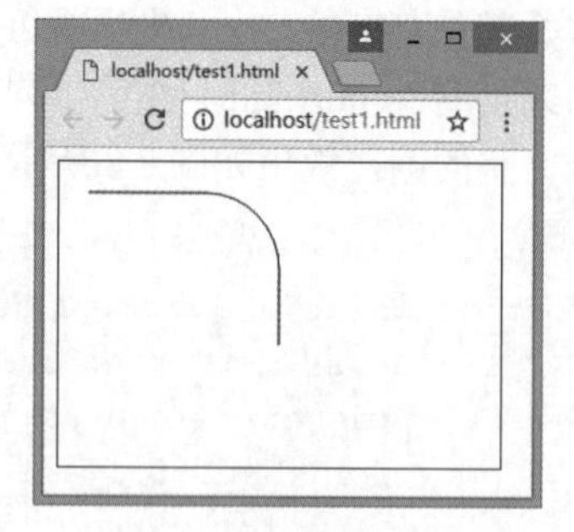

图 8.9　绘制直线和曲线

扫一扫，看视频

8.2.5　二次方贝塞尔曲线

使用 quadraticCurveTo()方法可以绘制二次方贝塞尔曲线。其用法如下：

```
context.quadraticCurveTo(cpx,cpy,x,y);
```

参数说明如下。

（1）cpx：贝塞尔控制点的 x 坐标。

（2）cpy：贝塞尔控制点的 y 坐标。

（3）x：结束点的 x 坐标。

（4）y：结束点的 y 坐标。

二次方贝塞尔曲线需要两个点。第 1 个点是用于二次方贝塞尔计算中的控制点，第 2 个点是曲线的结束点。曲线的开始点是当前路径中的最后一个点。若路径不存在，则需要使用 beginPath()和 moveTo()方法来定义开始点，二次方贝塞尔曲线示意图如图 8.10 所示。

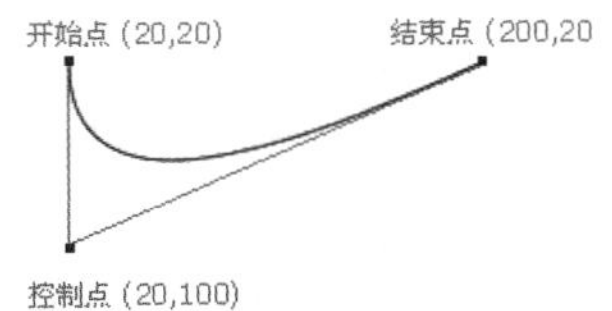

图 8.10　二次方贝塞尔曲线示意图

绘制二次方贝塞尔曲线的操作步骤如下：

（1）确定开始点，如 moveTo(20,20)。

（2）定义控制点，如 quadraticCurveTo(20,100,x,y)。

（3）定义结束点，如 quadraticCurveTo(20,100,200,20)。

【示例】下面的示例先绘制一条二次方贝塞尔曲线，再绘制出其控制点和控制线。

```
function draw() {
     var canvas = document.getElementById('canvas');
     var ctx=canvas.getContext("2d");
     //绘制二次方贝塞尔曲线
     ctx.strokeStyle="dark";
     ctx.beginPath();
     ctx.moveTo(0,200);
     ctx.quadraticCurveTo(75,50,300,200);
     ctx.stroke();
     ctx.globalCompositeOperation="source-over";
     //绘制直线，表示曲线的控制点和控制线，控制点坐标即两条直线的交点坐标为(75,50)
     ctx.strokeStyle="#ff00ff";
     ctx.beginPath();
     ctx.moveTo(75,50);
     ctx.lineTo(0,200);
     ctx.moveTo(75,50);
     ctx.lineTo(300,200);
     ctx.stroke();
}
```

在浏览器中的运行效果如图 8.11 所示，其中曲线为二次方贝塞尔曲线，两条直线为控制线，两条直线的交点为曲线的控制点。

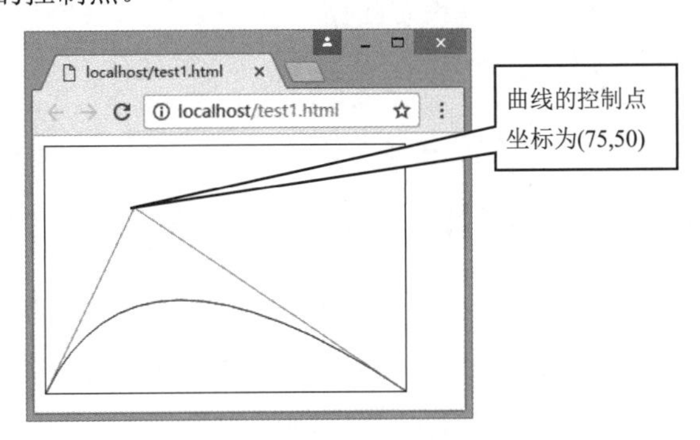

图 8.11　二次方贝塞尔曲线及其控制点

扫一扫，看视频

8.2.6　三次方贝塞尔曲线

使用 bezierCurveTo()方法可以绘制三次方贝塞尔曲线。其用法如下：

```
context.bezierCurveTo(cp1x,cp1y,cp2x,cp2y,x,y);
```

参数说明如下。

（1）cp1x：第 1 个贝塞尔控制点的 x 坐标。

（2）cp1y：第 1 个贝塞尔控制点的 y 坐标。

（3）cp2x：第 2 个贝塞尔控制点的 x 坐标。

（4）cp2y：第 2 个贝塞尔控制点的 y 坐标。

（5）x：结束点的 x 坐标。

（6）y：结束点的 y 坐标。

三次方贝塞尔曲线需要 3 个点，前两个点是用于三次方贝塞尔计算中的控制点，第 3 个点是曲线的结束点。曲线的开始点是当前路径中的最后一个点，若路径不存在，则需要使用 beginPath()和 moveTo()方法来定义开始点，三次方贝塞尔曲线示意图如图 8.12 所示。

绘制三次方贝塞尔曲线的操作步骤如下：

（1）确定开始点，如 moveTo(20,20)。

（2）定义第 1 个控制点，如 bezierCurveTo(20,100, cp2x, cp2y, x, y)。

（3）定义第 2 个控制点，如 bezierCurveTo(20,100,200,100, x, y)。

（4）定义结束点，如 bezierCurveTo(20,100,200,100,200,20)。

【示例】下面的示例绘制了一条三次方贝塞尔曲线，还绘制出了两个控制点和两条控制线。

```
function draw() {
    var canvas = document.getElementById('canvas');
    var ctx=canvas.getContext("2d");
    //绘制三次方贝塞尔曲线
    ctx.strokeStyle="dark";
    ctx.beginPath();
    ctx.moveTo(0,200);
    ctx.bezierCurveTo(25,50,75,50,300,200);
    ctx.stroke();
    ctx.globalCompositeOperation="source-over";
    //绘制直线，表示上面曲线的控制点和控制线，控制点坐标为(25,50)和(75,50)
    ctx.strokeStyle="#ff00ff";
    ctx.beginPath();
    ctx.moveTo(25,50);
    ctx.lineTo(0,200);
    ctx.moveTo(75,50);
    ctx.lineTo(300,200);
    ctx.stroke();
}
```

在浏览器中的运行效果如图 8.13 所示，其中曲线即为三次方贝塞尔曲线，两条直线为控制线，两条直线上方的端点即为曲线的控制点。

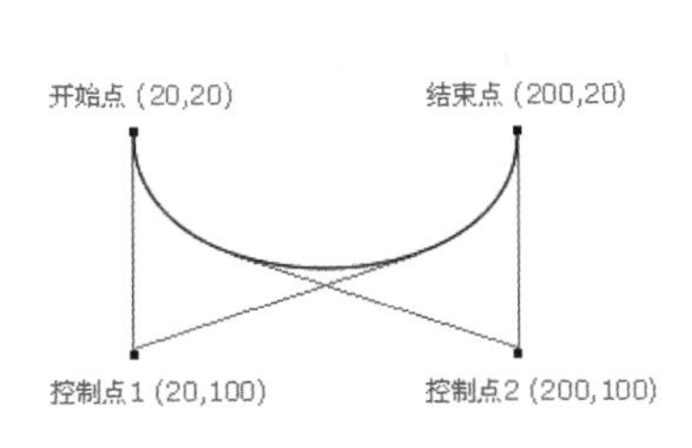

图 8.12　三次方贝塞尔曲线示意图

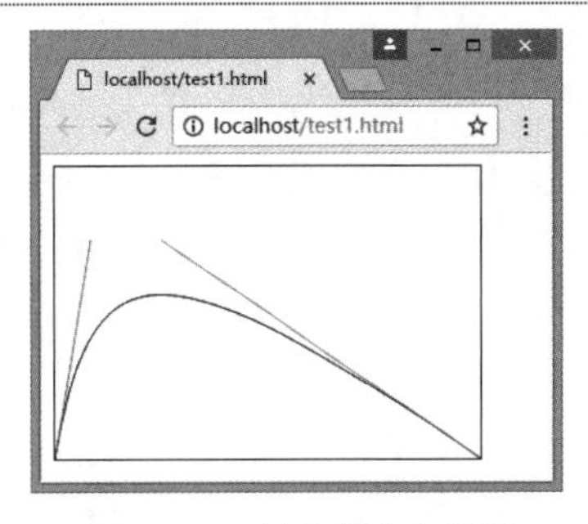

图 8.13　三次方贝塞尔曲线

8.3　定义样式和颜色

canvas 支持很多颜色和样式选项，如线型、渐变、图案、透明度和阴影。

8.3.1　颜色

使用 fillStyle 和 strokeStyle 属性可以给图形上色。其中，fillStyle 属性用于设置图形的填充颜色，strokeStyle 属性用于设置图形轮廓的颜色。

颜色值可以是表示 CSS 颜色值的字符串，也可以是渐变对象或图案对象。默认情况下，线条和填充颜色都是黑色，CSS 颜色值为#000000。

一旦设置了 strokeStyle 属性或 fillStyle 属性的值，则这个新值就会成为新绘制的图形的默认值。如果要为每个图形定义不同的颜色，那么需要重新设置 fillStyle 属性或 strokeStyle 属性的值。

【示例 1】本示例使用嵌套循环绘制方格，每个方格的填充色不同，效果如图 8.14 所示。

```
function draw() {
    var ctx = document.getElementById('canvas').getContext('2d');
    for (var i=0;i<6;i++){
        for (var j=0;j<6;j++){
            ctx.fillStyle = 'rgb(' + Math.floor(255-42.5*i) + ',' +
Math.floor(255-42.5*j) + ',0)';
            ctx.fillRect(j*25,i*25,25,25);
        }
    }
}
```

在嵌套循环 for 结构中，使用变量 *i* 和 *j* 为每个方格产生唯一的 RGB 色彩值，其中仅修改红色和绿色通道的值，蓝色通道的值保持不变。可以通过修改这些颜色通道的值来产生各种各样的色板。通过增加渐变的频率，可以绘制出类似 Photoshop 调色板的效果。

【示例 2】本示例与示例 1 有点类似，但使用 strokeStyle 属性进行绘制，并且绘制的不是方格，而是用 arc()方法绘制圆圈，效果如图 8.15 所示。

```
function draw() {
    var ctx = document.getElementById('canvas').getContext('2d');
    for (var i=0;i<6;i++){
        for (var j=0;j<6;j++){
            ctx.strokeStyle = 'rgb(0,' + Math.floor(255-42.5*i) + ',' +
```

```
Math.floor(255-42.5*j) + ')';
                ctx.beginPath();
                ctx.arc(12.5+j*25,12.5+i*25,10,0,Math.PI*2,true);
                ctx.stroke();
            }
        }
    }
```

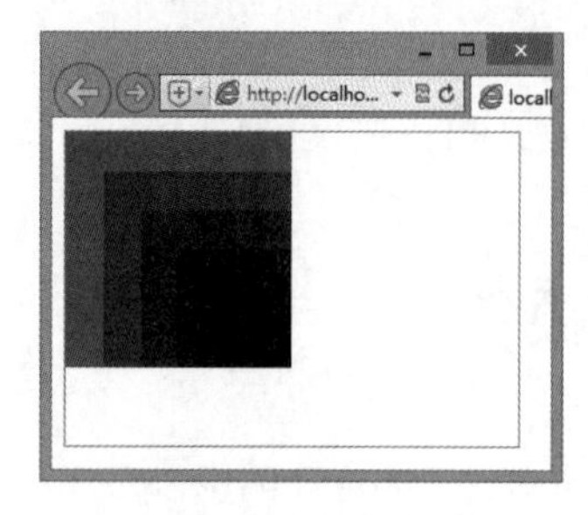

图 8.14　绘制渐变方格

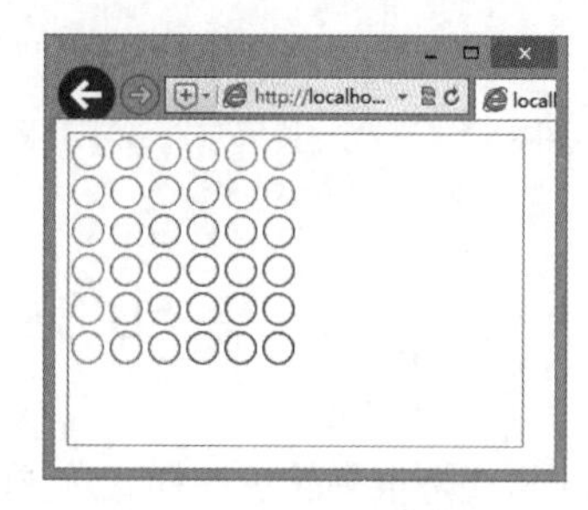

图 8.15　绘制渐变圆圈

扫一扫，看视频

8.3.2　不透明度

使用 globalAlpha 属性可以设置所绘图形的不透明度。此外，也可以通过色彩的不透明度参数来为图形设置不透明度，这种方法比使用 globalAlpha 属性更灵活。

使用 rgba()方法可以设置具有不透明度的颜色。其用法如下：

```
rgba(R,G,B,A)
```

其中，R、G、B 将颜色的红色、绿色和蓝色成分指定为 0～255 的十进制整数，A 把 Alpha（不透明）成分指定为 0.0～1.0 的一个浮点数值，0.0 为完全透明，1.0 为完全不透明。例如，可以用"rgba(255,0,0,0.5)"表示半透明的完全红色。

【示例】下面的示例使用四色格作为背景，设置 globalAlpha 为 0.2 后，在上面绘制一系列半径递增的半透明圆，最终结果是一个径向渐变效果，如图 8.16 所示。圆叠加得越多，原先所绘制的圆的透明度会越低。通过增加循环次数，绘制更多的圆，背景图的中心部分会完全消失。

```
function draw() {
    var ctx = document.getElementById('canvas').getContext('2d');
    //绘制背景
    ctx.fillStyle = '#FD0';
    ctx.fillRect(0,0,75,75);
    ctx.fillStyle = '#6C0';
    ctx.fillRect(75,0,75,75);
    ctx.fillStyle = '#09F';
    ctx.fillRect(0,75,75,75);
    ctx.fillStyle = '#F30';
    ctx.fillRect(75,75,75,75);
    ctx.fillStyle = '#FFF';
    //设置透明度值
    ctx.globalAlpha = 0.2;
    //绘制半透明圆
    for (var i=0;i<7;i++){
        ctx.beginPath();
```

```
            ctx.arc(75,75,10+10*i,0,Math.PI*2,true);
            ctx.fill();
        }
    }
```

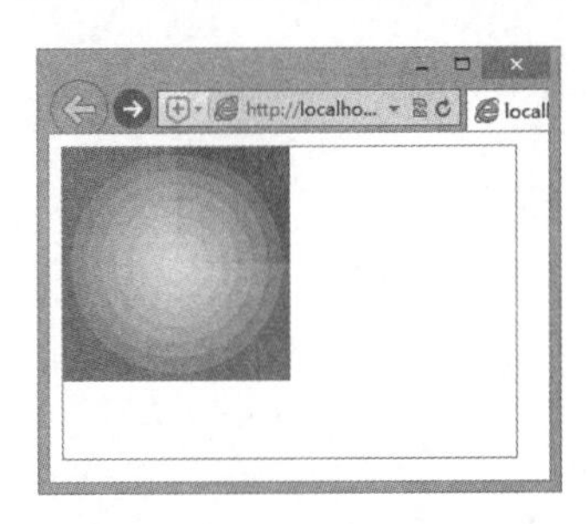

图 8.16　使用 globalAlpha 属性设置不透明度

8.3.3　实线

1．线的粗细

使用 lineWidth 属性可以设置线条的粗细，取值必须为正数，默认为 1.0。

【示例 1】下面的示例使用 for 循环绘制了 12 条线宽依次递增的线段，效果如图 8.17 所示。

```
function draw() {
    var ctx = document.getElementById('canvas').getContext('2d');
    for (var i = 0; i < 12; i++){
        ctx.strokeStyle="red";
        ctx.lineWidth = 1+i;
        ctx.beginPath();
        ctx.moveTo(5,5+i*14);
        ctx.lineTo(140,5+i*14);
        ctx.stroke();
    }
}
```

图 8.17　lineWidth 示例

2．端点样式

lineCap 属性用于设置线段端点的样式，包括 3 种样式：butt、round 和 square，默认值为 butt。

【示例 2】下面的示例绘制了 3 条蓝色的直线段，并依次设置上述 3 种属性值，两侧有两条红色的参考线，以方便观察，效果如图 8.18 所示。可以看到这 3 种端点样式从上到下依次为平头、圆头和方头。

```
function draw() {
    var ctx = document.getElementById('canvas').getContext('2d');
    var lineCap = ['butt','round','square'];
    //绘制参考线
    ctx.strokeStyle = 'red';
    ctx.beginPath();
    ctx.moveTo(10,10);
    ctx.lineTo(10,150);
    ctx.moveTo(150,10);
    ctx.lineTo(150,150);
    ctx.stroke();
    //绘制直线段
    ctx.strokeStyle = 'blue';
    for (var i=0;i<lineCap.length;i++){
        ctx.lineWidth = 20;
        ctx.lineCap = lineCap[i];
        ctx.beginPath();
        ctx.moveTo(10,30+i*50);
        ctx.lineTo(150,30+i*50);
        ctx.stroke();
    }
}
```

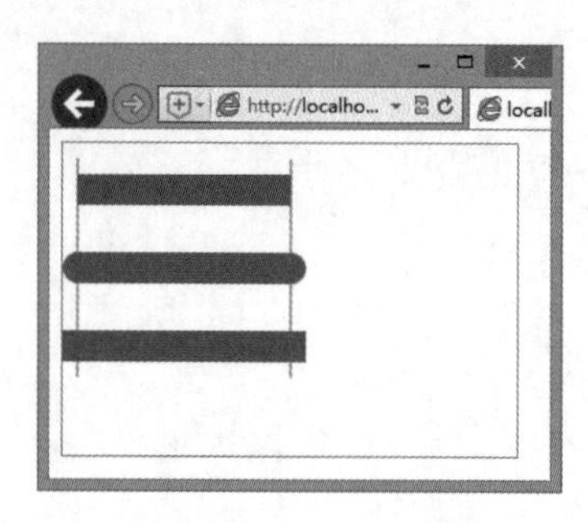

图 8.18　lineCap 示例

3. 连接样式

lineJoin 属性用于设置两条线段连接处的样式，包括 3 种样式：round、bevel 和 miter，默认值为 miter。

【示例 3】下面的示例绘制了 3 条蓝色的折线，并依次设置上述 3 种属性值，观察拐角处（即直线段连接处）样式的区别，效果如图 8.19 所示。

```
function draw() {
    var ctx = document.getElementById('canvas').getContext('2d');
    var lineJoin = ['round','bevel','miter'];
    ctx.strokeStyle = 'blue';
    for (var i=0;i<lineJoin.length;i++){
        ctx.lineWidth = 25;
        ctx.lineJoin = lineJoin[i];
        ctx.beginPath();
        ctx.moveTo(10+i*150,30);
```

```
            ctx.lineTo(100+i*150,30);
            ctx.lineTo(100+i*150,100);
            ctx.stroke();
        }
    }
```

4. 交点方式

miterLimit 属性用于设置两条线段连接处交点的绘制方式，其作用是为斜面的长度设置一个上限，默认值为 10，即规定斜面的长度不能超过线条宽度的 10 倍。当斜面的长度达到线条宽度的 10 倍时，就会变为斜角。若 lineJoin 属性值为 round 或 bevel，则 miterLimit 属性无效。

【示例 4】 通过下面的示例可以观察当角度和 miterLimit 属性值发生变化时斜面长度的变化。在运行代码之前，也可以将 miterLimit 属性值改为固定值，以观察不同的值产生的结果，效果如图 8.20 所示。

```
function draw() {
    var ctx = document.getElementById('canvas').getContext('2d');
    for (var i=1;i<10;i++){
        ctx.strokeStyle = 'blue';
        ctx.lineWidth = 10;
        ctx.lineJoin = 'miter';
        ctx.miterLimit = i*10;
        ctx.beginPath();
        ctx.moveTo(10,i*30);
        ctx.lineTo(100,i*30);
        ctx.lineTo(10,33*i);
        ctx.stroke();
    }
}
```

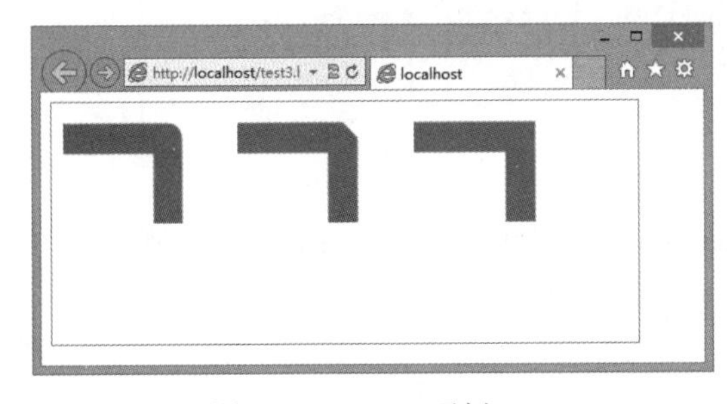

图 8.19　lineJoin 示例

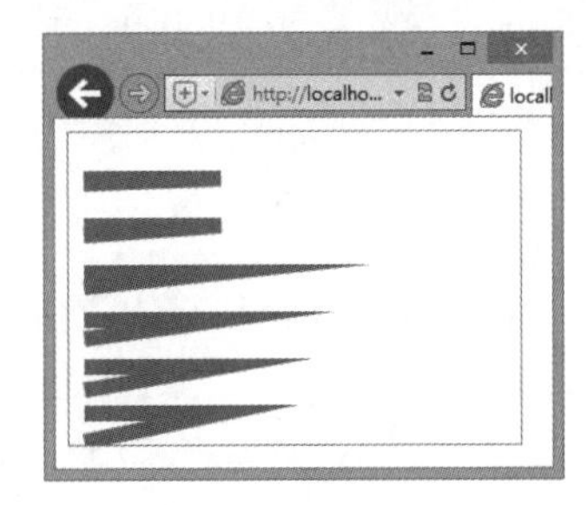

图 8.20　miterLimit 示例

8.3.4　虚线

扫一扫，看视频

使用 setLineDash()方法和 lineDashOffset 属性可以定义虚线样式。setLineDash()方法接收一个数组，来指定线段与间隙的交替；lineDashOffset 属性用于设置起始偏移量。

【示例】 下面的示例绘制一个矩形虚线框，然后使用定时器设计每隔 0.5s 重绘一次，重绘时改变 lineDashOffset 属性值，从而创建一个类似行军蚁的动态虚线效果，效果如图 8.21 所示。

```
var ctx = document.getElementById('canvas').getContext('2d');
var offset = 0;
```

```
function draw() {
    ctx.clearRect(0,0,canvas.width,canvas.height);
    ctx.setLineDash([4,4]);
    ctx.lineDashOffset = -offset;
    ctx.strokeRect(50,50,200,100);
}
function march() {
    offset++;
    if (offset > 16) {
        offset = 0;
    }
    draw();
    setTimeout(march, 100);
}
march();
```

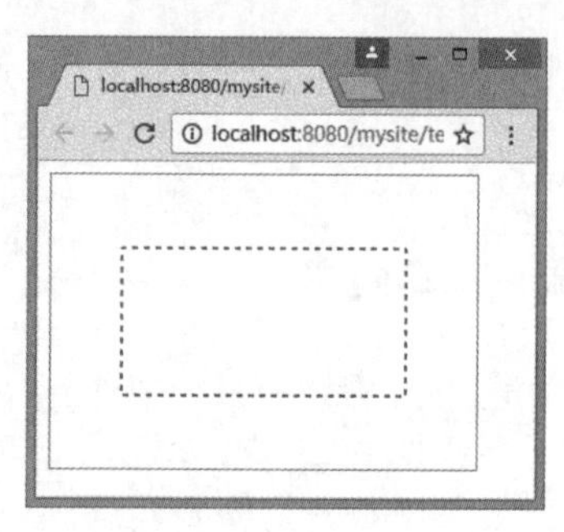

图 8.21　设计动态虚线框

注意

在 IE 浏览器中，从 IE 11 开始才支持 setLineDash()方法和 lineDashOffset 属性。

扫一扫，看视频

8.3.5　线性渐变

要绘制线性渐变，首先使用 createLinearGradient()方法创建 canvasGradient 对象，然后使用 addColorStop()方法进行上色。createLinearGradient()方法的用法如下：

```
context.createLinearGradient(x0,y0,x1,y1);
```

参数说明如下。

（1）x0：渐变开始点的 x 坐标。

（2）y0：渐变开始点的 y 坐标。

（3）x1：渐变结束点的 x 坐标。

（4）y1：渐变结束点的 y 坐标。

addColorStop()方法的用法如下：

```
gradient.addColorStop(stop,color);
```

参数说明如下。

（1）stop：取值范围为 0～1，表示渐变开始与渐变结束的相对位置，即色标位置。渐变起点的相对位置值为 0，终点的相对位置值为 1。如果 stop 值为 0.5，则表示色标会出现在渐变的正中间。

（2）color：在结束位置显示的 CSS 颜色值。

【示例】下面的示例演示如何绘制线性渐变。在本示例中共添加了 8 个色标，分别为红、橙、黄、绿、青、蓝、紫、红，预览效果如图 8.22 所示。

```
function draw() {
    var ctx = document.getElementById('canvas').getContext('2d');
    var lingrad = ctx.createLinearGradient(0,0,0,200);
    lingrad.addColorStop(0, '#ff0000');
    lingrad.addColorStop(1/7, '#ff9900');
    lingrad.addColorStop(2/7, '#ffff00');
    lingrad.addColorStop(3/7, '#00ff00');
    lingrad.addColorStop(4/7, '#00ffff');
    lingrad.addColorStop(5/7, '#0000ff');
    lingrad.addColorStop(6/7, '#ff00ff');
    lingrad.addColorStop(1, '#ff0000');
    ctx.fillStyle = lingrad;
    ctx.strokeStyle = lingrad;
    ctx.fillRect(0,0,300,200);
}
```

图 8.22　绘制线性渐变

使用 addColorStop()方法可以添加多个色标，色标可以在 0～1 之间的任意位置添加。例如，从 0.3 处开始设置一个蓝色色标，再在 0.5 处设置一个红色色标，则从 0～0.3 都会填充为蓝色，从 0.3～0.5 为蓝色到红色的渐变，从 0.5～1 则填充为红色。

8.3.6　径向渐变

扫一扫，看视频

要绘制径向渐变，首先需要使用 createRadialGradient()方法创建 canvasGradient 对象，然后使用 addColorStop()方法进行上色。createRadialGradient()方法的用法如下：

```
context.createRadialGradient(x0,y0,r0,x1,y1,r1);
```

参数说明如下。

（1）x0：渐变的开始圆的 x 坐标。

（2）y0：渐变的开始圆的 y 坐标。

（3）r0：开始圆的半径。

（4）x1：渐变的结束圆的 x 坐标。

（5）y1：渐变的结束圆的 y 坐标。

（6）r1：结束圆的半径。

【示例】下面的示例使用径向渐变在画布中央绘制一个圆球形状，效果如图 8.23 所示。

```
function draw() {
    var ctx = document.getElementById('canvas').getContext('2d');
    //绘制径向渐变
    var radgrad = ctx.createRadialGradient(150,100,0,150,100,100);
    radgrad.addColorStop(0, '#A7D30C');
    radgrad.addColorStop(0.9, '#019F62');
    radgrad.addColorStop(1, 'rgba(1,159,98,0)');
    //填充渐变色
    ctx.fillStyle = radgrad;
    ctx.fillRect(0,0,300,200);
}
```

图 8.23　绘制径向渐变

扫一扫，看视频

8.3.7　图案

使用 createPattern()方法可以绘制图案效果，用法如下：

```
context.createPattern(image,"repeat|repeat-x|repeat-y|no-repeat");
```

参数说明如下。

（1）image：规定要使用的图片、画布或视频元素。

（2）repeat：默认值。该模式在水平方向和垂直方向重复。

（3）repeat-x：该模式只在水平方向重复。

（4）repeat-y：该模式只在垂直方向重复。

（5）no-repeat：该模式只显示一次（不重复）。

绘制图案的步骤与绘制渐变有些类似，需要先创建 pattern 对象，然后其赋予 fillStyle 属性或 strokeStyle 属性。

【示例】下面的示例以一张 png 格式的图像作为 image 对象用于绘制图案，以平铺方式同时沿 x 轴与 y 轴方向平铺，效果如图 8.24 所示。

```
function draw() {
    var ctx = document.getElementById('canvas').getContext('2d');
    //绘制用于图案的新 image 对象
    var img = new Image();
    img.src = 'images/1.png';
    img.onload = function(){
        //绘制图案
        var ptrn = ctx.createPattern(img,'repeat');
        ctx.fillStyle = ptrn;
        ctx.fillRect(0,0,600,600);
    }
}
```

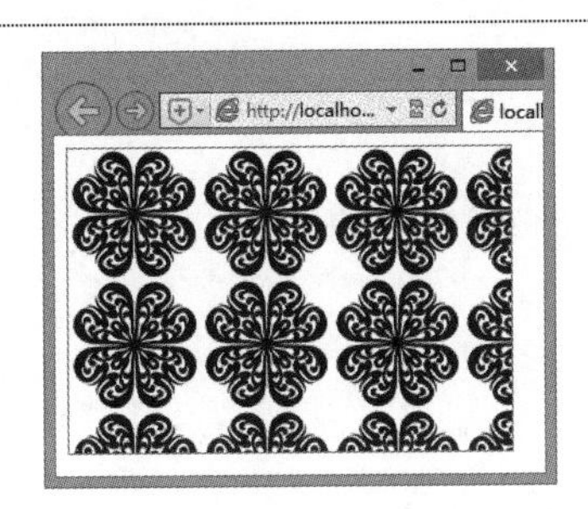

图 8.24　绘制图案

8.3.8　阴影

扫一扫，看视频

创建阴影需要 4 个属性，简单说明如下。

（1）shadowColor：设置阴影颜色。

（2）shadowBlur：设置阴影的模糊级别。

（3）shadowOffsetX：设置阴影在 x 轴的偏移距离。

（4）shadowOffsetY：设置阴影在 y 轴的偏移距离。

【示例】下面的示例演示如何创建文字阴影效果，效果如图 8.25 所示。

```
function draw() {
    var ctx = document.getElementById('canvas').getContext('2d');
    //设置阴影
    ctx.shadowOffsetX = 4;
    ctx.shadowOffsetY = 4;
    ctx.shadowBlur = 4;
    ctx.shadowColor = "rgba(0, 0, 0, 0.5)";
    //绘制文本
    ctx.font = "60px Times New Roman";
    ctx.fillStyle = "Black";
    ctx.fillText("Canvas API", 5, 80);
}
```

图 8.25　为文字设置阴影效果

8.3.9　填充规则

扫一扫，看视频

前面介绍了使用 fill()方法可以填充图形，该方法可以接收两个值，用于定义填充规则。取值说明如下。

（1）nonzero：非零环绕数规则，为默认值。

（2）evenodd：奇偶规则。

填充规则根据某处在路径的外面或里面来决定该处是否被填充，当路径相交或者路径被嵌套时，填充规则十分有用。

【示例】下面的示例使用 evenodd 填充图形，效果如图 8.26 所示，默认效果（使用 nonzero 填充图形）如图 8.27 所示。

```
function draw() {
    var ctx = document.getElementById('canvas').getContext('2d');
    ctx.beginPath();
    ctx.arc(50, 50, 30, 0, Math.PI*2, true);
    ctx.arc(50, 50, 15, 0, Math.PI*2, true);
    ctx.fill("evenodd");
}
```

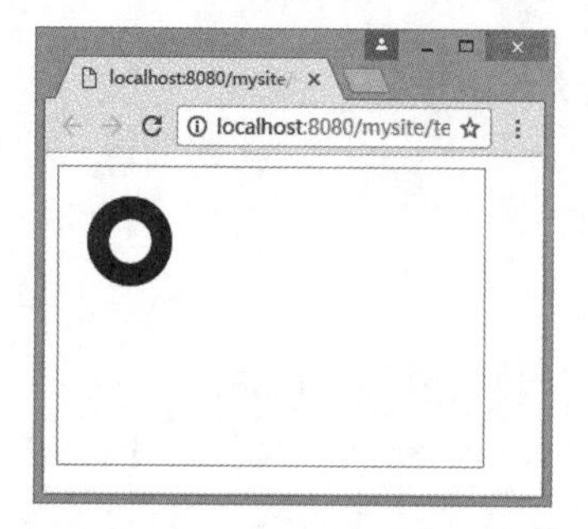

图 8.26　evenodd 规则填充

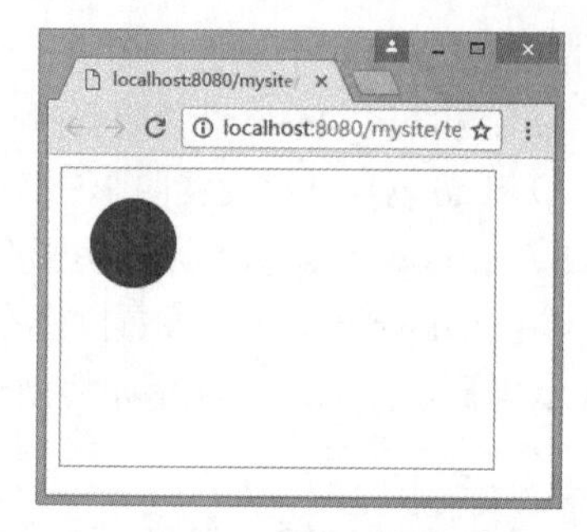

图 8.27　nonzero 规则填充

注意

IE 浏览器暂时不支持使用 evenodd 填充。

8.4　图 形 变 形

本节将介绍如何对画布进行操作及如何对画布中的图形进行变形，以便设计复杂图形。

扫一扫，看视频

8.4.1　保存和恢复状态

canvas 状态存储在栈中，一个绘画状态包括以下两个两部分。

（1）当前应用的变形，如移动、旋转和缩放，包括的样式属性如下：strokeStyle、fillStyle、globalAlpha、lineWidth、lineCap、lineJoin、miterLimit、shadowOffsetX、shadowOffsetY、shadowBlur、shadowColor、globalCompositeOperation。

（2）当前的裁切路径，参考 8.5.2 小节中的内容。

使用 save()方法可以将当前的状态推送到栈中保存，使用 restore()方法可以将上一次保存的状态从栈中弹出，恢复上一次所有的设置。

【示例】下面的示例先绘制一个矩形，填充颜色为#ff00ff，轮廓颜色为蓝色，然后保存这个状态，再绘制另外一个矩形，填充颜色为#ff0000，轮廓颜色为绿色，最后恢复第 1 个矩形的状态，并绘制两个小的矩形，则其中一个矩形的填充颜色必为#ff00ff，另外一个矩形的轮廓颜色必为蓝色，因为此时已经恢复了原来保存的状态，所以会沿用最先设定的属性值，效果如图 8.28 所示。

```
function draw() {
    var ctx = document.getElementById('canvas').getContext('2d');
    //开始绘制矩形
    ctx.fillStyle="#ff00ff";
    ctx.strokeStyle="blue";
    ctx.fillRect(20,20,100,100);
    ctx.strokeRect(20,20,100,100);
    ctx.fill();
    ctx.stroke();
    //保存当前 canvas 状态
    ctx.save();
    //绘制另外一个矩形
    ctx.fillStyle="#ff0000";
    ctx.strokeStyle="green";
    ctx.fillRect(140,20,100,100);
    ctx.strokeRect(140,20,100,100);
    ctx.fill();
    ctx.stroke();
    //恢复第 1 个矩形的状态
    ctx.restore();
    //绘制两个矩形
    ctx.fillRect(20,140,50,50);
    ctx.strokeRect(80,140,50,50);
}
```

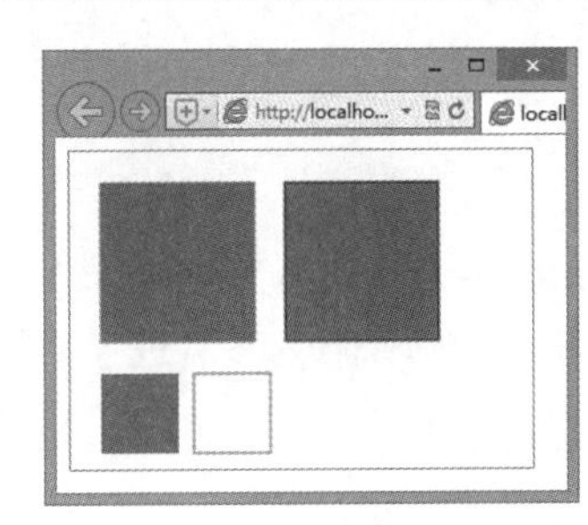

图 8.28　保存与恢复 canvas 状态

8.4.2　清除画布

使用 clearRect()方法可以清除指定区域内的所有图形，显示画布背景。其用法如下：

```
context.clearRect(x,y,width,height);
```

参数说明如下。

（1）x：要清除的矩形左上角的 x 坐标。

（2）y：要清除的矩形左上角的 y 坐标。

（3）width：要清除的矩形的宽度，以像素计。

（4）height：要清除的矩形的高度，以像素计。

【示例】下面的示例演示了如何使用 clearRect()方法来擦除画布中的绘图。

```
<canvas id="canvas" width="300" height="200" style="border:solid 1px
#999;"></canvas>
<input name="" type="button"  value="清空画布" onClick="clearMap();">
```

```
<script>
var ctx = document.getElementById('canvas').getContext('2d');
ctx.strokeStyle="#FF00FF";
ctx.beginPath();
ctx.arc(200,150,100,-Math.PI*1/6,-Math.PI*5/6,true);
ctx.stroke();
function clearMap(){
     ctx.clearRect(0,0,300,200);
}
</script>
```

在浏览器中的预览效果如图 8.29 所示，先是在画布上绘制一段弧线。如果单击“清空画布”按钮，则会清除这段弧线，如图 8.30 所示。

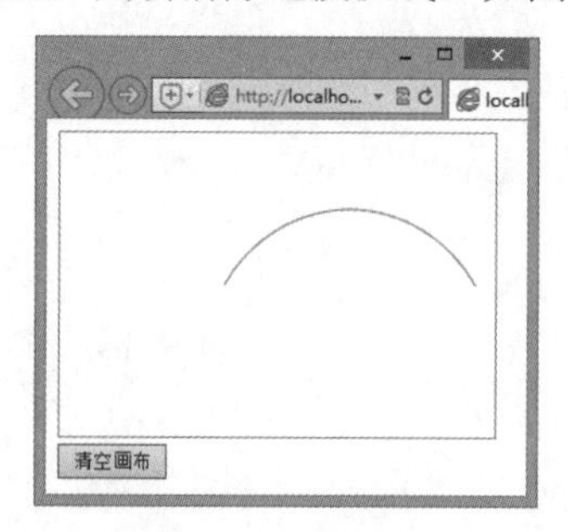

图 8.29　绘制弧线

图 8.30　清空画布

扫一扫，看视频

8.4.3　移动坐标

在默认状态下，画布以左上角(0,0)为原点作为绘图参考。使用 translate()方法可以移动坐标原点，这样新绘制的图形就以新的坐标原点为参考进行绘制。其用法如下：

```
context.translate(dx, dy);
```

参数 dx 和 dy 分别为坐标原点沿水平和垂直两个方向的偏移量，如图 8.31 所示。

注意

在使用 translate()方法之前，应该先使用 save()方法保存画布的原始状态。当需要时可以使用 restore()方法恢复原始状态，特别是在重复绘图时非常重要。

【示例】下面的示例综合运用了 save()、restore()、translate()方法来绘制一个伞状图形。

```
<canvas id="canvas" width="600" height="200" style="border:solid 1px
#999;"></canvas>
<script>
draw();
function draw() {
     var ctx = document.getElementById('canvas').getContext('2d');
     //注意：所有的移动都是基于这一上下文
     ctx.translate(0,80);
     for (var i=1;i<10;i++){
          ctx.save();
          ctx.translate(60*i, 0);
```

```
            drawTop(ctx,"rgb("+(30*i)+","+(255-30*i)+",255)");
            drawGrip(ctx);
            ctx.restore();
        }
    }
    function drawTop(ctx, fillStyle){                         //绘制伞形顶部半圆
        ctx.fillStyle = fillStyle;
        ctx.beginPath();
        ctx.arc(0, 0, 30, 0,Math.PI,true);
        ctx.closePath();
        ctx.fill();
    }
    function drawGrip(ctx){                                   //绘制伞形底部手柄
        ctx.save();
        ctx.fillStyle = "blue";
        ctx.fillRect(-1.5, 0, 1.5, 40);
        ctx.beginPath();
        ctx.strokeStyle="blue";
        ctx.arc(-5, 40, 4, Math.PI,Math.PI*2,true);
        ctx.stroke();
        ctx.closePath();
        ctx.restore();
    }
    </script>
```

在浏览器中的预览效果如图 8.32 所示。可见，canvas 中的图形移动其实是通过改变画布的坐标原点来实现的，所谓的“移动图形”，只是“看上去”的样子，实际移动的是坐标空间。领会并掌握这种方法，对于随心所欲地绘制图形非常有帮助。

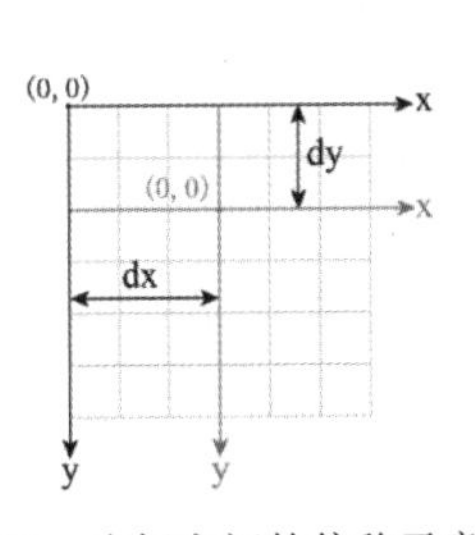

图 8.31　坐标空间的偏移示意图

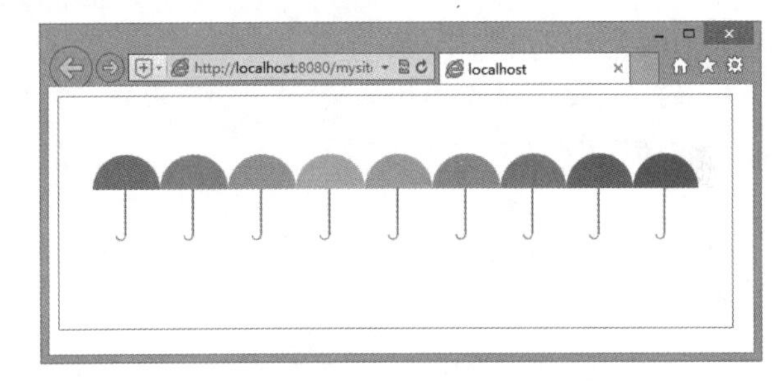

图 8.32　移动坐标空间

8.4.4　旋转坐标

使用 rotate()方法可以以原点为中心旋转 canvas 上下文对象的坐标空间。其用法如下：

```
context.rotate(angle);
```

rotate 方法只有一个参数，即旋转角度 angle，旋转角度以顺时针方向为正方向，以弧度为单位，旋转中心为 canvas 的原点，如图 8.33 所示。

提示

如果需要将角度转换为弧度，可以使用 degrees*Math.PI/180 公式进行计算。例如，如果要旋转 5°，可套用这样的公式：5*Math.PI/180。

【示例】在 8.4.3 小节示例的基础上，下面的示例设计在每次开始绘制图形之前，先将坐标空间旋转 PI*(2/4+i/4)，再将坐标空间沿 y 轴负方向移动 100，然后开始绘制图形，从而实现使图形沿一中心点平均旋转分布。在浏览器中的预览效果如图 8.34 所示。

```
function draw() {
     var ctx = document.getElementById('canvas').getContext('2d');
     ctx.translate(150,150);
     for (var i=1;i<9;i++){
          ctx.save();
          ctx.rotate(Math.PI*(2/4+i/4));
          ctx.translate(0,-100);
          drawTop(ctx,"rgb("+(30*i)+","+(255-30*i)+",255)");
          drawGrip(ctx);
          ctx.restore();
     }
}
```

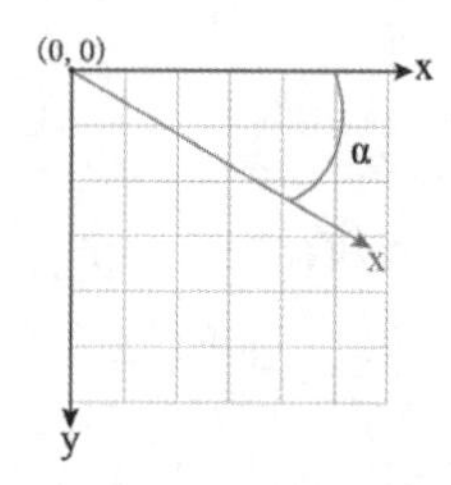

图 8.33　以原点为中心旋转 canvas

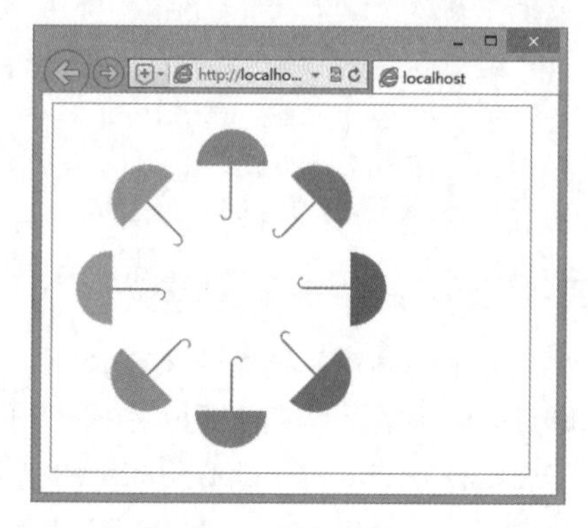

图 8.34　旋转坐标空间

扫一扫，看视频

8.4.5　缩放图形

使用 scale()方法可以增减 canvas 上下文对象的像素数目，从而实现图形的放大或缩小。其用法如下：

```
context.scale(x,y);
```

其中，x 为横轴的缩放因子，y 轴为纵轴的缩放因子，值必须是正值。如果需要放大图形，则将参数值设置为大于 1 的数值；如果需要缩小图形，则将参数值设置为小于 1 的数值，当参数值等于 1 时则没有任何效果。

【示例】下面的示例使用 scale(0.95,0.95)来缩小图形到上次的 0.95，共循环 79 次，同时移动和旋转坐标空间，从而实现图形呈螺旋状由大到小的变化，效果如图 8.35 所示。

```
function draw() {
     var ctx = document.getElementById('canvas').getContext('2d');
     ctx.translate(200,20);
     for (var i=1;i<80;i++){
          ctx.save();
          ctx.translate(30,30);
          ctx.scale(0.95,0.95);
          ctx.rotate(Math.PI/12);
          ctx.beginPath();
```

```
            ctx.fillStyle="red";
            ctx.globalAlpha="0.4";
            ctx.arc(0,0,50,0,Math.PI*2,true);
            ctx.closePath();
            ctx.fill();
        }
    }
```

图 8.35 缩放图形

8.4.6 变换图形

transform()方法可以同时缩放、旋转、移动和倾斜当前的上下文环境。其用法如下：

```
context.transform(a,b,c,d,e,f);
```

参数说明如下。

（1）a：水平缩放绘图。

（2）b：水平倾斜绘图。

（3）c：垂直倾斜绘图。

（4）d：垂直缩放绘图。

（5）e：水平移动绘图。

（6）f：垂直移动绘图。

提示

（1）translate(x,y)可以使用下面的方法来代替：

```
context.transform(0,1,1,0,dx,dy);
```

或：

```
context.transform(1,0,0,1,dx,dy);
```

其中，dx 为原点沿 x 轴移动的数值，dy 为原点沿 y 轴移动的数值。

（2）scale(x,y)可以使用下面的方法来代替：

```
context.transform(m11,0,0,m22,0,0);
```

或：

```
context.transform(0,m12,m21,0,0,0);
```

其中，dx、dy 都为 0，表示坐标原点不变；m11、m22 或 m12、m21 为沿 x、y 轴放大的倍数。

（3）rotate(angle)可以使用下面的方法来代替：

```
context.transform(cosθ,sinθ,-sinθ, cosθ,0,0);
```

其中，θ 为旋转角度的弧度值；dx、dy 都为 0，表示坐标原点不变。

setTransform()方法用于将当前的变换矩阵重置为最初的矩阵，然后以相同的参数调用 transform 方法。其用法如下：

```
context.setTransform(m11, m12, m21, m22, dx, dy);
```

【示例】下面使用 setTransform()方法将前面已经发生变换的矩阵首先重置为最初的矩阵，即恢复最初的原点，然后再将坐标原点改为(10,10)，并以新坐标为基准绘制一个蓝色的矩形。

```
function draw() {
     var ctx = document.getElementById('canvas').getContext('2d');
     ctx.translate(200,20);
     for (var i=1;i<90;i++){
           ctx.save();
           ctx.transform(0.95,0,0,0.95,30,30);
           ctx.rotate(Math.PI/12);
           ctx.beginPath();
           ctx.fillStyle="red";
           ctx.globalAlpha="0.4";
           ctx.arc(0,0,50,0,Math.PI*2,true);
           ctx.closePath();
           ctx.fill();
     }
     ctx.setTransform(1,0,0,1,10,10);
     ctx.fillStyle="blue";
     ctx.fillRect(0,0,50,50);
     ctx.fill();
}
```

在浏览器中的预览效果如图 8.36 所示。在本示例中，使用 scale(0.95,0.95)来缩小图形到上次的 0.95，共循环 89 次，同时移动和旋转坐标空间，从而实现图形呈螺旋状由大到小的变化。

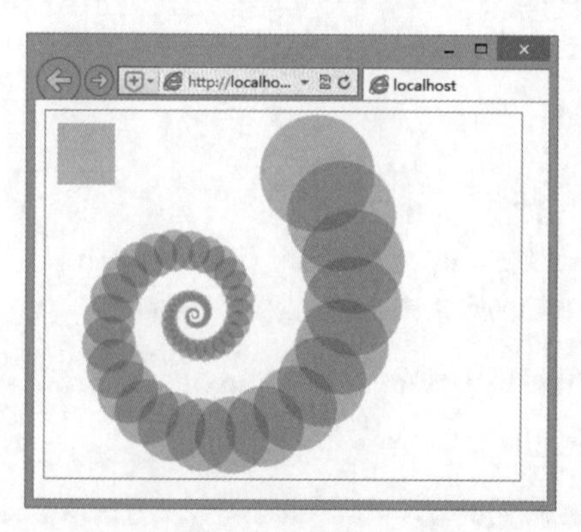

图 8.36　矩阵重置并变换

8.5 图形合成

本节将介绍图形合成的一般方法，以及路径裁切的实现方法。

8.5.1 合成

扫一扫，看视频

当两个或两个以上的图形存在重叠区域时，默认情况下一个图形画在前一个图形之上。通过指定图形 globalCompositeOperation 属性的值可以改变图形的绘制顺序或绘制方式，从而实现更多种可能。

【示例】下面的示例设置所有图形的透明度为 1，即不透明。设置 globalCompositeOperation 属性的值为 source-over，即默认设置，新的图形会覆盖在原有图形之上，也可以指定其他值，详见表 8.1。

```
function draw() {
    var ctx = document.getElementById('canvas').getContext('2d');
    ctx.fillStyle="red";
    ctx.fillRect(50,25,100,100);
    ctx.fillStyle="green";
    ctx.globalCompositeOperation="source-over";
    ctx.beginPath();
    ctx.arc(150,125,50,0,Math.PI*2,true);
    ctx.closePath();
    ctx.fill();
}
```

在浏览器中的预览效果如图 8.37 所示。如果将 globalAlpha 属性的值更改为 0.5（ctx.globalAlpha=0.5;），则两个图形都会呈现为半透明效果，如图 8.38 所示。

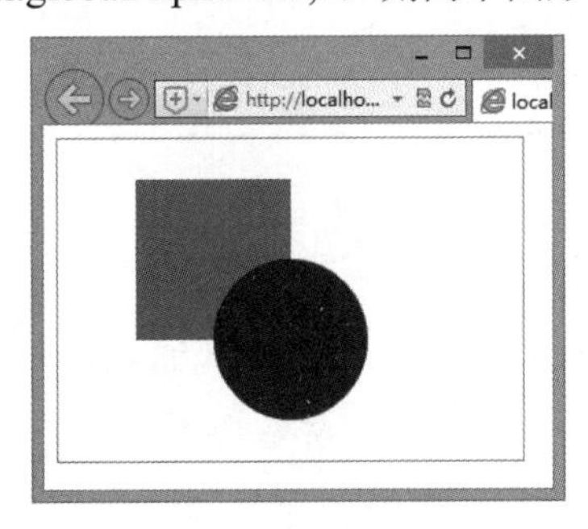

图 8.37　图形的组合

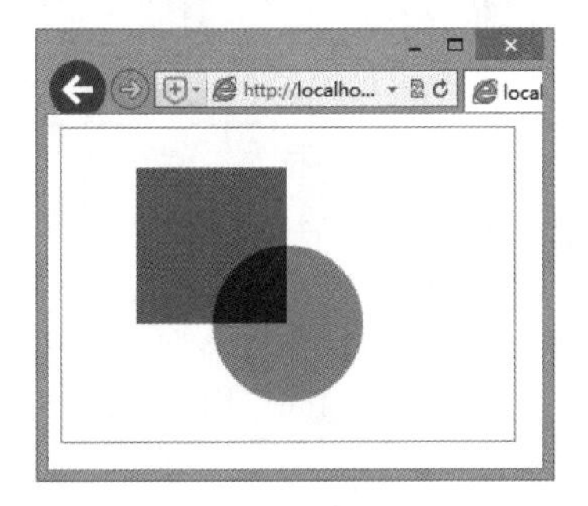

图 8.38　半透明效果

globalCompositeOperation 属性所有可用的值见表 8.1。表 8.1 中的图例矩形表示为 B，为先绘制的图形（原有内容为 destintation）；圆形表示为 A，为后绘制的图形（新图形为 source）。在应用时注意 globalCompositeOperation 语句的位置，应处在原有内容与新图形之间。Chrome 浏览器支持大多数属性值，无效的在表中已经标出。Opera 对这些属性值的支持相对来说更好一些。

表 8.1　globalCompositeOperation 属性所有可用的值

属　性　值	图形合成示例	说　　明
source-over（默认值）		A over B，这是默认设置，即新图形覆盖在原有内容之上
destination-over		B over A，即原有内容覆盖在新图形之上
source-atop		只绘制原有内容和新图形与原有内容重叠的部分，并且新图形位于原有内容之上
destination-atop		只绘制新图形和新图形与原有内容重叠的部分，并且原有内容位于重叠部分之下
source-in		新图形只出现在与原有内容重叠的部分，其余区域为透明
destination-in		原有内容只出现在与新图形重叠的部分，其余区域为透明
source-out		新图形中与原有内容不重叠的部分被保留
destination-out		原有内容中与新图形不重叠的部分被保留
lighter		两图形重叠的部分作加色处理
darker		两图形重叠的部分作减色处理
copy		只保留新图形。在 Chrome 浏览器中无效，在 Opera 6.5 中有效
xor		将重叠的部分变为透明

扫一扫，看视频

8.5.2　裁切

使用 clip()方法能够从原始画布中剪切任意形状和尺寸。其原理与绘制普通 canvas 图形类似，只不过 clip()的作用是形成一个蒙版，没有被蒙版的区域会被隐藏。

提示

一旦剪切了某个区域，则所有之后的绘图都会被限制在被剪切的区域内，不能访问画布上的其他区域。用户也可以在使用 clip()方法前，通过使用 save()方法对当前画布区域进行保存，并在以后的任意时间通过 restore()方法对其进行恢复。

【示例】如果绘制一个圆形并进行裁切，则圆形之外的区域将不会绘制在画布上。

```
function draw() {
    var ctx = document.getElementById('canvas').getContext('2d');
    //绘制背景
```

```
        ctx.fillStyle="black";
        ctx.fillRect(0,0,300,300);
        ctx.fill();
        //绘制圆形
        ctx.beginPath();
        ctx.arc(150,150,100,0,Math.PI*2,true);
        //裁切路径
        ctx.clip();
        ctx.translate(200,20);
        for (var i=1;i<90;i++){
            ctx.save();
            ctx.transform(0.95,0,0,0.95,30,30);
            ctx.rotate(Math.PI/12);
            ctx.beginPath();
            ctx.fillStyle="red";
            ctx.globalAlpha="0.4";
            ctx.arc(0,0,50,0,Math.PI*2,true);
            ctx.closePath();
            ctx.fill();
        }
    }
```

可以看到只有圆形区域内的螺旋图形被显示了出来，其余部分被裁切掉了，效果如图 8.39 所示。

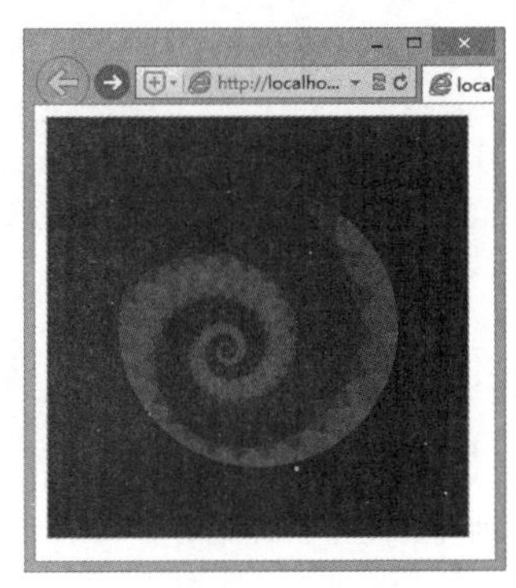

图 8.39　裁切图形

8.6 绘制文本

使用 fillText()和 strokeText()方法，可以分别以填充方式和轮廓方式绘制文本。

8.6.1 填充文本

fillText()方法能够在画布上绘制填充文本，默认颜色为黑色。其用法如下：

```
context.fillText(text,x,y,maxWidth);
```

参数说明如下。

（1）text：规定在画布上输出的文本。

（2）x：开始绘制文本的 x 坐标位置（相对于画布）。

（3）y：开始绘制文本的 y 坐标位置（相对于画布）。

（4）maxWidth：可选。允许的最大文本宽度，以像素计。

【示例】下面使用 fillText()方法在画布上绘制文本 Hi 和 Canvas API，效果如图 8.40 所示。

```
function draw() {
    var canvas = document.getElementById('canvas');
    var ctx = canvas.getContext('2d');
    ctx.font="40px Georgia";
    ctx.fillText("Hi",10,50);
    ctx.font="50px Verdana";
    //创建渐变
    var gradient=ctx.createLinearGradient(0,0,canvas.width,0);
    gradient.addColorStop("0","magenta");
    gradient.addColorStop("0.5","blue");
    gradient.addColorStop("1.0","red");
    //用渐变填色
    ctx.fillStyle=gradient;
    ctx.fillText("Canvas API",10,120);
}
```

图 8.40　绘制填充文本

扫一扫，看视频

8.6.2　轮廓文本

使用 strokeText()方法可以在画布上绘制轮廓文本，默认颜色为黑色。其用法如下：

```
context.strokeText(text,x,y,maxWidth);
```

参数说明如下。

（1）text：规定在画布上输出的文本。

（2）x：开始绘制文本的 x 坐标位置（相对于画布）。

（3）y：开始绘制文本的 y 坐标位置（相对于画布）。

（4）maxWidth：可选。允许的最大文本宽度，以像素计。

【示例】下面使用 strokeText()方法绘制文本 Hi 和 Canvas API，效果如图 8.41 所示。

```
function draw() {
    var canvas = document.getElementById('canvas');
    var ctx = canvas.getContext('2d');
    ctx.font="40px Georgia";
    ctx.fillText("Hi",10,50);
    ctx.font="50px Verdana";
    //创建渐变
    var gradient=ctx.createLinearGradient(0,0,canvas.width,0);
    gradient.addColorStop("0","magenta");
```

```
        gradient.addColorStop("0.5","blue");
        gradient.addColorStop("1.0","red");
        //用渐变填色
        ctx.strokeStyle=gradient;
        ctx.strokeText("Canvas API",10,120);
    }
```

图 8.41　绘制轮廓文本

8.6.3　文本样式

扫一扫，看视频

下面简单介绍文本样式的相关属性。

（1）font：定义字体样式，语法与 CSS 字体样式相同。默认字体样式为 10px sans-serif。

（2）textAlign：设置正在绘制的文本的水平对齐方式。取值说明如下。

1）start：默认，文本在指定的位置开始。

2）end：文本在指定的位置结束。

3）center：文本的中心被放置在指定的位置。

4）left：文本左对齐。

5）right：文本右对齐。

（3）textBaseline：设置正在绘制的文本的基线对齐方式，即文本垂直对齐方式。取值说明如下。

1）alphabetic：默认值，文本基线是普通的字母基线。

2）top：文本基线是 em 方框的顶端。

3）hanging：文本基线是悬挂基线。

4）middle：文本基线是 em 方框的正中。

5）ideographic：文本基线是表意基线。

6）bottom：文本基线是 em 方框的底端。

提示

大部分浏览器尚不支持 hanging 和 ideographic 属性值。

（4）direction：设置文本方向。取值说明如下。

1）ltr：从左到右。

2）rtl：从右到左。

3）inherit，默认值，继承文本方向。

【示例 1】下面的示例在 x 轴 150px 的位置创建一条竖线。位置 150px 就被定义为所有文本的锚点；然后比较每种 textAlign 属性值的对齐效果，如图 8.42 所示。

```
function draw() {
     var ctx = document.getElementById('canvas').getContext('2d');
     //在位置 150 创建一条竖线
     ctx.strokeStyle="blue";
     ctx.moveTo(150,20);
     ctx.lineTo(150,170);
     ctx.stroke();
     ctx.font="15px Arial";
     //显示不同的 textAlign 值
     ctx.textAlign="start";
     ctx.fillText("textAlign=start",150,60);
     ctx.textAlign="end";
     ctx.fillText("textAlign=end",150,80);
     ctx.textAlign="left";
     ctx.fillText("textAlign=left",150,100);
     ctx.textAlign="center";
     ctx.fillText("textAlign=center",150,120);
     ctx.textAlign="right";
     ctx.fillText("textAlign=right",150,140);
}
```

【示例 2】下面的示例在 y 轴 100px 的位置创建一条水平线。位置 100px 就被定义为用蓝色填充的矩形；然后比较每种 textBaseline 属性值的对齐效果，如图 8.43 所示。

```
function draw() {
    var ctx = document.getElementById('canvas').getContext('2d');
    //在位置 y=100 处绘制蓝色线条
    ctx.strokeStyle="blue";
    ctx.moveTo(5,100);
    ctx.lineTo(395,100);
    ctx.stroke();
    ctx.font="20px Arial"
    //在 y=100 处以不同的 textBaseline 值放置每个单词
    ctx.textBaseline="top";
    ctx.fillText("Top",5,100);
    ctx.textBaseline="bottom";
    ctx.fillText("Bottom",50,100);
    ctx.textBaseline="middle";
    ctx.fillText("Middle",120,100);
    ctx.textBaseline="alphabetic";
    ctx.fillText("Alphabetic",190,100);
    ctx.textBaseline="hanging";
    ctx.fillText("Hanging",290,100);
}
```

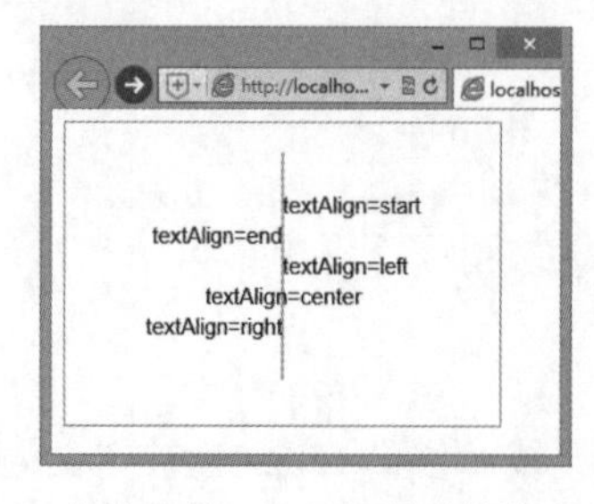

图 8.42　比较每种 textAlign 属性值的对齐效果

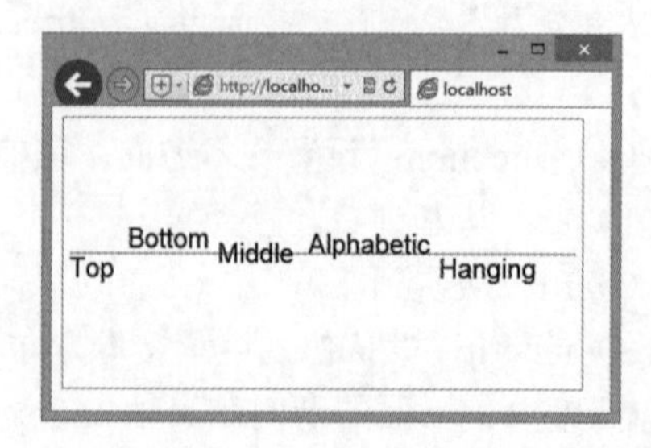

图 8.43　比较每种 textBaseline 属性值的对齐效果

8.6.4　测量宽度

使用 measureText()方法可以测量当前所绘制文本中指定文本的宽度，它返回一个 TextMetrics 对象，使用该对象的 width 属性可以得到指定文本参数后所绘制文本的总宽度。其用法如下：

```
metrics=context. measureText(text);
```

其中，参数 text 为要绘制的文字。

提示

如果需要在文本向画布输出之前就了解文本的宽度，应该使用该方法。

【示例】下面是测量文字宽度的一个示例，效果如图 8.44 所示。

```
function draw() {
    var ctx = document.getElementById('canvas').getContext('2d');
    ctx.font = "bold 20px 楷体";
    ctx.fillStyle="Blue";
    var txt1 = "HTML5+CSS3";
    ctx.fillText(txt1,10,40);
    var txt2 = "以上字符串的宽度为：";
    var mtxt1 = ctx.measureText(txt1);
    var mtxt2 = ctx.measureText(txt2);
    ctx.font = "bold 15px 宋体";
    ctx.fillStyle="Red";
    ctx.fillText(txt2,10,80);
    ctx.fillText(mtxt1.width,mtxt2.width,80);
}
```

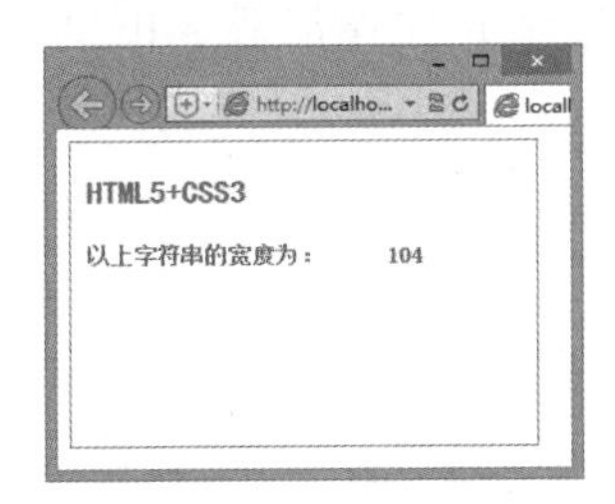

图 8.44　测量文字宽度

8.7　使 用 图 像

在 canvas 中可以导入图像。导入的图像可以改变大小、裁切或合成。canvas 支持多种图像格式，如 PNG、GIF、JPEG 等。

8.7.1　导入图像

在 canvas 中导入图像的步骤如下：

（1）确定图像来源。

（2）使用 drawImage()方法将图像绘制到 canvas 中。

确定图像来源有以下 4 种方式，用户可以任选一种。

（1）页面内的图片：如果已知图片元素的 ID，则可以通过 document.images 集合、document.getElementsByTagName()或 document.getElementById()等方法获取页面内的该图片元素。

（2）其他 canvas 元素：可以通过 document.getElementsByTagName()或 document.getElementById()等方法获取已经设计好的 canvas 元素。例如，可以用这种方法为一个比较大的 canvas 生成缩略图。

（3）用脚本创建一个新的 image 对象：使用脚本可以从零开始创建一个新的 image 对象。不过这种方法存在一个缺点：如果图像文件来源于网络且较大，则会花费较长的时间来装载。所以如果不希望因为图像文件装载而导致的漫长的等待，需要做好预装载的工作。

（4）使用 data:url 方式引用图像：这种方法允许用 Base64 编码的字符串来定义一张图片，优点是图片可以即时使用，不必等待装载，而且迁移也非常容易。缺点是无法缓存图像，所以如果图片较大，则不太适宜用这种方法，因为这会导致嵌入的 url 数据相当庞大。

使用脚本创建新 image 对象时，其方法如下：

```
var img = new Image();                    //创建新的 Image 对象
img.src = 'image1.png';                   //设置图像路径
```

如果要解决图片预装载的问题，则可以使用下面的方法，即使用 onload 事件一边装载图像一边执行绘制图像的函数。

```
var img = new Image();                    //创建新的 Image 对象
img.onload = function(){
    //此处放置 drawImage 的语句
}
img.src = 'image1.png';                   //设置图像路径
```

不管采用什么方式获取图像，之后的工作都是使用 drawImage()方法将图像绘制到 canvas 中。drawImage()方法能够在画布上绘制图像、画布或视频。该方法也能够绘制图像的某些部分，以及增加或减少图像的尺寸。其用法如下：

```
//用法 1：在画布上定位图像
context.drawImage(img,x,y);
//用法 2：在画布上定位图像，并规定图像的宽度和高度
context.drawImage(img,x,y,width,height);
//用法 3：剪切图像，并在画布上定位被剪切的部分
context.drawImage(img,sx,sy,swidth,sheight,x,y,width,height);
```

参数说明如下。

（1）img：规定要使用的图像、画布或视频。

（2）sx：可选。开始剪切的 x 坐标位置。

（3）sy：可选。开始剪切的 y 坐标位置。

（4）swidth：可选。被剪切图像的宽度。

（5）sheight：可选。被剪切图像的高度。

（6）x：在画布上放置图像的 x 坐标位置。

（7）y：在画布上放置图像的 y 坐标位置。

（8）width：可选。要使用的图像的宽度。可以实现伸展或缩小图像。

（9）height：可选。要使用的图像的高度。可以实现伸展或缩小图像。

【示例】下面的示例演示了如何使用上述步骤将图像导入 canvas 中，效果如图 8.45 所示。至于 drawImage()方法的第 2 种和第 3 种用法，将在后续小节中单独介绍。

```
function draw() {
    var ctx = document.getElementById('canvas').getContext('2d');
    var img = new Image();
    img.onload = function(){
        ctx.drawImage(img,0,0);
    }
    img.src = 'images/1.jpg';
}
```

图 8.45　向 canvas 中导入图像

8.7.2　缩放图像

扫一扫，看视频

drawImage()方法的第 2 种用法可以使图片按指定的大小显示。其用法如下：

```
context.drawImage(image, x, y, width, height);
```

其中，width 和 height 分别是图像在 canvas 中显示的宽度和高度。

【示例】下面的示例将 8.7.1 小节示例中的代码稍作修改，设置导入的图像放大显示，并仅显示头部位置，效果如图 8.46 所示。

```
function draw() {
    var ctx = document.getElementById('canvas').getContext('2d');
    var img = new Image();
    img.onload = function(){
        ctx.drawImage(img,-100,-40,800,500);
    }
    img.src = 'images/1.jpg';
}
```

图 8.46　放大图像显示

扫一扫，看视频

8.7.3 裁切图像

drawImage()方法的第 3 种用法用于创建图像切片。其用法如下：

```
context.drawImage(image,sx,sy,sw,sh,dx,dy,dw,dh);
```

其中，image 参数与前两种用法相同，sx、sy 为源图像被切割区域的起始坐标，sw、sh 为源图像被切割下来的宽度和高度，dx、dy 为被切割下来的源图像要放置到目标 canvas 的起始坐标，dw、dh 为被切割下来的源图像放置到目标 canvas 的显示宽度和高度，如图 8.47 所示。

【示例】下面的示例演示如何创建图像切片，效果如图 8.48 所示。

```
function draw() {
    var ctx = document.getElementById('canvas').getContext('2d');
    var img = new Image();
    img.onload = function(){
        ctx.drawImage(img,70,50,100,70,5,5,290,190);
    }
    img.src = 'images/1.jpg';
}
```

图 8.47　其余 8 个参数的图示

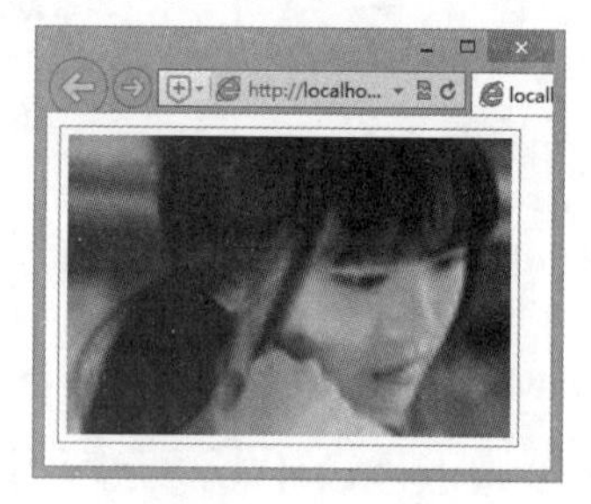

图 8.48　创建图像切片

扫一扫，看视频

8.7.4 平铺图像

图像平铺就是让图像填满画布，有两种方法可以实现，下面结合示例进行说明。

【示例 1】第 1 种方法是使用 drawImage()方法。

```
function draw() {
    var canvas = document.getElementById('canvas');
    var ctx = canvas.getContext('2d');
    var image = new Image();
    image.src = "images/1.png";
    image.onload = function(){
        var scale=5                           //平铺比例
        var n1=image.width/scale;             //缩小后图像的宽度
        var n2=image.height/scale;            //缩小后图像的高度
        var n3=canvas.width/n1;               //平铺横向个数
        var n4=canvas.height/n2;              //平铺纵向个数
        for(var i=0;i<n3;i++)
            for(var j=0;j<n4;j++)
                ctx.drawImage(image,i*n1,j*n2,n1,n2);
    };
}
```

本示例用到几个变量以及循环语句，相对来说处理方法复杂一些，效果如图 8.49 所示。

【示例 2】使用 createPattern()方法，该方法只使用了几个参数就达到了上面所述的平铺效果。createPattern()方法的用法如下：

```
context.createPattern(image,type);
```

参数 image 为要平铺的图像，参数 type 必须是下面的字符串值之一。

（1）no-repeat：不平铺。

（2）repeat-x：横向平铺。

（3）repeat-y：纵向平铺。

（4）repeat：全方向平铺。

创建 image 对象，指定图像文件后，使用 createPattern()方法创建填充样式，然后将该样式指定给图形上下文对象的 fillStyle 属性，最后填充画布，重复填充的效果如图 8.50 所示。

```
function draw() {
    var canvas = document.getElementById('canvas');
    var ctx = canvas.getContext('2d');
    var image = new Image();
    image.src = "images/1.png";
    image.onload = function(){
        var ptrn = ctx.createPattern(image,'repeat');//创建填充样式，全方向平铺
        ctx.fillStyle = ptrn;                        //指定填充样式
        ctx.fillRect(0,0,300,200);                   //填充画布
    };
}
```

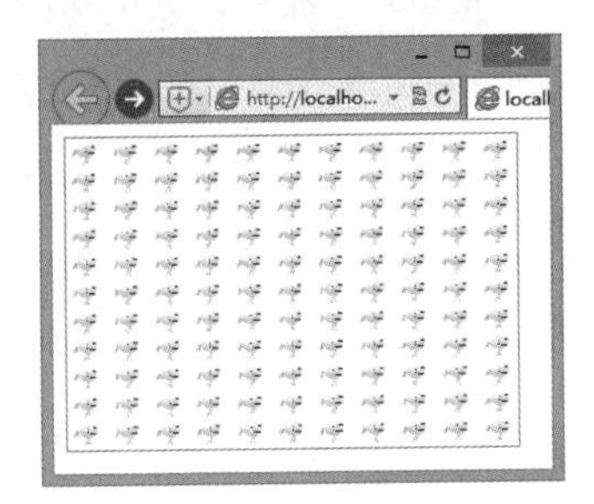

图 8.49　通过 drawImage()方法平铺显示

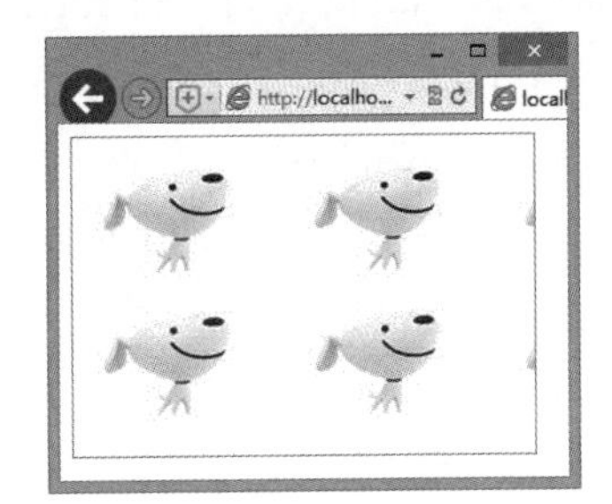

图 8.50　通过 createPattern()方法平铺显示

8.8 像素操作

8.8.1 认识 ImageData 对象

ImageData 对象表示图像数据，存储 canvas 对象真实的像素数据，它包含以下几个只读属性。

（1）width：返回 ImageData 对象的宽度，以像素计。

（2）height：返回 ImageData 对象的高度，以像素计。

（3）data：返回一个对象，其包含指定的 ImageData 对象的图像数据。

图像数据是一个数组，包含着 RGBA 格式的整型数据，取值范围为 0～255（包括 255），通过图像数据可以查看画布初始像素数据。每个像素用 4 个值来代表，分别是红、绿、蓝和

透明值。对于透明值来说，0是透明的，255是完全可见的。数组格式如下：

```
[r1, g1, b1, a1, r2, g2, b2, a2, r3, g3, b3, a3,…]
```

r1、g1、b1和a1分别为第1个像素的红色值、绿色值、蓝色值和透明度值；r2、g2、b2、a2分别为第2个像素的红色值、绿色值、蓝色值、透明度值，以此类推。像素是从左到右，然后自上而下，使用data.length可以遍历整个数组。

8.8.2 创建图像数据

使用createImageData()方法可以创建一个新的、空白的ImageData对象。其用法如下：

```
//以指定的尺寸（以像素计）创建新的 ImageData 对象
var imgData=context.createImageData(width,height);
//创建与指定的另一个 ImageData 对象尺寸相同的新 ImageData 对象（不会复制图像数据）
var imgData=context.createImageData(imageData);
```

参数简单说明如下。

（1）width：定义ImageData对象的宽度，以像素计。

（2）height：定义ImageData对象的高度，以像素计。

（3）imageData：指定另一个ImageData对象。

调用该方法将创建一个指定大小的ImageData对象，所有像素被预设为透明黑。

扫一扫，看视频

8.8.3 将图像数据写入画布

putImageData()方法可以将图像数据从指定的ImageData对象写入画布中。其用法如下：

```
context.putImageData(imgData,x,y,dirtyX,dirtyY,dirtyWidth,dirtyHeight);
```

参数简单说明如下。

（1）imgData：要写入画布的ImageData对象。

（2）x：ImageData对象左上角的x坐标，以像素计。

（3）y：ImageData对象左上角的y坐标，以像素计。

（4）dirtyX：可选参数，在画布上放置图像的x轴位置，以像素计。

（5）dirtyY：可选参数，在画布上放置图像的y轴位置，以像素计。

（6）dirtyWidth：可选参数，在画布上绘制图像所使用的宽度。

（7）dirtyHeight：可选参数，在画布上绘制图像所使用的高度。

【示例】下面的示例创建一个100px×100px的ImageData对象，其中每个像素都是红色的，然后把它写入画布中显示出来。

```
<canvas id="myCanvas"></canvas>
<script>
var c=document.getElementById("myCanvas");
var ctx=c.getContext("2d");
var imgData=ctx.createImageData(100,100);      //创建图像数据
//使用 for 循环语句，逐一设置图像数据中每个像素的颜色值
for (var i=0;i<imgData.data.length;i+=4){
    imgData.data[i+0]=255;
    imgData.data[i+1]=0;
    imgData.data[i+2]=0;
    imgData.data[i+3]=255;
```

```
}
ctx.putImageData(imgData,10,10);            //把图像数据写入画布
</script>
```

8.8.4　在画布中复制图像数据

扫一扫，看视频

getImageData()方法能复制画布指定矩形的像素数据，返回 ImageData 对象。其用法如下：

```
var imgData=context.getImageData(x,y,width,height);
```

参数简单说明如下。

（1）x：开始复制的左上角位置的 x 坐标。

（2）y：开始复制的左上角位置的 y 坐标。

（3）width：将要复制的矩形区域的宽度。

（4）height：将要复制的矩形区域的高度。

【示例】下面的示例先创建一个图像对象，使用 src 属性加载外部图像源，加载成功之后，使用 drawImage()方法把外部图像绘制到画布上；然后使用 getImageData()方法把画布中的图像转换为 ImageData（图像数据）对象；接着使用 for 语句逐一访问每个像素点，对每个像素的颜色进行反色显示操作，再存回数组；最后使用 putImageData()方法将反色显示操作后的图像重绘在画布上。

```
<canvas id="myCanvas" width="384" height="240"></canvas>
<script>
var canvas = document.getElementById("myCanvas");
var context = canvas.getContext('2d');
var image = new Image();
image.src = "images/1.jpg";
image.onload = function (){
    context.drawImage(image, 0, 0);
    var imagedata = context.getImageData(0,0,image.width,image.height);
    for (var i = 0, n = imagedata.data.length; i < n; i += 4){
          imagedata.data[i+0] = 255 - imagedata.data[i+0]; //red
          imagedata.data[i+1] = 255 - imagedata.data[i+2]; //green
          imagedata.data[i+2] = 255 - imagedata.data[i+1]; //blue
    }
    context.putImageData(imagedata, 0, 0);
};
</script>
```

以上代码在 IE 浏览器中的预览效果如图 8.51 所示。

（a）原图

（b）反转效果图

图 8.51　图像反色显示

扫一扫，看视频

8.8.5 保存图片

HTMLCanvasElement 提供一个 toDataURL()方法，使用它可以将画布保存为图片，返回一个包含图片展示的 data URI。其用法如下：

```
canvas.toDataURL(type, encoderOptions);
```

参数简单说明如下。

（1）type：可选参数，默认值为 image/png。

（2）encoderOptions：可选参数，默认值为 0.92。在指定图片格式为 image/jpeg 或 image/webp 的情况下，可以设置图片的质量，取值范围为 0～1，如果超出取值范围，将会使用默认值。

提示

所谓 data URI，是指目前大多数浏览器能够识别的一种 base64 位编码的 URI，主要用于小型的、可以在网页中直接嵌入，而不需要从外部文件嵌入的数据，如 img 元素中的图像文件等，类似于 “data:image/png; base64, iVBORwOKGgoAAAANSUhEUgAAAAoAAAAK...etc”。目前，大多数现代浏览器都支持该功能。

使用 toBlob()方法可以把画布存储到 Blob 对象中，用于展示 canvas 上的图片。这个图片文件可以被缓存或保存到本地。其用法如下：

```
void canvas.toBlob(callback, type, encoderOptions);
```

其中，参数 callback 表示回调函数，当存储成功时调用，可获得一个单独的 Blob 对象参数；type 和 encoderOptions 参数与 toDataURL()方法中的参数作用相同。

【示例】下面的示例将图形输出到 data URI，效果如图 8.52 所示。

```
<canvas id="myCanvas" width="400" height="200"></canvas>
<script type="text/javascript">
var canvas = document.getElementById("myCanvas");
var context = canvas.getContext('2d');
context.fillStyle = "rgb(0, 0, 255)";
context.fillRect(0, 0, canvas.width, canvas.height);
context.fillStyle = "rgb(255, 255, 0)";
context.fillRect(10, 20, 50, 50);
window.location =canvas.toDataURL("image/jpeg");
</script>
```

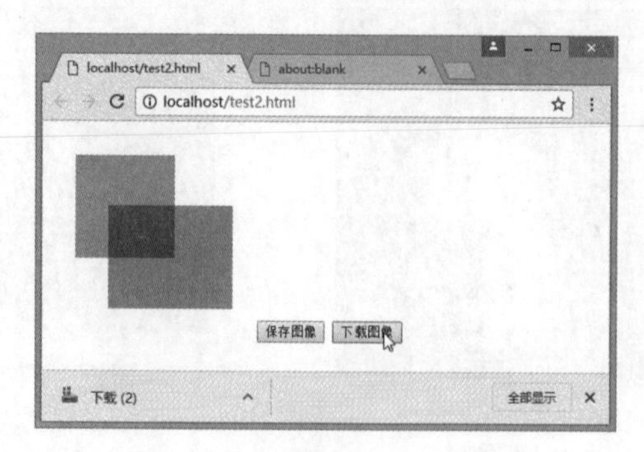

图 8.52　将图形输出到 data URI

8.9 案例实战：设计动画

使用 canvas 制作动画的基本过程如下：在画布上不断擦除→重绘→擦除→重绘等。

使用 canvas 制作动画的具体步骤如下：

（1）预先编写好用于绘图的函数，在该函数中先使用 clearRect()方法将画布整体或局部擦除。

（2）使用 setInterval()方法设置动画擦除和重绘的间隔时间。

提示

setInterval()方法是 JavaScript 的原生方法，该方法接收两个参数：第 1 个参数表示执行动画的函数，第 2 个参数为时间间隔，单位为毫秒。

技巧

在比较复杂的动画中，用户可以在清除、绘制动画前保存当前绘制状态，需要时再恢复，这样动画设计过程变成：擦除→保存状态→重绘→恢复状态。

【案例】下面的案例在画布中绘制一个红色方块和一个圆形球，让它们重叠显示；然后使用一个变量从图形上下文的 globalCompositeOperation 属性的所有参数构成的数组中挑选一个参数来显示对应的图形组合效果；最后通过动画来循环显示所有参数的组合效果，效果如图 8.53 所示。

```
<!doctype html>
<html>
<head>
<meta charset="utf-8">
</head>
<body>
<canvas id="myCanvas" width="500" height="240" style="border:solid 1px
#93FB40;"></canvas>
<script type="text/javascript">
var globalId, i=0;
function draw(id){
     globalId=id;
     setInterval(Composite,1000);
}
function Composite(){
     var canvas = document.getElementById(globalId);
     if (canvas == null) return false;
     var context = canvas.getContext('2d');
     var oprtns=new Array("source-atop","source-in","source-out","source-
over","destination-atop", "destination-in", "destination-out", "destination-
over", "lighter", "copy", "xor");
     if(i>10) i=0;
     context.clearRect(0,0,canvas.width,canvas.height);
     context.save();
     context.font="30px Georgia";
```

```
        context.fillText(oprtns[i],240,130);
        //绘制原有图形（蓝色长方形）
        context.fillStyle = "blue";
        context.fillRect(0, 0, 100, 100);
        //设置组合方式
        context.globalCompositeOperation = oprtns[i];
        //设置新图形（红色圆形）
        context.beginPath();
        context.fillStyle = "red";
        context.arc(100, 100, 100, 0, Math.PI*2, false);
        context.fill();
        context.restore();
        i=i+1;
    }
    draw("myCanvas")
    </script>
    </body>
    </html>
```

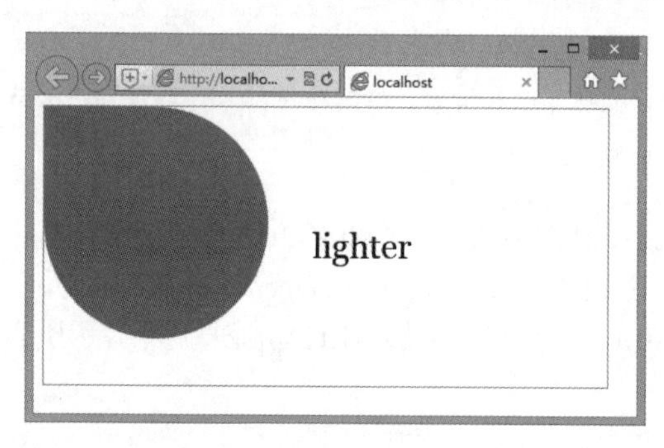

图 8.53　设计图形组合动画

本 章 小 结

本章首先介绍了如何使用<canvas>标签在网页中创建一块画布；然后详细讲解了图形绘制方法，包括矩形、路径、直线、弧线、曲线，介绍了如何定义图形的样式和颜色；接着讲解了图形变形、图形合成、插入文本等；最后详细讲解了如何使用图像，包括导入图像、控制图像和存储为图像等知识点。

课 后 练 习

一、填空题

1．在 HTML5 文档中使用__________标签可以在网页中创建一块画布。
2．通过 canvas 元素的__________方法可以获取画布上下文对象。
3．fillRect()方法能够绘制矩形，它包含 4 个参数，分别表示矩形的________和________。
4．使用__________方法可以绘制一个矩形的边框。
5．使用__________方法可以清除指定矩形区域。

二、判断题

1. 生成路径首先要调用 beginPath()方法，最后必须用 closePath()方法关闭路径。(　　)
2. 使用 moveTo(x, y)方法可以将笔触移动到指定的坐标 x 和 y 上。(　　)
3. 使用 lineTo()方法可以绘制直线。(　　)
4. 使用 arc()方法可以绘制椭圆。(　　)
5. 使用 fillStyle 属性可以设置填充色，使用 strokeStyle 属性可以设置轮廓色。(　　)

三、选择题

1. (　　)可以设置两条线段连接处的样式。
   A. lineWidth　　B. lineCap　　C. lineJoin　　D. miterLimit
2. (　　)可以绘制线性渐变。
   A. setLineDash()　　B. createLinearGradient()
   C. createRadialGradient()　　D. createPattern()
3. (　　)可以设置阴影的模糊级别。
   A. shadowBlur　　B. shadowColor　　C. shadowOffsetX　　D. shadowOffsetY
4. (　　)可以清除指定区域内的所有图形。
   A. scale()　　B. rotate()　　C. translate()　　D. clearRect()
5. (　　)可以在画布上绘制填色文本。
   A. fillText()　　B. strokeText()　　C. measureText()　　D. clip()

四、简答题

1. 如何在 canvas 中导入图像？如何改变导入图像的大小、裁切或合成？
2. 简单介绍一下 ImageData 对象的作用。

五、上机题

使用 HTML5 的 canvas 并结合 JavaScript 绘制一个简单、动态的时钟，效果如图 8.54 所示。

图 8.54　时钟

拓 展 阅 读

第 9 章　使用 Node.js 构建 Web 服务

【学习目标】

- 了解 Web 服务相关的概念。
- 正确安装和使用 Node.js。
- 掌握如何使用 Express 框架搭建 Web 服务器。
- 了解什么是 Ajax，以及 XMLHttpRequest 插件。
- 掌握如何实现 GET 请求和 POST 请求。
- 能够跟踪异步请求的响应状态。
- 正确接收和处理不同格式的响应数据。

Ajax（Asynchronous JavaScript and XML）是使用 JavaScript 脚本，借助 XMLHttpRequest 插件，在客户端与服务器端之间实现异步通信的一种方法。2005 年 2 月，Ajax 第 1 次正式出现，从此以后 Ajax 成为 JavaScript 发起 HTTP 异步请求的代名词。2006 年，W3C 发布了 Ajax 标准，Ajax 技术开始快速普及。

9.1　Web 服务基础

9.1.1　Web 服务器

Web 服务器又称网站服务器，是指驻留于互联网上的某种类型的服务程序，它可以处理网页浏览器等 Web 客户端的请求并返回响应信息，也可以放置网页文件，让用户浏览；可以放置数据文件，让用户下载。Web 服务器工作原理如图 9.1 所示。常用的 Web 服务器包括 Node.js、Apache、Nginx、IIS 等。

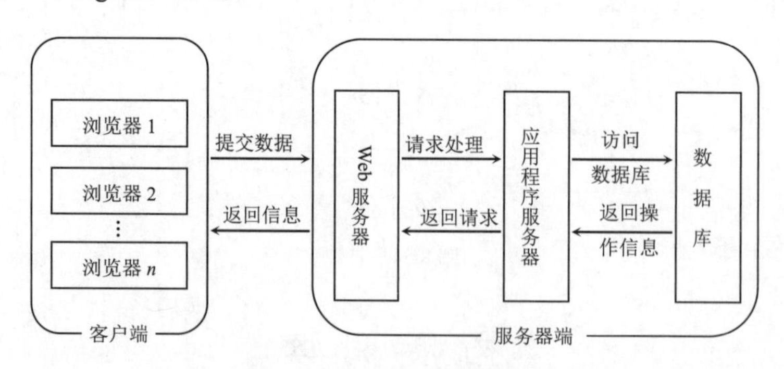

图 9.1　Web 服务器工作原理

从图 9.1 可以看出，客户端浏览器首先通过 URL 提出服务请求，Web 服务器接收到请求后，会把请求交给应用程序服务器进行分析处理。如果要访问数据，还需要向数据库服务器发出请求，然后从数据库中获取查询记录或操作信息。应用程序服务器把处理的结果生成静态网页返回 Web 服务器。最后由 Web 服务器将生成的网页响应给客户端浏览器。

9.1.2 URL

在本地计算机中，所有的文件都由操作系统统一管理，但是在互联网上，各个网络、各台主机的操作系统可能不一样，因此必须指定访问文件的方法，这个方法就是使用 URL（Uniform Resource Locator，统一资源定位符）定位技术。一个 URL 一般由 3 部分组成：协议（服务方式）、主机的 IP 地址（包括端口号）、主机的资源路径（包括目录和文件名等）。语法格式如下：

```
protocol://machinename[:port]/directory/filename
```

其中，protocol 表示访问资源所采用的协议，常用的协议如下。

（1）http://或 https://：超文本传输协议，表示访问的资源是 HTML 文件。

（2）ftp://：文件传输协议，表示使用 FTP 传输方式访问资源。

（3）mailto:：该资源是电子邮件（不需要两条斜杠）。

（4）file://：本地文件。

machinename 表示存放资源的主机的 IP 地址，如 www.baidu.com.port。其中，port 是服务器在主机中所使用的端口号，一般情况下不需要指定，只有当服务器使用的不是默认的端口号时才需要指定。directory 和 filename 是资源路径的目录和文件名。

9.1.3 路径

路径包括 3 种格式：绝对路径、相对路径和根路径。

（1）绝对路径：完整的 URL，包括传输协议，如 http://news.baidu.com/main.html。在跨域请求时要用绝对路径。

（2）相对路径：以当前文件所在位置为起点到被请求文件经由的路径，如 sub/main.html。在同一个应用内发出请求时常用相对路径。

（3）根路径：从站点根文件夹到请求文件经由的路径。根路径由斜杠开头，它代表站点根文件夹，如/sup/sub/main.html。在网站内发出请求时一般使用根路径，因为在网站内移动一个包含根路径的链接文件时，无须对原有的链接进行修改。

9.1.4 HTTP

HTTP（HyperText Transfer Protocol，超文本传输协议）是一种应用层协议，负责超文本的传输，如文本、图像、多媒体等。HTTP 由两部分组成：请求（Request）和响应（Response），简单说明如下。

1. 请求

HTTP 请求信息由 3 部分组成：请求行、消息报头和请求正文（可选）。

请求行以一个方法符号开头，以空格分隔，后面跟着请求的 URI 和协议的版本。格式如下：

```
Method Request-URI HTTP-Version CRLF
```

请求行各部分说明如下。

（1）Method：请求方法，请求方法以大写形式显示，如 POST、GET 等。

（2）Request-URI：统一资源标识符。

（3）HTTP-Version：请求的 HTTP 协议版本。

（4）CRLF：回车符和换行符。

请求行后是消息报头部分，用于说明服务器需要调用的附加信息。

在消息报头后是一个空行，然后才是请求正文部分，即主体部分（body），该部分可以添加任意的数据。

2．响应

HTTP 响应信息由 3 部分组成：状态行、消息报头和响应正文（可选）。

状态行格式如下：

```
HTTP-Version Status-Code Reason-Phrase CRLF
```

状态行的各部分说明如下。

（1）HTTP-Version：服务器 HTTP 协议的版本。

（2）Status-Code：服务器发回的响应状态代码。

（3）Reason-Phrase：状态代码的文本描述。

状态代码由 3 位数字组成，第 1 位数字定义了响应的类别，并且有以下 5 种可能的取值。

（1）1××：指示信息。表示请求已接收，继续处理。

（2）2××：成功。表示请求已被成功接收、理解或接受。

（3）3××：重定向。要完成请求必须进行更深一步的操作。

（4）4××：客户端错误。请求有语法错误，或者请求无法实现。

（5）5××：服务器端错误。服务器未能实现合法的请求。

常见的状态代码如下：200 表示客户端请求成功，301 表示请求的资源发生移动，400 表示客户端请求有语法错误，404 表示请求的资源不存在，500 表示服务器发生不可预期的错误。

在状态行之后是消息报头。一般服务器会返回一个名为 Data 的信息，用于说明响应生成的日期和时间。接下来就是与 POST 请求中一样的 Content-Type 和 Content-Length。响应主体所包含的就是所请求资源的 HTML 源文件。

Content-Type 描述的是媒体类型，通常使用 MIME 类型来表达。常见的 Content-Type 类型如下：text/html 表示 HTML 网页，text/plain 表示纯文本，application/json 表示 JSON 格式，application/xml 表示 XML 格式，image/gif 表示 GIF 图片，image/jpeg 表示 JPEG 图片，audio/mpeg 表示音频 MP3，video/mpeg 表示视频 MPEG。

提示

借助现代浏览器，可以查看当前网页的请求头和响应头信息。方法是按 F12 键打开开发者工具，然后切换到“网络”面板，重新刷新页面就可以看到所有请求资源。再选择相应的资源，就可以看到当前资源请求和响应的全部信息。

9.2 Web 服务器搭建

本节利用 Node.js 开发环境，使用 Express 框架搭建 Web 服务器，并将网页部署到服务器上。

9.2.1 认识 Node.js

Node.js 不是一门新的编程语言，也不是一个 JavaScript 框架，它是一套 JavaScript 运行环境，用于支持 JavaScript 代码的执行。如果说浏览器是 JavaScript 前端运行环境，那么 Node.js 就是 JavaScript 后端运行环境。它是一个为实时 Web 应用开发而诞生的平台。

在 Node.js 之前，JavaScript 只能运行在浏览器中，作为网页脚本使用。有了 Node.js 以后，JavaScript 就可以脱离浏览器，像其他编程语言一样直接在计算机上使用。

Node.js 可以作为服务器向用户提供服务，直接面向前端开发。其优势如下。

（1）高性能：Node.js 采用了基于事件驱动的非阻塞 I/O 模型，使服务器能够高效地处理并发请求，提供了出色的性能表现。

（2）轻量和高可扩展性：Node.js 具有轻量级的特点，可以在相对较低的硬件上运行，并且可以通过集群和负载均衡等方式进行水平扩展，以满足高流量和大规模应用的需求。

（3）单一语言：使用 JavaScript 作为服务器端编程语言，使前后端开发更加一致，方便开发者共享代码和技能。

（4）强大的生态系统：Node.js 拥有庞大且活跃的第三方库和模块生态系统，提供了许多功能丰富的解决方案，帮助开发者更高效地构建应用程序。

（5）构建实时应用：由于事件驱动的特性，Node.js 非常适合构建实时应用，如聊天应用、游戏服务器等，能够快速响应用户请求并广播数据。

9.2.2 安装 Node.js

扫一扫，看视频

如果希望通过 Node.js 来运行 JavaScript 代码，则必须先在计算机中安装 Node.js。具体操作步骤如下：

（1）在浏览器中打开 Node.js 官网，如图 9.2 所示。下载最新的长期支持版本（20.10.0 LTS），该版本比较稳定，右侧的 Current 为最新版。

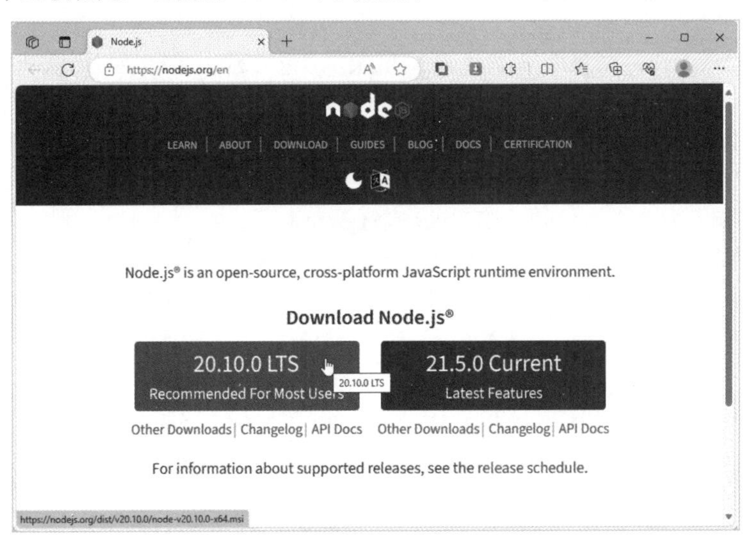

图 9.2　Node 官网

（2）下载完毕，在本地双击安装文件（node-v20.10.0-x64.msi）进行安装，安装过程中可以全部保持默认设置。

安装成功后，需要检测是否安装成功。具体步骤如下：

（1）使用快捷键 Window+R 键打开“运行”对话框，然后在“运行”对话框的“打开”文本框中输入 cmd，如图 9.3 所示。

（2）单击“确定”按钮，即可打开 DOS 系统窗口，输入命令“node -v”，然后按 Enter 键，如果出现 Node 对应的版本号，则说明安装成功，如图 9.4 所示。

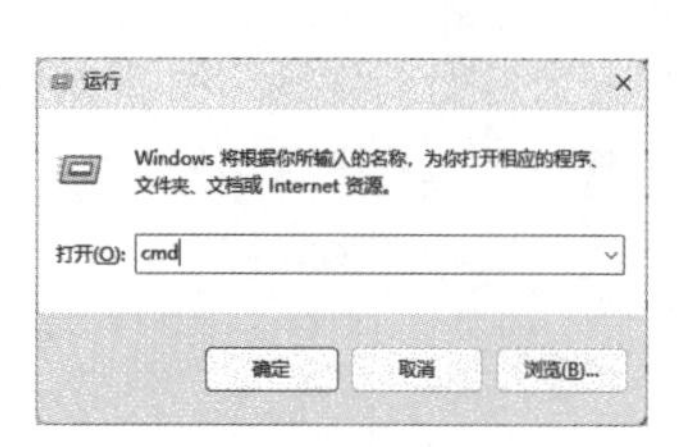

图 9.3　输入 cmd

图 9.4　检查 Node 版本

提示

因为 Node.js 已经自带 NPM（Node Package Manager，Node 包管理工具），因此直接在 DOS 系统窗口中输入命令“npm -v”即可以检查 NPM 版本，如图 9.5 所示。

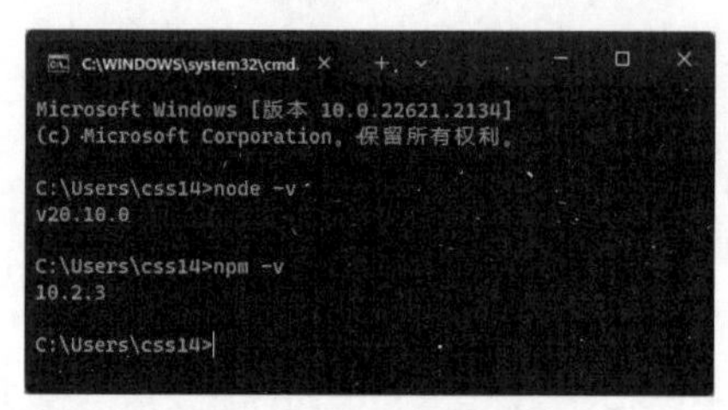

图 9.5　检查 NPM 版本

扫一扫，看视频

9.2.3　安装 Express 框架

Express 是一个简洁而灵活的 Web 应用框架，使用 Express 框架可以快速搭建一个功能完整的网站。安装 Express 框架的步骤如下：

（1）在本地计算机中新建一个站点目录，如 D:\test。

（2）参考前面操作步骤打开 DOS 系统窗口，输入命令“d:”，然后按 Enter 键，进入 D 盘根目录，再输入命令“cd test”，按 Enter 键进入 test 目录。

（3）输入以下命令，开始在当前目录中安装 Express 框架。

```
npm install express -save
```

（4）安装完毕，输入以下命令。

```
npm list express
```

（5）按 Enter 键查看 Express 版本号以及安装信息。

```
test@ D:\test
'-- express@4.18.2 -> .\node_modules\.store\express@4.18.2\node_modules\
express
```

以上命令会将 Express 框架安装在当前目录的 node_modules 子目录中，node_modules 子目录中会自动创建 express 目录。

提示

使用 NPM 进行安装，受网速影响，普通安装速度可能会非常慢，甚至因为延迟而安装失败。因此，推荐使用淘宝镜像（cnpm）进行安装，安装速度更快。安装步骤如下。

（1）安装 cnpm 命令。命令如下：

```
npm install -g cnpm --registry=https://registry.npm.taobao.org
```

（2）cnpm 安装成功后，在终端使用 cnpm 命令时，如果提示“cnpm 不是内部命令”，则需要设置 cnpm 命令的环境变量，让系统能够找到 cnpm 命令所在的位置，如图 9.6 所示。

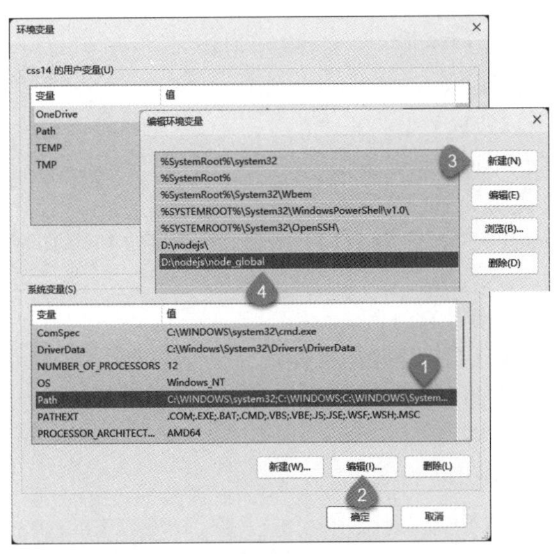

图 9.6　设置 cnpm 命令的环境变量

（3）使用 cnpm 命令安装依赖包，用法与 npm 命令完全一样。

```
cnpm install express -save
```

提示

使用 VScode 可以快速进行命令行测试。方法如下：启动 VScode，选择“文件”→“选择文件夹”菜单命令，打开 D:\test，此时 VScode 会自动把该目录视为一个应用站点，在左侧“资源管理器”面板中可以操作站点文件。同时选择“终端”→“新建终端”菜单命令，就可以在底部新建一个终端面板，在终端面板中可以输入命令行命令，进行快速测试，用法和响应结果与 DOS 系统窗口内完全相同。

9.2.4　使用 Express 框架搭建服务器

扫一扫，看视频

本小节通过两个示例简单介绍 Express 框架的基本使用方法。

【示例 1】使用 Express 框架搭建服务器，并在客户端发起请求后，响应 Hello World 信息。

（1）在 test 目录中新建 JavaScript 文件，命名为 app.js。

（2）在 app.js 文件中输入以下 JavaScript 代码，创建服务器运行程序。

```
var express = require('express');            //导入 Express 模块
```

```
var app = express();                              //创建 Web 服务器对象
app.get('/', function (req, res) {                //处理 GET 请求，响应 Hello World 信息
    res.send('Hello World');
})
var server = app.listen(8000, function () {//监听 8000 端口
    console.log("服务器启动成功")
})
```

在 get()方法的回调函数中，参数 req 表示 Request 对象，负责 HTTP 请求，包含了请求查询字符串、参数、内容、HTTP 头部等属性。常见属性如下。

- req.body：获取请求主体。
- req.hostname、req.ip：获取主机名和 IP 地址。
- req.path：获取请求路径。
- req.protocol：获取协议类型。
- req.query：获取 URL 的查询参数串。
- req.get()：获取指定的 HTTP 请求头。

参数 res 表示 Response 对象，负责 HTTP 响应，即在接收到请求时向客户端发送的 HTTP 响应数据。常见属性如下。

- res.append()：追加指定 HTTP 头。
- res.download()：传送指定路径的文件。
- res.get()：返回指定的 HTTP 头。
- res.json()：传送 JSON 响应。
- res.jsonp()：传送 JSONP 响应。
- res.send()：传送 HTTP 响应。
- res.set()：设置 HTTP 头。
- res.status()：设置 HTTP 状态码。

（3）打开 DOS 系统窗口，输入命令“d:”，然后按 Enter 键，进入 D 盘根目录，再输入命令“cd test”，按 Enter 键进入 test 目录。

（4）输入以下命令运行 Web 服务器，如图 9.7 所示。

```
node app.js
```

（5）打开浏览器，在地址栏中输入 http://127.0.0.1:8000/或者 http://localhost:8000/，按 Enter 键后便可以看到响应信息，如图 9.8 所示。

图 9.7　运行 Web 服务器

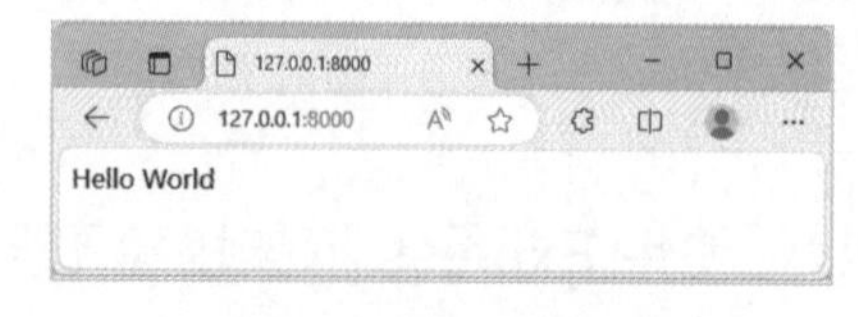

图 9.8　查看响应信息

【示例 2】可以使用 express.static 中间件设置静态文件访问路径，如 HTML 文件、图片、CSS、JavaScript 文件等。

（1）在 test 目录下新建 public 子目录。

（2）在 public 子目录中新建 test.html 文件，代码如下：

```
<!doctype html>
```

```
<html><head><meta charset="utf-8"></head><body>
<h1>静态文件</h1>
</body></html>
```

（3）在 app.js 文件中添加代码：app.use(express.static('public'));。

```
var express = require('express');
var app = express();
app.use(express.static('public'));                //处理静态资源
var server = app.listen(8000, function () {
    console.log("服务器启动成功")
})
```

（4）输入以下命令运行 Web 服务器。

```
node app.js
```

（5）打开浏览器，在地址栏中输入 http://127.0.0.1:8000/test.html，按 Enter 键后便可以看到静态网页内容。

在 DOS 命令行窗口中，按快捷键 Ctrl+C 可以停止服务器的运行。

9.3 XMLHttpRequest

XMLHttpRequest 是一个异步请求 API，提供了客户端向服务器发出 HTTP 请求的功能，请求过程允许不同步，不需要刷新页面。

9.3.1 定义 XMLHttpRequest 对象

扫一扫，看视频

XMLHttpRequest 是客户端的一个 API，它为浏览器与服务器通信提供了一个便捷通道。现代浏览器都支持 XMLHttpRequest API。创建 XMLHttpRequest 对象的语法格式如下：

```
var xhr = new XMLHttpRequest();
```

XMLHttpRequest 对象提供一些常用属性和方法，见表 9.1 和表 9.2。

表 9.1 XMLHttpRequest 对象的属性

属　性	说　明
onreadystatechange	当 readyState 属性值改变时，响应执行绑定的回调函数
readyState	返回当前请求的状态
status	返回当前请求的 HTTP 状态码
statusText	返回当前请求的响应行状态
responseBody	返回正文信息
responseStream	以文本流的形式返回响应信息
responseText	以字符串的形式返回响应信息
responseXML	以 XML 格式的数据返回响应信息
responseType	设置响应数据的类型，包括 text、arraybuffer、blob、json 或 document，默认为 text
response	如果请求成功，则返回响应的数据
timeout	请求时限。超过时限，会自动停止 HTTP 请求

表 9.2　XMLHttpRequest 对象的方法

方　法	说　明
open()	创建一个新的 HTTP 请求
send()	发送请求到 HTTP 服务器并接收响应
getAllResponseHeaders()	获取响应的所有 HTTP 头信息
getResponseHeader()	从响应信息中获取指定的 HTTP 头信息
setRequestHeader()	单独指定请求的某个 HTTP 头信息
abort()	取消当前请求

使用 XMLHttpRequest 对象实现异步通信的一般步骤如下：

（1）定义 XMLHttpRequest 实例对象。

（2）调用 XMLHttpRequest 对象的 open()方法打开服务器端 URL 地址。

（3）注册 onreadystatechange 事件处理函数，准备接收响应数据并进行处理。

（4）调用 XMLHttpRequest 对象的 send()方法发送请求。

扫一扫，看视频

9.3.2　建立 HTTP 连接

使用 XMLHttpRequest 对象的 open()方法可以建立一个 HTTP 请求。语法格式如下：

```
xhr.open(method, url, async, username, password);
```

其中，xhr 表示 XMLHttpRequest 对象，open()方法包含 5 个参数，简单说明如下。

（1）method：HTTP 请求方法，字符串型，包括 POST、GET 和 HEAD，大小写不敏感。

（2）url：请求的 URL 字符串，大部分浏览器仅支持同源请求。

（3）async：可选参数，指定请求是否为异步方式，默认为 true。如果为 false，当状态改变时会立即调用 onreadystatechange 绑定的回调函数。

（4）username：可选参数，如果服务器需要验证，该参数指定用户名；如果未指定，当服务器需要验证时，会弹出验证窗口。

（5）password：可选参数，验证信息中的密码部分，如果用户名为空，则该值将被忽略。

建立连接后，可以使用 send()方法发送请求，用法如下：

```
xhr.send(body);
```

其中，参数 body 表示将通过该请求发送的数据，如果不传递信息，可以设置为 null 或者省略。

发送请求后，可以使用 XMLHttpRequest 对象的 responseBody、responseStream、responseText 或 responseXML 属性等待接收响应数据。

【示例】 以 9.2.4 小节中的示例 2 创建的服务器为基础，本示例简单演示如何实现异步通信。

（1）在/public/test.html 文件中输入以下 JavaScript 代码。

```
var xhr = new XMLHttpRequest();                  //实例化 XMLHttpRequest 对象
xhr.open("GET","server.txt", false);             //建立连接，要求同步响应
xhr.send(null);                                  //发送请求
console.log(xhr.responseText);                   //接收数据
```

（2）在服务器端静态文件（/public/server.txt）中输入以下字符串。

```
Hello World                                      //服务器端脚本
```

（3）在浏览器中预览页面（http://localhost:8000/test.html），在控制台会显示 Hello World

的提示信息。该字符串是从服务器端响应的字符串。

9.3.3　发送 GET 请求

扫一扫，看视频

发送 GET 请求简单、方便，适合传递简单的字符信息，不适合传递大容量或加密数据。实现方法如下：将包含查询字符串的 URL 传入 XMLHttpRequest 对象的 open()方法，设置第 1 个参数值为 GET 即可。服务器能够通过查询字符串接收用户信息。

提示

查询字符串通过问号（?）作为前缀附加在 URL 的末尾，发送数据是以连接符（&）连接的一个或多个键值对。

【示例】下面的示例以 GET 方式向服务器传递一条信息 id=123456，然后服务器接收到请求后把该条信息响应回去。

（1）新建 test.html 文件，置于/public/test.html 目录中，然后输入以下代码。

```
<input name="submit" type="button" id="submit" value="向服务器发出请求" />
<script>
window.onload = function(){                          //页面初始化
    var b = document.getElementsByTagName("input")[0];
    b.onclick = function(){
        var url = "/get?id=123456"                   //设置查询字符串
        var xhr = new XMLHttpRequest();              //实例化 XMLHttpRequest 对象
        xhr.open("GET",url, false);                  //建立连接，要求同步响应
        xhr.send(null);                              //发送请求
        console.log(xhr.responseText);               //接收数据
    }
}
</script>
```

（2）在服务器端应用程序文件（/app.js）中输入以下代码。获取查询字符串中 id 的参数值，并把该值响应给客户端。

```
var express = require('express');                    //导入 Express 模块
var app = express();                                 //创建 Web 服务器对象
app.get('/get', function (req, res) {                //处理 GET 请求
    res.send( req.query);                            //接收查询字符串并响应给客户端
})
app.use( express.static('public'));                  //处理静态资源
var server = app.listen(8000, function () {          //创建服务并监听指定端口
    console.log("服务器启动成功")
})
```

（3）在浏览器中预览页面（http://localhost:8000/test.html），当单击“向服务器发出请求”按钮时，在控制台显示传递的参数值，如图 9.9 所示。

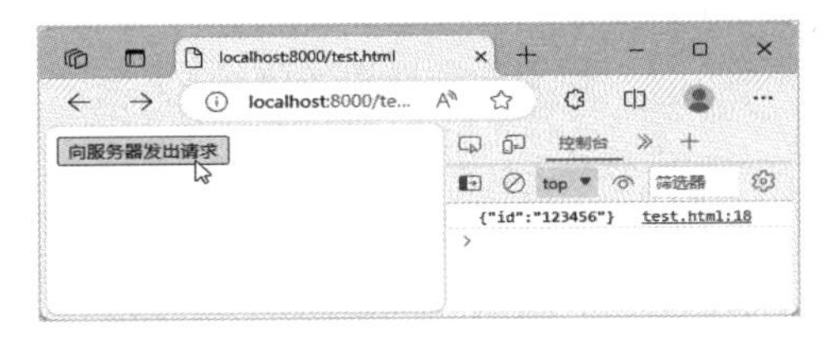

图 9.9　查看响应信息

扫一扫，看视频

9.3.4 发送 POST 请求

POST 请求允许发送任意类型、任意长度的数据，多用于表单提交。请求的信息以 send()方法的参数进行传递，而不是以查询字符串的方式进行传递。语法格式如下：

```
send("name1=value1&name2=value2...");
```

【示例】 以 9.3.3 小节中的示例为例，使用 POST 方法向服务器传递数据。

（1）新建 test.html 文件，置于/public/test.html 目录中，然后输入以下代码。

```
window.onload = function(){                           //页面初始化
    var b = document.getElementsByTagName("input")[0];
    b.onclick = function(){
        var url = "/post"                             //设置请求的地址
        var xhr = new XMLHttpRequest();               //实例化 XMLHttpRequest 对象
        xhr.open("POST",url, false);                  //建立连接，要求同步响应
        xhr.setRequestHeader('Content-type','application/x-www-form-
urlencoded');
                                                      //设置为表单方式提交
        xhr.send("id=123456");                        //发送请求
        console.log(xhr.responseText);                //接收数据
    }
}
```

在 open()方法中，设置第 1 个参数为 POST，然后使用 setRequestHeader()方法设置请求消息的内容类型为“application/x-www-form-urlencoded”，它表示传递的是表单值，一般使用 POST 方法发送请求时都必须设置该选项，否则服务器会无法识别传递过来的数据。

（2）在服务器端应用程序文件（/app.js）中输入以下代码。在服务器端设计接收使用 POST 方法传递的数据并进行响应。

```
var express = require('express');                     //导入 Express 模块
var app = express();                                  //创建 Web 服务器对象
var bodyParser = require('body-parser');              //导入 body-parser 模块
//创建 application/x-www-form-urlencoded 编码解析
var urlencodedParser = bodyParser.urlencoded({ extended: false })
app.post('/post', urlencodedParser, function (req, res) {    //处理 POST 请求
    res.send( req.body);                              //接收主体信息并响应给客户端
})
app.use( express.static('public'));                  //处理静态资源
var server = app.listen(8000, function () {           //创建服务并监听指定端口
    console.log("服务器启动成功")
})
```

（3）由于本示例用到 body-parser 子模块，用于解析 POST 请求中 body 包含的二进制数据，需要在当前 test 目录中输入以下命令安装该子模块。

```
npm install body-parser -save
```

或者

```
cnpm install body-parser -save
```

9.3.5 跟踪响应状态

扫一扫，看视频

使用 XMLHttpRequest 对象的 readyState 属性可以实时跟踪响应状态。当该属性值发生变化时，会触发 readystatechange 事件，调用绑定的回调函数。readyState 属性值及说明见表 9.3。

表 9.3 readyState 属性值及说明

属 性 值	说 明
0	未初始化。表示对象已经建立，但是尚未初始化，尚未调用 open()方法
1	初始化。表示对象已经建立，尚未调用 send()方法
2	发送数据。表示 send()方法已经调用，但是当前的状态及 HTTP 头未知
3	数据传送中。已经接收部分数据，因为响应及 HTTP 头不全，这时通过 responseBody 和 responseText 获取部分数据会出现错误
4	完成。数据接收完毕，此时可以通过 responseBody 和 responseText 获取完整的响应数据

如果 readyState 属性值为 4，则说明响应完毕，那么就可以安全读取响应的数据。考虑到各种特殊情况，更安全的方法是同时监测 HTTP 状态码，只有当 HTTP 状态码为 200 时，才说明 HTTP 响应顺利完成。

【示例】以 9.3.4 小节中的示例为例，修改请求为异步响应请求，然后通过 status 属性获取当前的 HTTP 状态码。如果 readyState 属性值为 4，并且 status（状态码）属性值为 200，则说明 HTTP 请求和响应过程顺利完成，这时可以安全、异步地读取数据了。

```
  window.onload = function(){                          //页面初始化
      var b = document.getElementsByTagName("input")[0];
      b.onclick = function(){
          var url = "/post"                            //设置请求的地址
          var xhr = new XMLHttpRequest();              //实例化 XMLHttpRequest 对象
          xhr.open("POST",url, true);                  //建立连接，要求异步响应
          xhr.setRequestHeader('Content-type','application/x-www-form-
urlencoded');
                                                       //设置为表单方式提交
          xhr.onreadystatechange = function(){         //绑定响应状态事件监听函数
              if(xhr.readyState == 4){                 //监听 readyState 状态
                  if (xhr.status == 200 || xhr.status == 0){//监听 HTTP 状态码
                      console.log(xhr.responseText);         //接收数据
                  }
              }
          }
          xhr.send("id=123456");                             //发送请求
      }
  }
```

9.4 案 例 实 战

9.4.1 获取 XML 数据

扫一扫，看视频

XMLHttpRequest 对象通过 responseBody、responseStream、responseText 或 responseXML

属性获取响应信息，见表 9.4，它们都是只读属性。

表 9.4　XMLHttpRequest 对象获取响应信息的属性

响 应 信 息	说　明
responseBody	将响应信息正文以 Unsigned Byte 数组形式返回
responseStream	以 ADO Stream 对象的形式返回响应信息
responseText	将响应信息作为字符串返回
responseXML	将响应信息格式化为 XML 文档格式返回

在实际应用中，一般将格式设置为 XML、HTML、JSON 或其他纯文本格式。具体使用哪种响应格式，可以参考以下几条原则。

（1）如果向页面中添加 HTML 字符串片段，选择 HTML 格式会比较方便。

（2）如果需要协作开发且项目庞杂，选择 XML 格式会更通用。

（3）如果要检索复杂的数据且结构复杂，那么选择 JSON 格式会更轻便。

【案例】在服务器端创建一个简单的 XML 文档，置于/public/server.xml 目录中，然后输入以下代码。

```
<?xml version="1.0" encoding="utf-8"?>
<the>XML 数据</the >
```

也可以使用服务器端 JavaScript 脚本动态生成 XML 结构数据。

新建 test.html 文件，置于/public/test.html 目录中，在客户端进行如下请求。

```
<input name="submit" type="button" id="submit" value="向服务器发出请求" />
<script>
window.onload = function(){                          //页面初始化
    var b = document.getElementsByTagName("input")[0];
    b.onclick = function(){
        var xhr = new XMLHttpRequest();    //实例化 XMLHttpRequest 对象
        xhr.open("GET","server.xml", true);  //建立连接，要求异步响应
        xhr.onreadystatechange = function(){ //绑定响应状态事件监听函数
            if(xhr.readyState == 4){      //监听 readyState 状态
                if (xhr.status == 200 || xhr.status == 0){//监听 HTTP 状态码
                    var  info = xhr.responseXML;
                    console.log(info.getElementsByTagName("the")[0]
.firstChild.data);                                  //返回元信息字符串（XML 数据）
                }
            }
        }
        xhr.send();                                  //发送请求
    }
}
</script>
```

在上面的代码中，使用 XML DOM 的 getElementsByTagName()方法获取 the 节点，然后再定位第 1 个 the 节点的子节点内容。此时，如果继续使用 responseText 属性来读取数据，则会返回 XML 源代码字符串。

扫一扫，看视频

9.4.2　获取 JSON 数据

使用 responseText 可以获取 JSON 格式的字符串，然后使用 eval()方法将其解析为本地

JavaScript 脚本，再从该数据对象中读取信息。

【案例】在服务器端请求文件中包含以下 JSON 数据（/public/server.js）。

```
{user:"ccs8",pass: "123456",email:"css8@mysite.cn"}
```

在客户端执行以下请求。把返回的 JSON 字符串转换为对象，然后读取属性值。

```
<input name="submit" type="button" id="submit" value="向服务器发出请求" />
<script>
window.onload = function(){                          //页面初始化
    var b = document.getElementsByTagName("input")[0];
    b.onclick = function(){
         var xhr = new XMLHttpRequest();          //实例化 XMLHttpRequest 对象
         xhr.open("GET","server.js", true);    //建立连接，要求异步响应
         xhr.onreadystatechange = function(){ //绑定响应状态事件监听函数
              if(xhr.readyState == 4){            //监听 readyState 状态
                   if (xhr.status == 200 || xhr.status == 0){//监听 HTTP 状态码
                        var info = xhr.responseText;
                        var o = eval("("+info+")");   //调用 eval()方法把字符
                                                          串转换为本地脚本
                        console.log(info);   //显示 JSON 对象字符串
                        console.log(o.user);//读取对象属性值，返回字符串"css8"
                   }
              }
         }
         xhr.send();                                  //发送请求
    }
}
</script>
```

注意

eval()方法在解析 JSON 字符串时存在安全隐患。如果 JSON 字符串中包含恶意代码，在调用回调函数时可能会被执行。解决方法如下：先对 JSON 字符串进行过滤，屏蔽掉敏感或恶意代码。不过，如果确信所响应的 JSON 字符串是安全的，没有被人恶意攻击，那么可以使用 eval()方法解析 JSON 字符串。

9.4.3 获取纯文本

扫一扫，看视频

对于简短的信息，可以使用纯文本格式进行响应。但是纯文本信息在传输过程中容易丢失，并且没有办法检测信息的完整性。

【案例】服务器端响应信息为字符串"true"，则可以在客户端这样设计：

```
var xhr = new XMLHttpRequest();                      //实例化 XMLHttpRequest 对象
xhr.open("GET","server.txt", true);                  //建立连接，要求异步响应
xhr.onreadystatechange = function(){                 //绑定响应状态事件监听函数
     if(xhr.readyState == 4){                        //监听 readyState 状态
          if (xhr.status == 200 || xhr.status == 0){   //监听 HTTP 状态码
               var  info = xhr.responseText;
               if(info == "true") console.log("文本信息传输完整");
                                                     //检测信息是否完整
               else  console.log("文本信息可能存在丢失");
```

```
            }
        }
    }
    xhr.send();                                              //发送请求
```

本章小结

本章首先讲解了 Web 服务的相关概念，如 Web 服务器、URL、路径和 HTTP 等；然后具体讲解了如何构建 Node.js 服务器，包括如何在本地安装 Node.js 服务软件，如何安装 Express 框架并使用 Express 框架启动 Web 服务功能；最后详细讲解了 XMLHttpRequest 插件的使用，包括如何建立与服务器端的连接，如何请求和响应数据，如何跟踪响应状态和接收不同格式的数据。

课后练习

一、填空题

1. Ajax 是使用__________脚本，借助__________插件，在客户端与服务器端之间实现异步通信的一种方法。

2. Web 服务器也称__________，是指驻留于互联网上某种类型的服务程序。

3. 常用的 Web 服务器包括__________、__________和__________等。

4. 一个 URL 一般由 3 部分组成：__________、__________和__________。

5. HTTP 是__________协议，表示访问的资源是 HTML 文件。

二、判断题

1. HTTP 是一种网络层协议，负责超文本的传输，如文本、图像、多媒体等。（　　）

2. HTTP 由两部分组成：请求和响应。（　　）

3. HTTP 请求由 3 部分组成：请求行、消息报头、请求正文。（　　）

4. HTTP 响应由 3 部分组成：响应行、消息报头、响应正文。（　　）

5. 状态码为 400，表示请求已被成功接收、理解或接受。（　　）

三、选择题

1. （　　）表示本地文件。

   A．http://　　B．ftp://　　C．mailto:　　D．file://

2. 以下选项中，（　　）路径不能够用于网站开发。

   A．绝对　　B．物理　　C．相对　　D．根径

3. 使用 POST 方式发送 HTTP 请求，请求信息一般位于（　　）部分。

   A．请求行　　B．状态行　　C．消息报头　　D．请求正文

4. 如果发生服务器端错误，则响应状态码应该是（　　）。

   A．5xx　　B．4xx　　C．3xx　　D．2xx

5. 使用（　　）属性可以接收 JSON 格式的数据。

A. responseStream　B. responseText　C. responseXML　D. responseType

四、简答题

1. 简单介绍一下 Node.js 的作用。
2. 简单说明一下 Express 框架的作用和搭建步骤。

五、编程题

1. 为了安全起见，Ajax 异步通信一般都遵循同源策略，即发起请求的 URL 和响应请求的 URL 的协议、端口和主机必须相同。Express 框架支持跨域请求，但是需要在服务器端应用程序中主动设置允许跨域访问，代码如下：

```
app.all('*', (req, res, next) => {                      //all()表示匹配所有请求方式
    res.setHeader('Access-Control-Allow-Origin', '*');//设置响应头，允许跨域访问
    next();                                              //执行下一个中间件或路由
});
```

根据以上思路和方法把 9.3.3 小节中的示例改为跨域请求。

2. 设计一个登录验证页，包含用户名和密码两个文本框，一个登录按钮。输入信息之后，单击登录按钮，通过 Ajax 技术把用户信息上传到服务器，然后在服务器端进行验证，如果通过验证则提示登录成功，否则提示登录失败。

拓 展 阅 读

第 10 章　HTML5 本地存储

【学习目标】

- 使用 Web Storage。
- 使用 indexedDB 数据库。

在 HTML4 中，客户端处理网页数据的方式主要通过 cookie 来实现，但 cookie 存在很多缺陷，如不安全、容量有限等。HTML5 新增 Web Storage API，用于代替 cookie 解决方案，对于简单的 key/value（键值对）信息，使用 Web Storage 存储会非常方便。同时，现代浏览器还支持不同类型的本地数据库，如 indexedDB，使用客户端数据库可以减轻服务器端的压力，提升 Web 应用的访问速度。

10.1　Web Storage

HTML5 的 Web Storage API 提供了两个客户端数据存储对象：localStorage 和 sessionStorage。使用它们来代替 cookie 存储客户端临时数据。

扫一扫，看视频

10.1.1　使用 Web Storage

localStorage 和 sessionStorage 的语法和用法基本相同，重要区别如下。

（1）localStorage：用于持久化的本地存储，除非主动删除，否则数据永远不会过期。

（2）sessionStorage：用于存储本地会话（session）数据，这些数据只有在同一个会话周期内才能访问，会话结束后数据也随之销毁，如关闭网页、切换选项卡视图等。因此，sessionStorage 是一种短期本地存储方式。

1．存储

使用 setItem()方法可以存储值。用法如下：

```
setItem(key, value)
```

参数 key 表示键名，value 表示值，都以字符串形式进行传递。例如：

```
sessionStorage.setItem("key", "value");
localStorage.setItem("site", "mysite.cn");
```

2．访问

使用 getItem()方法可以读取指定键名的值。用法如下：

```
getItem(key)
```

参数 key 表示键名，为字符串类型。该方法将获取指定 key 本地存储的值。例如：

```
var value = sessionStorage.getItem("key");
var site = localStorage.getItem("site");
```

3. 删除

使用 removeItem()方法可以删除指定键名本地存储的值。用法如下：

```
removeItem(key)
```

参数 key 表示键名，为字符串类型。该方法将删除指定 key 本地存储的值。例如：

```
sessionStorage.removeItem("key");
localStorage.removeItem("site");
```

4. 清空

使用 clear()方法可以清空所有本地存储的键值对。用法如下：

```
clear()
```

例如，直接调用 clear()方法可以直接清空本地存储的数据。

```
sessionStorage.clear();
localStorage.clear();
```

提示

Web Storage 也支持使用点语法，或者使用字符串数组的方式来处理本地数据。例如：

```
var storage = window.localStorage;              //获取本地 localStorage 对象
//存储值
storage.key = "hello";
storage["key"] = "world";
//访问值
console.log(storage.key);
console.log(storage["key"]);
```

5. 遍历

Web Storage 定义 key()方法和 length 属性，使用它们可以对存储数据进行遍历操作。

【示例 1】下面的示例获取本地 localStorage，然后使用 for 语句访问本地存储的所有数据，并输出到控制台显示。

```
var storage = window.localStorage;
for (var i=0, len = storage.length; i < len; i++){
      var key = storage.key(i);
      var value = storage.getItem(key);
      console.log(key + "=" + value);
}
```

6. 监测事件

Web Storage 定义 storage 事件，当键值改变或者调用 clear()方法时，将触发 storage 事件。

【示例 2】下面的示例使用 storage 事件监测本地存储，当值变动时，即时进行提示。

```
if(window.addEventListener){
     window.addEventListener("storage",handle_storage,false);
 }else if(window.attachEvent){
     window.attachEvent("onstorage",handle_storage);
```

```
    }
    function handle_storage(e) {
        var logged = "key:" + e.key + ", newValue:" + e.newValue + ",
oldValue:" + e.oldValue + ", url:" + e.url + ", storageArea:" + e.storageArea;
        console.log(logged);
    }
```

storage 事件对象包含的属性见表 10.1。

表 10.1　storage 事件对象包含的属性

属　性	类　型	说　明
key	String	键的名称
oldValue	Any	以前的值（被覆盖的值），如果是新添加的项目，则为 null
newValue	Any	新的值，如果是新添加的项目，则为 null
url/uri	String	引发更改的方法所在的页面地址

扫一扫，看视频

10.1.2　案例：用户登录

本案例演示如何使用 localStorage 对象保存用户登录信息，运行结果如图 10.1 所示。

当用户在文本框中输入用户名与密码并单击“登录”按钮后，浏览器将调用 localStorage 对象保存登录用户名。如果勾选“是否保存密码”复选框，会同时保存密码；否则，将清空可能保存的密码。当重新打开该页面时，经过保存的用户名和密码数据将分别显示在文本框中，避免用户重复登录。代码如下：

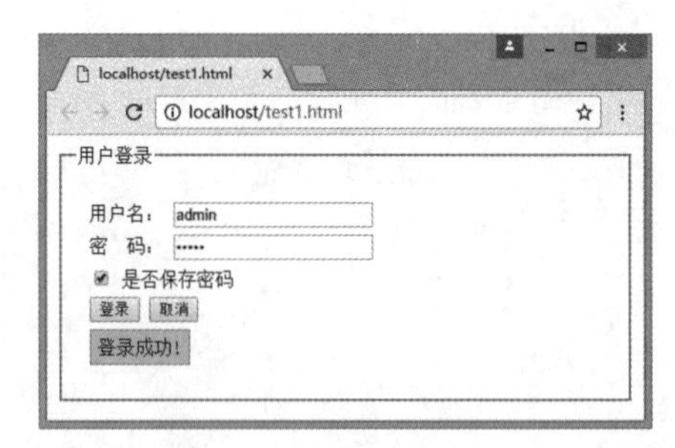

图 10.1　保存用户登录信息

```
<script type="text/javascript">
function $(id) { return document.getElementById(id);  }
function pageload(){                                    //页面加载时调用的函数
    var strName=localStorage.getItem("keyName");
    var strPass=localStorage.getItem("keyPass");
    if(strName){ $("txtName").value=strName; }
    if(strPass){ $("txtPass").value=strPass; }
}
function btn_click(){                                   //单击“登录”按钮后调用的函数
    var strName=$("txtName").value;
    var strPass=$("txtPass").value;
    localStorage.setItem("keyName",strName);
    if($("chkSave").checked){ localStorage.setItem("keyPass",strPass);
    }else{localStorage.removeItem("keyPass");}
    $("spnStatus").className="status";
    $("spnStatus").innerHTML="登录成功!";
}
</script>
<body onLoad="pageload();">
<form id="frmLogin" action="#">
    <fieldset>
```

```
            <legend>用户登录</legend>
            <ul>
                <li>用户名: <input id="txtName" class="inputtxt" type="text">
</li>
                <li>密 码: <input id="txtPass" class="inputtxt"
type="password"></li>
                <li><input id="chkSave" type="checkbox">是否保存密码</li>
                <li><inputname="btn"class="inputbtn"value="登录"type="button"
onClick="btn_click();"><input name="rst" class="inputbtn" type="reset" value=
"取消"> </li>
                <li class="li_title"><span id="spnStatus"></span></li>
            </ul>
        </fieldset>
    </form>
    </body>
```

10.2 indexedDB

10.2.1 indexedDB 概述

indexedDB 是 HTML5 新增的用于 Web 数据持久化的标准之一。indexedDB 有以下特点。

（1）非关系型数据库，不支持结构化查询语言（Structured Query Language，SQL）。

（2）数据以键值对的形式存储。

（3）事务模式数据库，任何操作都发生在事务中。

（4）遵循同源策略。

基于以上特点，indexedDB 非常适用于需要在客户端存储大量数据的网站，更适用于基于 PWA 的 Web App。相比于其他浏览器存储技术（如 cookie、localStorage 等），indexedDB 具有以下优点。

（1）存储空间特别大，远超 cookie 和 localStorage。

（2）可以通过索引实现高性能搜索。

（3）所有操作完全异步执行。

indexedDB 是非关系型数据库，数据组织方式与 SQL 数据库不同，没有表和字段的概念，它的最小组织单位是 key-value，一对 key-value 就相当于 SQL 数据库里面的一条记录，是数据的最终体现形式。indexedDB 的 objectStore（对象仓库）与 SQL 数据库中的表类似，但是它们的存储形式不同，objectStore 比数据表简单得多。

indexedDB 内置了事务系统，所有读/写操作都必须在事务中完成。同时，indexedDB 不是一个运行时服务，而是基于文件的即时存取数据库，但是可以使用其他数据库的模型思维来了解它。在 indexedDB 中，用户可以创建多个数据库，每个数据库都有自己独立的空间。

10.2.2 建立连接

扫一扫，看视频

在 indexedDB 中存储数据，需要执行以下两步操作。

（1）连接到某个数据库。

（2）选择某个对象仓库进行数据操作。

本小节主要介绍如何连接到 indexedDB 数据库。

HTML5 为 window 对象新增了 indexedDB 属性，使用它可以访问 indexedDB 对象，调用 indexedDB 对象的 open()方法可以建立一个数据库连接。若指定的数据库不存在，则创建一个新的数据库，新建一个请求连接。具体语法格式如下：

```
var request = window.indexedDB.open(DBName, version);
```

第 1 个参数指定数据库的名称；第 2 个参数指定数据库的版本号，必须为整数。

（1）如果指定名称的数据库不存在，则新建数据库，默认版本号为 1。

（2）如果指定名称的数据库已存在，则省略版本号，打开当前版本号的数据库。

（3）如果指定名称的数据库已存在，并且指定的版本号大于数据库的实际版本号，则进行数据库升级。

open()方法返回一个 IDBOpenDBRequest 对象，它表示一个数据库连接的请求对象。该对象提供以下 3 个事件处理函数，在其中进行数据库打开后的进一步处理。例如，在 onsuccess 事件处理函数中，可以获取用于进行操作的数据库对象，利用该容器就可以进行数据库的下一步操作。

```
request.onsuccess = function(event){           //当成功连接数据库时触发
    db = request.result;                       //返回数据库对象实例（IDBDatabase）
}
request.onerror = function(event){             //当连接数据库失败时触发
    //输出报错信息
}
request.onupgradeneeded = function(event){ //当创建数据库/升级数据库时触发
    var _db = event.target.result;             //缓存 IDBDatabase 接口
    //创建/删除对象存储
}
```

无论是连接数据库，还是更新数据库，所有数据查询、插入、删除、更新等操作，都要在 onsuccess 事件处理函数中执行，通过 IDBOpenDBRequest 返回的 IDBDatabase 实例实现。而所有针对数据库结构的更新只能在 onupgradeneeded 事件处理函数中实现。这些都是异步操作。

提示

IDBDatabase 对象包含如下属性和方法，简单说明如下。

（1）name：获取当前连接到的数据库的名称，与 open()方法的 name 参数值是一致的。

（2）version：数据库的版本号，与 open()方法的 version 参数值是一致的。

（3）objectStoreNames：获取当前数据库的所有 objectStore 的 name 列表，为一个数组。

（4）createObjectStore()：创建一个对象仓库。

（5）deleteObjectStore()：删除一个对象仓库。

（6）close()：关闭当前打开的数据库连接。关闭之后，任何操作都会报错。

（7）transaction()：开启一个事务。

【示例】下面的示例演示如何连接到 indexedDB 数据库。

```
<script>
function connectDatabase(){
```

```
        var dbName = 'indexedDBTest';                          //数据库的名称
        var dbVersion =20210101;                               //版本号
        var db;                                                //连接数据库对象的变量
        var dbConnect = indexedDB.open(dbName, dbVersion);//连接数据库
        dbConnect.onsuccess = function(e){                     //连接成功
            //e.target.result 为一个 IDBDatabase 对象，代表连接的数据库对象
            db = e.target.result;
            console.log('数据库连接成功');
        };
        dbConnect.onerror = function(){
            console.log('数据库连接失败');
        };
    }
    </script>
    <input type="button" value="连接数据库" onclick="connectDatabase();"/>
```

在连接成功的事件处理函数中，事件对象的 target.result 属性值为一个 IDBDatabase 对象，代表连接的数据库对象。

提示

在 IndexedDB API 中，可以通过 indexedDB 数据库对象的 close()方法关闭数据库连接。

```
db.close();
```

当数据库连接被关闭后，不能继续执行任何对该数据库进行的操作，否则浏览器均抛出异常。

10.2.3 数据库版本

扫一扫，看视频

indexedDB.open()方法的第 2 个参数为 version，它表示当前连接数据库的版本号。version 必须是正整数，并且只能升，不能降，只有当需要修改数据库时，才需要升级 version。

例如，当前连接数据库的 version 为 1，如果需要添加新的对象仓库，或者修改已添加的对象仓库的结构，就需要升级 version 为 2，或者大于 1 的整数值。

在同一时间内，一个数据库只能存在一个 version，不能同时存在多个 version。当升级 version 之后，如果还用旧的 version 连接数据库，将抛出异常。

在项目开发中，一般只会在发布代码时更新 version，而不会在程序运行过程中更新 version，因为一旦用户刷新页面，version 就会变成代码中设置的 version，这会造成错误。升级 version，是为了修改数据库的结构，触发 onupgradeneeded 事件。

version 的使用场景有以下两种。

（1）当需要修改对象仓库时。

（2）当需要添加新的对象仓库时。

从代码的层面分析，并非这两个事情发生了才触发 version 的改变。相反，如果要修改或添加对象仓库，必须传递新的 version 参数值给 open()方法，触发 onupgradeneeded 事件，在 onupgradeneeded 的回调函数中才能实现创建或升级 indexedDB 数据库目的。

10.2.4 对象仓库

扫一扫，看视频

对象仓库是 indexedDB 中非常核心的概念，它是数据的存储仓库，一个对象仓库类似于

SQL 数据库中的表，存放着相关的所有数据记录。不同于数据表的结构，对象仓库中的数据是以键值对（key/value）的形式存储的。key 表示对象仓库的主键，具体数据以对象的方式存储在 value 中。

通过 key 可以获取 indexedDB 中存储的对应值。要获取 value，必须通过 key。key 和 value 具有绑定关系，key 相当于 value 的别名或标记。

1．key

与 localStorage 不同，indexedDB 的 key 有以下两种形态。

（1）inline key：key 被包含在 value 中。例如，当存储的 value 是对象时，可以将 key 包含在 value 中。下面一条记录的 value 是一个对象，key 来自对象的 id 属性值，这个 key 就是 inline key。

```
key        value
1001       {id:1001, name: 'zhangsan', age:10}
```

（2）outline key：key 不被包含在 value 中。例如，当存储的 value 是字符串或 ArrayBuffer 时，就不可能在 value 中包含 key，这种情况下通过开启 autoIncrement 来实现。下面一条记录的 value 是一个字符串，key 是由系统自动生成的，这个 key 就是 outline key。

```
key        value
1001       ABE304defgsatdfgdfWFDe...
```

2．value

根据 W3C 规范，indexedDB 可以存储的数据类型包括 String、Date、Object、Arra、File、Blob、ImageData、ArrayBuffer 等。总之，凡是能进行序列化的值，都可以被 indexedDB 存储，Object 必须是以键值对组成的字面对象。

不能被序列化的数据（如自引用的 object、某些类的实例、Function），就不能被 indexedDB 存储，即不能存储函数等非结构化的数据。

3．创建对象仓库

使用数据库对象的 createObjectStore()方法，可以创建一个对象仓库。具体语法格式如下：

```
IDBDatabase.createObjectStore(name, options)
```

参数 name 表示要创建的对象仓库的名称，options 表示配置对象，包含以下选项。

（1）keyPath：主键，可以指定 object 的一个属性名称，如 id。如果使用 id 作为 keyPath，在查询时，get()方法的参数就应该是 id 值。

（2）autoIncrement：keyPath 是否自增，如果为 true，那么在添加一个 object 时，可以不用传递 id，id 会自动加 1。但是这样，就不知道这个 object 的 id 值是多少，所以不建议使用。默认为 false。

提示

keyPath 表示属性路径。当 value 是一个对象时，从 value 中读取某个节点的值。例如，value 为 { books: [{ name: 'My Uncle Tom', price: 13.4 }],}，要获得第 1 本书的价格，那么它的 keyPath 就是 'books[0].price'。keyPath 的作用是读取某个节点的键。对于 outline key 的情况，在创建对象仓库时，不能传递 keyPath，并且开启 autoIncrement，indexedDB 会默认以 id 作为 keyPath，但不会用到这个 id。

一般情况下，在创建对象仓库和 index 时，keyPath 就已经确定，所以在实际编程时，很少使用 keyPath，而是直接使用 key 进行操作。

【示例 1】创建对象仓库和修改对象仓库都只能在请求对象的 onupgradeneeded 事件处理函数中操作。

```
const request = window.indexedDB.open('mydb', 1) ;           //建立连接
request.onupgradeneeded = (e) => {                           //更新事件
    const db = e.target.result;                              //获取数据库对象
    db.createObjectStore('mystore', { keyPath: 'id' });      //创建对象仓库
}
```

注意

在一个数据库对象中，只允许存在一个同名的对象仓库。因此，如果第 2 次创建同名的对象仓库，就会抛出异常。同时，一旦一个对象仓库被创建，它的 name 和 keyPath 便不能被修改。

【示例 2】针对示例 1，需要添加一个条件语句，判断是否已经存在同名的 objectStore。

```
const request = window.indexedDB.open('mydb', 1) ;           //建立连接
request.onupgradeneeded = (e) => {                           //更新事件
    const db = e.target.result;                              //获取数据库对象
    if (!db.objectStoreNames.contains('mystore'))            //检测数据库中是否
                                                               存在指定对象仓库
        db.createObjectStore('mystore', {keyPath: 'id'});//创建对象仓库
}
```

onupgradeneeded 事件处理函数不会在每次刷新页面时执行，而是在刷新页面且 indexedDB 发现 version 被升级时执行。因此，所有修改数据库结构的操作，都要放在这个事件处理函数内。

对象仓库创建之后不可以修改，如果创建时失误，如配置错误，必须先删除该对象仓库，然后重新创建。

4. 对象仓库类型

对象仓库有两种类型，它们的用法也不同。

（1）对象型仓库。如果对象仓库用于存储对象，那么每次就只能存入一个对象，而且还要指定属性路径 keyPath。对象与 keyPath 必须对应，否则抛出异常。对象不包括数组，仅是字面对象。例如：

```
db.createObjectStore('mystore', { keyPath: 'id' });
```

（2）非对象型仓库。如果对象仓库用于存储非对象，如 ArrayBuffer。在创建对象仓库时，需要配置 autoIncrement 为 true，不需要设置 keyPath。例如：

```
db.createObjectStore('mystore', { autoIncrement: true });
```

当存入数据时，key 会被自动添加，索引值会自动自增。在查询或更新值时，都要使用索引作为 key。由于 key 存于内存，无法确定，建议在操作时同步保存到 localStorage 中，以方便查找。

如果对象仓库用于存储混合型数据，那么必须按照非对象型仓库来使用。此时存入的对象没有对应的 keyPath。例如：

```
db.createObjectStore('mystore', { keyPath: 'id', autoIncrement: true });
```

当插入的对象没有 id 属性时，对象会自动加上 id 属性，并且赋予一个数字作为 key。

提示

autoIncrement 是一个配置选项。当创建对象仓库时，如果设置 autoIncrement 为 true，那么对象仓库的 key 将具备自动生成的能力。

（1）若存入的值不存在对应的 keyPath，则会自动创建 keyPath，并用一个自动生成的数字作为 key，这个动作称为“污染”。

（2）若是非对象型仓库，则存入值不会产生污染效果。

（3）自动生成的数字从 1 开始自增，每次加 1。

（4）当手动传入 key 时，若是一个数字，则自增的值会被覆盖，下次插入时会从新的值开始计算。

（5）当手动传入 key 时，若不是一个数字，则不影响 key 的自增，下次插入时仍然以之前的值作为基数。

（6）autoIncrement 的最大取值为 2^{53}（2 的 53 次方），超出时，继续自增会报错，但可以通过设置字符串 key 继续添加记录。

（7）当插入一条记录时，add()或 put()方法会返回该记录的 key。

注意

如果对象仓库用于存储对象，建议不要开启 autoIncrement 功能。只有在存储非对象值时，才开启 autoIncrement 功能。不建议使用混合型仓库。

扫一扫，看视频

10.2.5 索引

索引（index）是独立于对象仓库，但又与对象仓库相绑定，用于建立更多查询线索的工具。实际上，一个索引就是一个特殊的对象仓库，它的存储结构和对象仓库基本一致。例如，索引有自己的 name、keyPath、key 和 value。不同之处在于索引的 key 具有一定的逻辑约束，使用 unique 规定该 key 是唯一的。

1. 比较索引和对象仓库

索引依附于对象仓库。在创建索引时，首先指定一个对象仓库，在该对象仓库的基础上创建一个索引。一个对象仓库可以有多个索引。

索引的 key 和 value 来源于对象仓库。key 为某条记录的 keyPath（index.keyPath），value 为该条记录的 key（objectStore.key）。索引中的一条记录自动与对象仓库中的对应记录绑定，当对象仓库中的记录发生变化时，索引中的记录也会自动更新。

索引实际上是对对象仓库查询条件的补充。如果没有索引，用户只能通过对象仓库的 key 来查询值，但是有了索引，可以查询的能力扩展到了任意属性路径。

2. 创建索引

使用对象仓库的 createIndex()方法可以创建索引，具体语法格式如下：

```
objectStore.createIndex(indexName, keyPath, objectParameters) ;
```

参数说明如下。

（1）indexName：索引的名称。

（2）keyPath：该索引对应 object 中的哪个属性路径，建议 indexName 和 keyPath 相等，便于记忆。

（3）objectParameters：配置对象。常用选项有 unique，该选项设置这个索引是否是唯一。

注意

创建索引实际上是对对象仓库进行修改，因此只能在 IDBOpenDBRequest 的 onupgradeneeded 事件处理函数中实现。

【示例 1】下面的示例在 onupgradeneeded 事件处理函数中先获取请求连接对象；然后在该对象的 onupgradeneeded 事件处理函数中获取数据库对象，使用数据库对象的 createObjectStore() 方法创建一个对象仓库，name 为'mystore'，keyPath 为'id'；最后使用对象仓库的 createIndex() 方法创建一个索引，indexName 为'price'，keyPath 为'book.price'，可以允许重复。

```
var request = window.indexedDB.open('mydb', 1) ;   //请求对象
request.onupgradeneeded =  function ( e ){         //更新监测
     var db = e.target.result;                     //获取数据库对象
     var objectStore = db.createObjectStore('mystore', { keyPath: 'id' }) ;
                                                   //创建对象仓库
     objectStore.createIndex('price', 'book.price', { unique: false });
                                                   //创建索引
}
```

3．修改索引

对象仓库本身的信息不能被修改，如 name 和 keyPath，但是它所拥有的索引可以被修改，修改其实就是“删除+添加”操作，先使用对象仓库的 deleteIndex()方法删除索引，然后再添加新的同名索引。

【示例 2】下面的示例通过对已有的对象仓库的索引进行操作，如果存在某个索引，就先删除再添加，否则就直接添加。

```
request.onupgradeneeded =  function ( e ){         //更新监测
     var objectStore = e.target.transaction.objectStore('mystore') ;
                                                   //获取对象仓库
     var indexNames = objectStore.indexNames;      //获取对象仓库的索引名称列表
     if (indexNames.contains('name')) {            //如果包含指定的索引
          objectStore.deleteIndex('name') ;        //删除索引
     }
     objectStore.createIndex('name', 'name', { unique: false });  //创建索引
}
```

【拓展】

当调用对象仓库的 index()方法时，可以返回一个索引对象，代码如下：

```
var objStore = tx.objectStore('students')         //获取对象仓库
var objIndex = objStore.index('name')             //获取索引对象
```

4．运行机制

下面结合具体代码演示并说明索引的运行机制。例如，创建索引，代码如下：

```
objectStore.createIndex('indexName', 'index.keyPath', { unique: false })
```

根据索引进行查询，代码如下：

```
const request = objectStore.index('indexName').get('indexKey')
```

在保存数据时（包括创建和更新），索引区会同步更新 key。该过程包含以下几个步骤。

（1）遍历该对象仓库的所有索引。

（2）读取索引的 keyPath，这里标记为 index.KeyPath。

（3）如果更新某值，遍历索引区记录，找到引用该值的索引记录。

（4）解析获取存入值的 index.KeyPath，获取目标值，这个值就是索引将要使用的 key，标记为 indexKey。

（5）根据条件判断索引的 indexKey，检查是否满足 unique 要求，若不满足则抛出错误提示。

（6）更新索引记录的 key 为 indexKey。

.index('indexName')从名称为 indexName 的索引区进行索引查询，.get('indexKey')动作包含以下几个步骤。

（1）连接到名称为 indexName 的索引区。

（2）在索引区中查询索引 key 为'indexKey'的索引记录。

（3）从该记录中读取记录的 value。

（4）将该 value 作为对象仓库的 key，在对象仓库中进行查询。

（5）若找到第 1 个结果，则直接返回。

（6）将返回结果作为索引查询的最终结果。

可以看到，索引查询的性能不如直接通过对象仓库的 key 查询。

提示

索引对象提供以下属性和方法，通过它们可以操作索引对象。

（1）name：获取索引对象的 name 属性值。

（2）keyPath：获取索引对象的 keyPath 属性值，也就是 object 的某个属性的名称，与在 createIndex()方法中传入的 keyPath 一致。

（3）unique：返回是否是唯一的，与在 createIndex()方法中传入的值一致。

（4）isAutoLocale：返回一个 boolean 值，表示这个索引是否是自增的，与前面设置的 autoIncrement 有关。

（5）locale：获取索引的区间值。如果索引对应的字段是自增的，如 id 是自增的，现在对象仓库中有 10 个对象，那么 locale 应该是 10。

（6）objectStore：指向产生索引对象的对象仓库。

（7）count()：计算当前索引中有多少个对象。

（8）get()：根据指定的参数值从索引对象中获取一个对象。

（9）key：指向索引对象的 keyPath 的值。

（10）openCursor()：打开一个游标。

相对于对象仓库而言，索引对象的方法比较少，它不能更新、删除等。

扫一扫，看视频

10.2.6 事务

在 indexedDB 中，数据操作都必须在事务（transaction）中执行，确保所有操作（特别是写入操作）是按照一定顺序进行的，不会出现同时写入等问题，保持数据的一致性。indexedDB 提供 3 类事务模式，简单说明如下。

（1）readonly：只读，默认值。提供对某个对象存储的只读访问，在查询对象存储时使用。

（2）readwrite：读写。提供对某个对象存储的读取和写入访问权。

（3）versionchange：数据库版本更新。提供读取和写入访问权来修改对象存储定义，或者创建一个新的对象存储。

在任何时刻，用户可以打开多个并发的 readonly 事务，但只能打开一个 readwrite 事务。因此，只有在数据更新时才考虑使用 readwrite 事务。versionchange 事务不能打开任何其他并发事务，只有在操作一个数据库时使用，可以在 onupgradeneeded 事件处理函数中使用 versionchange 事务创建、修改或删除一个对象仓库，或者将一个索引添加到对象仓库。

1. 使用事务

使用数据库对象的 transaction()方法可以开启事务。例如，在 readwrite 模式下为 employees 对象仓库创建一个事务。

```
var transaction = db.transaction("employees", "readwrite");
```

transaction()方法包含以下两个参数。

（1）由对象仓库名组成的一个字符串数组，用于定义事务的作用范围，即限定该事务中可以操作的对象仓库。

提示

如果不想限定事务只针对哪些对象仓库进行，可以使用数据库的 objectStoreNames 属性值作为 transaction()方法的第 1 个参数值，代码如下：

```
var transaction = db.transaction(db.objectStoreNames, "readwrite");
```

数据仓库的 objectStoreNames 属性值为由该数据库中所有对象仓库名构成的数组，在将其作为 transaction()方法的第 1 个参数值时，可以针对数据库中任何一个对象仓库进行数据的存取操作。

（2）可选参数，定义事务的读写模式。

transaction()方法返回一个 IDBTransaction 对象，代表被开启的事务。

2. 事务的生命周期

事务有生命周期，在自己的生命周期内会把规定的操作全部执行，一旦执行完毕，周期结束，事务就会自动关闭。

当要操作数据时，用户需要发起一个请求（request）。在一个事务中，可以有多个 request，request 一定存在于事务中，它包含一个 transaction 属性，可以获取所属于的那个事务的容器。indexedDB 有 4 种 request：open database、objectStore request、cursor request、index request。

request 是异步的、有状态的，通过 readyStates 属性可以查看 request 处于什么状态。

可以把 transaction 视为一个队列，在这个队列中，request 自动排队，每一个 request 都只包含一个操作，如添加、修改、删除等。这些操作不能马上进行，把多个操作放在 request 中，这些 request 在 transaction 中排队，一个一个处理，这样就会有序执行。同时，transaction 都可以被 abort()，这样在一系列的操作被放弃之后，后续的操作也不会进行。

transaction()方法应放在一个函数中，因为事务将在函数结束时被自动提交，所以不需要显式调用事务的 commit()方法来提交事务，但是可以在需要时显式调用事务的 abort()方法来中止事务。

可以通过监听事务对象的 oncomplete 事件（事务结束时触发）和 onabort 事件（事务中止时触发），并定义事件处理函数来定义事务结束或中止时所要执行的处理。例如：

```
var transaction = db.transaction(db.objectStoreNames, "readwrite");//创建事务
transaction.oncomplete = function(event){
    //事务结束时所要执行的处理
}
transaction.onabort = function(event){
    //事务中止时所要执行的处理
}
//事务处理内容
transaction.abort();                                          //中止事务
```

10.2.7 游标

indexedDB 使用对象仓库存储数据，是键值对索引数据库，可以使用游标（cursor）遍历整个对象仓库。实际上，游标是一个能够记住访问位置的迭代器。

1. 获取全部对象

如果要获取一个对象仓库中的全部对象，可以使用 getAll()方法，仅 indexedDB 2.0 支持；也可以使用游标的方法实现。例如：

```
let transaction = db.transaction(['myObjectStore'], 'readonly');//新建事务
let objectStore = transaction.objectStore('myObjectStore') ;  //获取对象仓库
let request = objectStore.openCursor();                        //开启游标
let results = [];
request.onsuccess = e => {                                     //监听操作
    let cursor = e.target.result;                              //更新游标
    if (cursor) {                                              //如果存在记录
        results.push(cursor.value) ;                           //读取值
        cursor.continue();                                     //继续访问下一条记录
    } else {
        //全部对象都在 results 中
    }
}
```

使用 openCursor()方法开启一个游标，在 onsuccess 事件中，如果 cursor 没有遍历完所记录，那么通过执行 cursor.continue()方法让游标滑动到下一条记录，onsucess 会被再次触发；如果所有记录都遍历完了，cursor 变量会是 undefined。

注意

变量 results 必须声明在 onsuccess 回调函数的外部，因为该回调函数会在遍历过程中反复执行。

2. 查询集合

通过 index 可以查询值。如果希望通过 index 获取某个 index key 的所有值，可以通过游标来实现。例如：

```
let objectStore = db.transaction([storeName], 'readonly').objectStore
(storeName) ;                                                  //获取对象仓库
```

```
    let objectIndex = objectStore.index('name') ;                //获取索引
    let request = objectIndex.openCursor();                      //通过索引开启游标
    let results = [];
    request.onsuccess = e => {                                   //监听操作
         let cursor = e.target.result;                           //更新游标
         if (cursor) {                                           //如果存在记录
               results.push(cursor.value) ;                      //读取值
               cursor.continue();                                //继续访问下一条记录
         } else {
               //全部对象都在 results 中
         }
    }
```

整个操作与获取全部对象的操作几乎一样，只不过这里先获取 index。简单概括，就是对已知的集合对象，如 objectStore 或 index 进行遍历，在 onsuccess 中使用 continue()进行控制。

10.2.8　保存数据

扫一扫，看视频

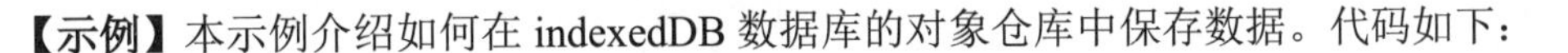

【示例】本示例介绍如何在 indexedDB 数据库的对象仓库中保存数据。代码如下：

```
<script>
function SaveData(){
     var dbName = 'indexedDBTest'; //数据库的名称
     var dbVersion = 20210306; //版本号
     var db;
     /*连接数据库，dbConnect 代表数据库连接的请求对象*/
     var dbConnect = indexedDB.open(dbName, dbVersion);
     dbConnect.onsuccess = function(e){                          //连接成功
         db = e.target.result;                                   //引用 IDBDatabase 对象
         var tx = db.transaction(['users'],"readwrite");    //开启事务
         var store = tx.objectStore('users');
         console.log(store);                                     //-> {IDBObjectStore}
         var value = {
               userId: 1,
               userName: '张三',
               address: '北京'
         };
         var req = store.put(value);
         req.onsuccess = function(e){ console.log("数据保存成功");};
         req.onerror = function(e){ console.log("数据保存失败"); };
     };
     dbConnect.onerror = function(){console.log('数据库连接失败');};
}
</script>
<input type="button" value="保存数据" onclick="SaveData();"/>
```

【代码解析】

（1）为了保存数据，首先需要连接某个 indexedDB 数据库，在连接成功后使用该数据库对象的 transaction()方法开启一个读写事务。

（2）使用 transaction()方法返回开启的事务对象，利用事务的 objectStore()方法获取该事务作用范围内的某个对象仓库。

（3）使用该对象仓库的 put()方法向数据库发出保存数据到对象仓库中的请求。

```
var req = store.put(value);
```

在上面的代码中，put()方法包含一个参数，参数值为一个需要被保存到对象仓库中的对象。put()方法返回一个 IDBRequest 对象，代表一个向数据库发出的请求。

（4）该请求发出后将被异步执行，可以通过监听请求对象的 onsuccess 事件（请求被执行成功时触发）和请求对象的 onerror 事件（请求被执行失败时触发）并指定事件处理函数，来定义请求被执行成功或被执行失败时所要进行的处理。

```
req.onsuccess = function(e){ console.log("数据保存成功");};
req.onerror = function(e){ console.log("数据保存失败");};
```

根据对象仓库的主键是内联主键还是外部主键，以及主键是否被指定为自增主键，对象仓库的 put()方法的第 1 个参数值的指定方法也各不相同，具体指定方法如下：

```
//当主键为自增主键和内联主键时，不需要指定主键值
store.put({ userName: '张三', address: '北京' });
//当主键为内联主键和非自增主键时，需要指定主键值
store.put({userId: 1, userName: '张三', address: '北京' });
//当主健为外部主键时，需要另行指定主键值，此处主键值为1
store.put({ userName: '张三', address: '北京' }, 1 );
```

当主键为自增主键和内联主键时，不需要指定主键值；当主键为外部主键时，可以将主键值指定为 put()方法的第 2 个参数值。

提示

对象仓库还有一个 add()方法，该方法的用法类似于 put()方法。区别在于当使用 put()方法保存数据时，如果指定的主键值在对象仓库中已存在，那么该主键值所对应的数据被更新为使用 put()方法所保存的数据；当使用 add()方法保存数据时，如果指定的主键值在对象仓库中已存在，那么保存失败。因此，当出于某些原因只能向对象仓库中追加数据，而不能更新原有数据时，建议使用 add()方法，而 put()方法适用于其他场合。

扫一扫，看视频

10.2.9 访问数据

【示例】本示例介绍如何从 indexedDB 数据库的对象仓库中获取数据。代码如下：

```
<script>
function GetData(){
     var dbName = 'indexedDBTest';                        //数据库的名称
     var dbVersion = 20210306;                            //版本号
     var db;
     /*连接数据库，代表数据库连接的请求对象*/
     var dbConnect = indexedDB.open(dbName, dbVersion);
     dbConnect.onsuccess = function(e){                   //连接成功
         db = e.target.result;                            //引用 IDBDatabase 对象
         var tx = db.transaction(['Users'],"readonly");
         var store = tx.objectStore('Users');
         var req = store.get(1);
         req.onsuccess = function(){
              if(this.result ==undefined){ console.log("没有符合条件的数据"); }
              else{ console.log("获取数据成功，用户名为"+this.result.userName); }
         }
```

```
        req.onerror = function(){console.log("获取数据失败"); }
    };
    dbConnect.onerror = function(){console.log('数据库连接失败'); };
}
</script>
<input type="button" value="获取数据" onclick="GetData();"/>
```

【代码解析】

（1）连接某个 indexedDB 数据库，并且在连接成功后使用该数据库对象的 transaction()方法开启一个只读事务，同时使用 transaction()方法返回被开启的事务对象，然后调用该对象的 objectStore()方法获取当前作用范围中的某个对象仓库。

（2）在成功获取对象仓库后，可以使用对象仓库的 get()方法从对象仓库中获取一条数据。

提示

get()方法包含一个参数，代表所需获取数据的主键值。get()方法返回一个 IDBRequest 对象，代表向数据库发出的获取数据的请求。

（3）该请求发出后将被立即异步执行，可以通过监听请求对象的 onsuccess 事件（请求执行成功时触发）和请求对象的 onerror 事件（请求执行失败时触发）并指定事件处理函数，来定义请求被执行成功或失败时所要进行的处理。

（4）在获取对象的请求执行成功后，如果没有获取到符合条件的数据，此处该数据的主键值为 1，那么该请求对象的 result 属性值为 undefined；如果获取到符合条件的数据，那么请求对象的 result 属性值为获取到的数据记录。

在本示例中，指定没有获取到主键值为 1 的数据会弹出提示信息窗口，提示用户没有获取到该数据记录，否则在弹出提示信息窗口中显示该数据的 userName(用户名)属性值。

10.2.10 更新版本

对于创建对象仓库和索引的操作，只能在版本更新事务内进行，因为 indexedDB 不允许数据仓库在同一个版本中发生变化，所以当创建或删除数据仓库时，必须使用新的版本号来更新数据库的版本，以避免重复修改数据库结构。

【示例】下面的示例演示如何更新对象仓库。

```
<script>
function VersionUpdate(){
    var dbName = 'indexedDBTest';                    //数据库的名称
    var dbVersion = 20210603;                        //版本号
    var db;
    /*连接数据库，代表数据库连接的请求对象*/
    var dbConnect = indexedDB.open(dbName, dbVersion);
    dbConnect.onsuccess = function(e){               //连接成功
        db = e.target.result;                        //数据库对象
        console.log('数据库连接成功');
    };
    dbConnect.onerror = function(){
        console.log('数据库连接失败');
    };
```

```
        dbConnect.onupgradeneeded = function(e){         //数据库版本更新
            db = e.target.result;                        //数据库对象
            /*e.target.transaction 为一个 IDBTransaction 事务对象，此处代表版本更新事务*/
            var tx = e.target.transaction;
            var oldVersion = e.oldVersion;               //更新前的版本号
            var newVersion = e.newVersion;               //更新前的版本号
            console.log('数据库版本更新成功，旧的版本号为'+oldVersion+'，新的版本号为
'+newVersion);
        };
    }
    </script>
    <input type="button" value="更新数据库版本" onclick="VersionUpdate();"/>
```

【代码解析】

在上面的代码中，监听请求对象的 onupgradeneeded 事件，当连接数据库时发现指定的版本号大于数据库当前版本号时将触发该事件。当该事件被触发时，一个数据库的版本更新事务已经被开启，同时数据库的版本号已经被自动更新完毕，并且指定在该事件触发时所执行的处理，该事件处理函数就是版本更新事务的回调函数。在浏览器中预览页面，单击页面中的“更新数据库版本”按钮，将弹出提示信息，提示用户数据库版本更新成功。

扫一扫，看视频

10.2.11 访问键值

通过对象仓库或索引的 get()方法，只能获取一条数据。在需要通过某个检索条件来检索一批数据时，还需要使用游标对象。

【示例】下面的示例设计根据数据记录的主键值检索数据。代码如下：

```
    <script>
    var dbName = 'indexedDBTest';                            //数据库的名称
    var dbVersion = 20210306;                                //版本号
    var db;
    function window_onload(){
        document.getElementById("btnSaveData").disabled=true;
        document.getElementById("btnSearchData").disabled=true;
    }
    function ConnectDataBase(){
        /*连接数据库，代表数据库连接的请求对象*/
        var dbConnect = indexedDB.open(dbName, dbVersion);
        dbConnect.onsuccess = function(e){                   //连接成功
           db = e.target.result;                             //引用 IDBDatabase 对象
           console.log('数据库连接成功');
           document.getElementById("btnSaveData").disabled=false;
        };
        dbConnect.onerror = function(){
           console.log('数据库连接失败');
        };
    }
    function SaveData(){
        var tx = db.transaction(['Users'],"readwrite");  //开启事务
        tx.oncomplete = function(){
            console.log('保存数据成功')
            document.getElementById("btnSearchData").disabled=false;
        }
```

```
        tx.onabort = function(){ console.log('保存数据失败'); }
        var store = tx.objectStore('Users');
        var value = {userId: 1, userName: '甲', address: '北京' };
        store.put(value);
        var value = {userId: 2, userName: '乙', address: '上海' };
        store.put(value);
        value = {userId: 3, userName: '丙', address: '广州'};
        store.put(value);
        value = { userId: 4, userName: '丁', address: '深圳' };
        store.put(value);
    }
    function SearchData(){
        var tx = db.transaction(['Users'],"readonly");
        var store = tx.objectStore('Users');
        var range = IDBKeyRange.bound(1,4);
        var direction = "next";
        var req = store.openCursor(range, direction);
        req.onsuccess = function(){
            var cursor = this.result;
            if(cursor){
                console.log('检索到一条数据，用户名为'+cursor.value.userName);
                cursor.continue();        //继续检索
            }else{ console.log('检索结束'); }
        }
        req.onerror = function(){
            console.log('检索数据失败');
        }
    }
    </script>
    <body onload="window_onload()">
    <input id="btnConnectDataBase"type="button"value="连接数据库" onclick=
"ConnectDataBase();"/>
    <input id="btnSaveData" type="button" value="保存数据"onclick="SaveData();"/>
    <input id="btnSearchData" type="button" value="检索数据"onclick="SearchData();"/>
```

【代码解析】

本示例的页面中有 3 个按钮，分别为“连接数据库”“保存数据”和“检索数据”。在页面打开时通过 window.onload 事件处理函数指定“保存数据”和“检索数据”按钮为无效状态。

用户单击“连接数据库”按钮时执行 ConnectDataBase()函数，在该函数中连接数据库，连接成功后设定“保存数据”按钮为有效状态。用户单击“保存数据”按钮时会在 Users 对象仓库中保存 4 条数据，数据保存成功后设定“检索数据”按钮为有效状态。

用户单击“检索数据”按钮时执行 SearchData()函数。在该函数中，通过游标来检索主键值为 1～4 的数据，并将检索数据的 userName(用户名)属性值显示在弹出的提示信息窗口中。

在 SearchData()函数中使用当前连接的数据库对象的 transaction()方法开启一个只读事务，并且使用 transaction()方法返回的被开启的事务对象的 objectStore()方法获取 Users 对象仓库。然后通过对象仓库的 openCursor()方法创建并打开一个游标，该方法有两个参数，第 1 个参数为一个 IDBKeyRange 对象，第 2 个参数 direction 用于指定游标的读取方向，参数值为一个在 indexedDB API 中预定义的常量值。

openCursor()方法返回一个 IDBRequest 对象，代表一个向数据库发出的检索数据的请求。

调用该方法后立即异步执行，可以通过监听请求对象的 onsuccess 事件（检索数据的请求执行成功时触发）和请求对象的 onerror 事件（检索数据的请求执行失败时触发）并指定事件处理函数，来指定检索数据成功与失败时所执行的处理。

在检索成功后，如果不存在符合检索条件的数据，那么请求对象的 result 属性值为 null 或 undefined，检索终止。可通过判断该属性值是否为 null 或 undefined 来判断检索是否终止并指定检索终止时的处理。

如果存在符合检索条件的数据，那么请求对象的 result 属性值为一个 IDBCursorWithValue 对象，该对象的 key 属性值中保存了游标中当前指向的数据记录的主键值，该对象的 value 属性值为一个对象，代表该数据记录。可通过访问该对象的各个属性值来获取数据记录的对应属性值。

当存在符合检索条件的数据时，可通过 IDBCursorWithValue 对象的 update()方法更新该条数据。可通过 IDBCursorWithValue 对象的 delete()方法删除该条数据。

当存在符合检索条件的数据时，可通过 IDBCursorWithValue 对象的 continue()方法读取游标中的下一条数据记录。

当游标中的下一条数据记录不存在时，请求对象的 result 属性值变为 null 或 undefined，检索终止。

扫一扫，看视频

10.2.12 访问属性

在 indexedDB 中，可以将对象仓库的索引属性值作为检索条件来检索数据。

【示例】下面结合一个完整示例演示通过访问对象中的索引属性检索数据。

```
<script>
var dbName = 'indexedDBTest';                                    //数据库的名称
var dbVersion = 20210306;                                        //版本号
var db;
function window_onload(){
     document.getElementById("btnSaveData").disabled=true;
     document.getElementById("btnSearchData").disabled=true;
}
function ConnectDataBase(){
     /*连接数据库，代表数据库连接的请求对象*/
     var dbConnect = indexedDB.open(dbName, dbVersion);
     dbConnect.onsuccess = function(e){                          //连接成功
         db = e.target.result;                                   //引用 IDBDatabase 对象
         console.log('数据库连接成功');
         document.getElementById("btnSaveData").disabled=false;
     };
     dbConnect.onerror = function(){
         console.log('数据库连接失败');
     };
}
function SaveData(){
     var tx = db.transaction(['newUsers'],"readwrite");           //开启事务
     tx.oncomplete = function(){
         console.log('保存数据成功');
         document.getElementById("btnSearchData").disabled=false;
```

```
        }
        tx.onabort = function(){console.log('保存数据失败'); }
        var store = tx.objectStore('newUsers');
        var value = {userId: 1, userName: '甲', address: '北京' };
        store.put(value);
        var value = {userId: 2, userName: '乙', address: '上海'};
        store.put(value);
        value = {userId: 3, userName: '丙', address: '广州' };
        store.put(value);
        value = { userId: 4, userName: '丁', address: '深圳' };
        store.put(value);
    }
    function SearchData(){
        var tx = db.transaction(['newUsers'],"readonly");          //开启事务
        var store = tx.objectStore('newUsers');
        var idx = store.index('userNameIndex');
        var range = IDBKeyRange.bound('甲','丁');
        var direction = "next";
        var req = idx.openCursor(range, direction);
        req.onsuccess = function(){
            var cursor = this.result;
            if(cursor){
                console.log('检索到一条数据，用户名为'+cursor.value.userName);
                cursor.continue();                                    //继续检索
            }else{
                console.log('检索结束');
            }
        }
        req.onerror = function(){
            console.log('检索数据失败');
        }
    }
    </script>
    <body onload="window_onload()">
    <input id="btnConnectDataBase" type="button" value="连接数据库" onclick=
"ConnectDataBase();"/>
    <input id="btnSaveData" type="button" value="保存数据"onclick="SaveData();"/>
    <input id="btnSearchData" type="button" value="检索数据"onclick="SearchData();"/>
```

【代码解析】

本示例的页面中共有 3 个按钮，分别为“连接数据库”“保存数据”和“检索数据”。在页面打开时通过 window.onload 事件处理函数指定“保存数据”和“检索数据”按钮为无效状态。用户单击“连接数据库”按钮时执行 ConnectDataBase()函数，在该函数中连接数据库，连接成功后设定“保存数据”按钮为有效状态。用户单击“保存数据”按钮时在 Users1 对象仓库中保存 4 条数据，这 4 条数据的 userName 属性值分别为“甲”“乙”“丙”和“丁”。保存成功后设定“检索数据”按钮为有效状态。

单击“检索数据”按钮后执行 SearchData()函数。在该函数中，通过游标来检索 userNameIndex 索引所使用的 userName 属性值为“甲”“丁”的数据，并将检索到数据的 userName(用户名)属性值显示在弹出的提示信息窗口中。

在 SearchData()函数中，使用当前连接的数据库对象的 transaction()方法开启一个只读事

务，并且使用 transaction()方法返回的被开启的事务对象的 objectStore()方法获取 newUsers 对象仓库，同时使用对象仓库的 index()方法获取 userNameIndex 索引。

最后需要通过索引的 openCursor()方法创建并打开一个游标。

扫一扫，看视频

10.3　案例实战：设计 Web 留言本

【**案例**】本案例使用 indexedDB 设计 Web 留言本，演示效果如图 10.2 所示。在 Web 留言本页面中显示一个用于输入姓名的文本框、一个用于输入留言的文本区域，以及一个保存数据的按钮，在按钮下方显示一个表格，在保存数据后将从数据库中重新取得所有数据并显示在这个表格中。

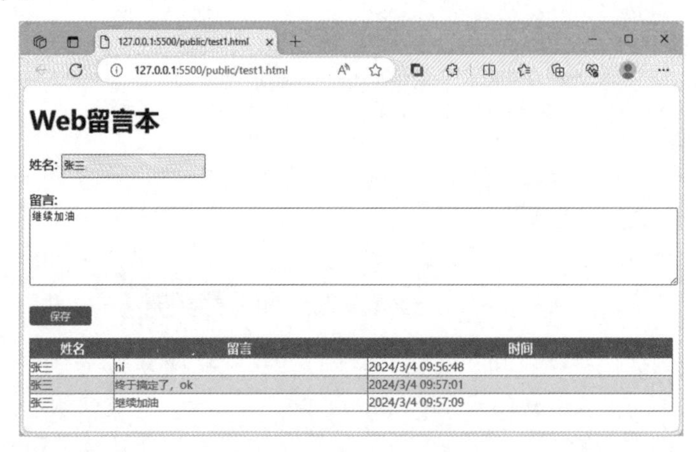

图 10.2　Web 留言本效果

案例主要代码如下：

```
<script>
var dbName = 'MyData';                                          //数据库的名称
var dbVersion = 20210311;                                       //版本号
var db,datatable;
function init(){                                                //初始函数
     var dbConnect = indexedDB.open(dbName, dbVersion);         //连接数据库
     dbConnect.onsuccess = function(e){                         //连接成功
         db = e.target.result;                                  //获取数据库
         datatable = document.getElementById("datatable");
     };
     dbConnect.onerror = function(){ console.log('数据库连接失败'); };
     dbConnect.onupgradeneeded = function(e){
         db = e.target.result;
         if(!db.objectStoreNames.contains('MsgData')) {
               var tx = e.target.transaction;
               tx.onabort = function(e){ console.log('对象仓库创建失败'); };
               var name = 'MsgData';
               var optionalParameters = {
                    keyPath: 'id',
                    autoIncrement: true
               };
```

```
                var store = db.createObjectStore(name, optionalParameters);
                console.log('对象仓库创建成功');
            }
        };
    }
    function removeAllData(){
        for (var i =datatable.childNodes.length-1; i>=0; i--) {
            datatable.removeChild(datatable.childNodes[i]);
        }
        var tr = document.createElement('tr');
        var th1 = document.createElement('th');
        var th2 = document.createElement('th');
        var th3 = document.createElement('th');
        th1.innerHTML = '姓名';
        th2.innerHTML = '留言';
        th3.innerHTML = '时间';
        tr.appendChild(th1);
        tr.appendChild(th2);
        tr.appendChild(th3);
        datatable.appendChild(tr);
    }
    function showData(dataObject) {
        var tr = document.createElement('tr');
        var td1 = document.createElement('td');
        td1.innerHTML = dataObject.name;
        var td2 = document.createElement('td');
        td2.innerHTML = dataObject.memo;
        var td3 = document.createElement('td');
        var t = new Date();
        t.setTime(dataObject.time);
        td3.innerHTML=t.toLocaleDateString()+" "+t.toLocaleTimeString();
        tr.appendChild(td1);
        tr.appendChild(td2);
        tr.appendChild(td3);
        datatable.appendChild(tr);
    }
    function showAllData() {
        removeAllData();
        var tx = db.transaction(['MsgData'],"readonly");     //开启事务
        var store = tx.objectStore('MsgData');
        var range = IDBKeyRange.lowerBound(1);
        var direction = "next";
        var req = store.openCursor(range, direction);
        req.onsuccess = function(){
            var cursor = this.result;
            if(cursor){
                showData(cursor.value);
                cursor.continue();                           //继续检索
            }
        }
    }
```

```
function addData(name, message, time) {
     var tx = db.transaction(['MsgData'],"readwrite");     //开启事务
     tx.oncomplete = function(){console.log('保存数据成功');}
     tx.onabort = function(){console.log('保存数据失败'); }
     var store = tx.objectStore('MsgData');
     var value = {
          name: name,
          memo: message,
          time: time
     };
     store.put(value);
}
function saveData(){
     var name = document.getElementById('name').value;
     var memo = document.getElementById('memo').value;
     var time = new Date().getTime();
     addData(name,memo,time);
     showAllData();
}
</script>
<body onload="init();">
<h1>Web 留言本</h1>
<p>姓名：<input type="text" id="name"></p>
<p>留言：<textarea  id="memo" rows="6"></textarea></p>
<p><input type="button" value="保存" onclick="saveData();"></p>
<table id="datatable" border="1"></table>
<p id="msg"></p>
```

【代码解析】

当在页面中单击“保存”按钮时，调用 saveData()函数，将数据保存在对象仓库中。

在打开页面时，将调用 init()函数，将对象仓库中全部已保存的留言信息显示在表格中。

在 init()函数中，首先连接数据库，同时使用数据库对象的 objectStoreNames 属性获取由数据库中所有对象仓库名称构成的集合，并且利用该集合对象的 contains()方法判断 MsgData 对象仓库是否已创建。

如果 MsgData 对象仓库尚未创建，那么将在版本更新事务中创建 MsgData 对象仓库；如果 MsgData 对象仓库已创建，那么将通过版本更新事务的 onabort 事件处理函数在提示信息窗口中显示“对象仓库创建失败”，因为在 indexedDB API 中，不允许重复创建数据库中已经存在的对象仓库。

在 showAllData()函数中，先调用 removeAllData()函数将页面的表格中当前显示的内容全部清除，然后打开一个只读事务，并将事务作用范围设置为 MsgData 对象仓库。同时，通过事务的 objectStore()方法获取 MsgData 对象仓库，然后通过游标读取该对象仓库中的全部数据记录，并调用 showData()函数将读取到的所有数据记录显示在数据表中。

本 章 小 结

本章首先介绍了 Web Storage 的使用方法，包括 localStorage 和 sessionStorage；然后详细

讲解了 indexedDB 的使用过程。indexedDB 是非关系型数据库，数据组织方式与 SQL 数据库不同，没有表和字段的概念，初次学习有一定的难度，不过熟练掌握后对于开发本地存储应用帮助会非常大。

课 后 练 习

一、填空题

1．在 HTML4 中，客户端处理网页数据的方式主要通过__________来实现。
2．Web Storage API 提供了两个客户端数据存储对象：__________和__________。
3．在 Web Storage API 中使用__________方法可以存储值。
4．在 Web Storage API 中使用__________方法可以读取存储值。
5．在 Web Storage API 中使用__________方法可以删除指定键名本地存储的值。

二、判断题

1．localStorage 可以在本地存储数据，一般关闭网页后就会丢失。（　　）
2．sessionStorage 用于存储本地会话数据，当切换选项卡视图时会继续存在。（　　）
3．使用 Web Storage 可以存储简短的键值对信息。（　　）
4．indexedDB 非常适用于需要在客户端存储大量数据的网站。（　　）
5．indexedDB 是关系型数据库。（　　）

三、选择题

1．使用（　　）方法可以清空所有本地存储的键值对。
A．removeItem()　B．clear()　C．setItem()　D．getItem()
2．使用（　　）方法可以对存储数据进行遍历操作。
A．key()　B．value()　C．item()　D．each()
3．当键值对改变或者调用 clear()方法时，将触发（　　）事件。
A．change　B．load　C．storage　D．update
4．Web Storage 监听事件对象中不包含（　　）属性。
A．key　B．url　C．newValue　D．value
5．在 indexedDB 中，对象仓库类似于 SQL 数据库中的（　　）。
A．数据库　B．数据表　C．字段　D．记录

四、简答题

1．indexedDB 涉及很多概念，读者需要熟悉它的各种对象接口，请具体说明一下。
2．简单介绍一下 indexedDB 的操作流程。

五、上机题

设计一个简单表单，包含姓名、年龄和性别，要求使用 indexedDB 把用户输入的数据存

储起来，同时可以查看存储的数据，效果如图 10.3 所示。

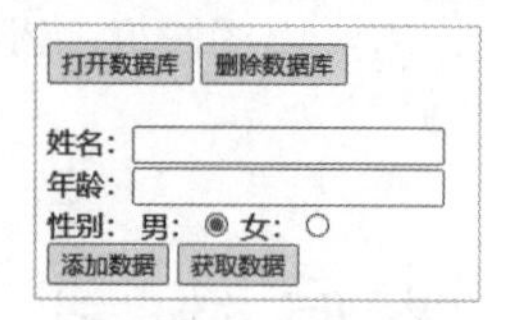

图 10.3　简单表单

拓 展 阅 读

第 11 章　HTML5 通信

【学习目标】

- 掌握怎样实现不同页面、不同端口、不同域之间的消息传递。
- 了解 WebSocket 通信技术的基本知识。
- 能够在客户端与服务器端之间建立 socket 连接，并且通过这个连接进行消息的传递。

HTML5 新增多种通信技术，使用跨文档消息传输功能，可以在不同页面、不同端口、不同域之间进行消息传递。使用 WebSocket API 可以实现客户端与服务器端通过 socket 端口传递数据，这样服务器端不再是被动地等待客户端发出的请求，只要客户端与服务器端建立连接，服务器端就可以在需要时，主动地将数据推送给客户端，直到客户端关闭连接。

11.1　跨文档发送消息

HTML5 增加了在网页文档之间互相接收与发送消息的功能。使用这个功能，只要获取到目标网页所在窗口对象的实例，不仅同源网页之间可以互相通信，甚至可以实现跨域通信。

在 HTML5 中，跨域通信的核心是 postMessage()方法。该方法的主要功能如下：向另一个地方传递数据。另一个地方可以是包含在当前页面中的 iframe 元素，也可以是由当前页面弹出的窗口，还可以是框架集中的其他窗口。postMessage()方法用法如下：

```
otherWindow.postMessage(message,origin);
```

参数说明如下。

（1）otherWindow：发送消息的目标窗口对象。

（2）message：发送的消息文本，可以是数字、字符串等。HTML5 规范定义该参数可以是 JavaScript 的任意基本类型或可复制的对象，但是部分浏览器只能处理字符串参数，考虑浏览器兼容性，可以在传递参数时使用 JSON.stringify()方法对参数对象序列化，接收数据后再使用 JSON.parse()方法把序列号字符串转换为对象。

（3）origin：字符串参数，设置目标窗口的源，格式为“协议+主机+端口号[+URL]”，URL 会被忽略，可以不写，设置该参数主要是为了安全。postMessage()只会将 message 传递给指定窗口，也可以设置该参数为"*"，这样可以传递给任意窗口，如果设置为"/"，则定义目标窗口与当前窗口同源。

目标窗口接收到消息之后，会触发 window 对象的 message 事件。这个事件以异步形式触发，因此从发送消息到接收消息，即触发目标窗口的 message 事件，可能存在延迟现象。

触发 message 事件后，传递给 message 处理程序的事件对象包含 3 个重要信息。

（1）data：作为 postMessage()方法第 1 个参数传入的字符串数据。

（2）origin：发送消息的文档所在域。

（3）source：发送消息的文档的 window 对象的代理。这个代理对象主要用于在发送上一条消息的窗口中调用 postMessage()方法。如果发送消息的窗口来自同一个域，该对象就是 window。

注意

event.source 只是 window 对象的代理，不是引用 window 对象。用户可以通过这个代理调用 postMessage()方法，但不能访问 window 对象的任何信息。

【示例】下面的示例包含两个页面：index.html（主叫页）和 called.html（被叫页）。首先，主叫页可以通过底部的文本框向被叫页发出实时消息，被叫页能够在底部文本框中进行动态回应，演示效果如图 11.1 所示。

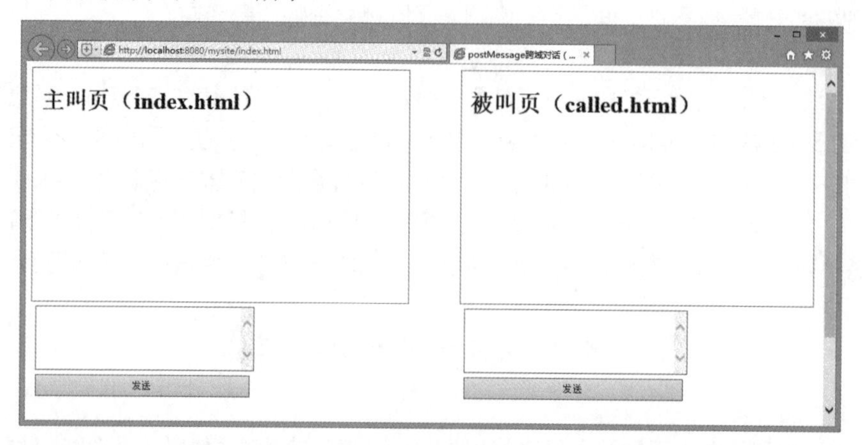

（a）默认效果

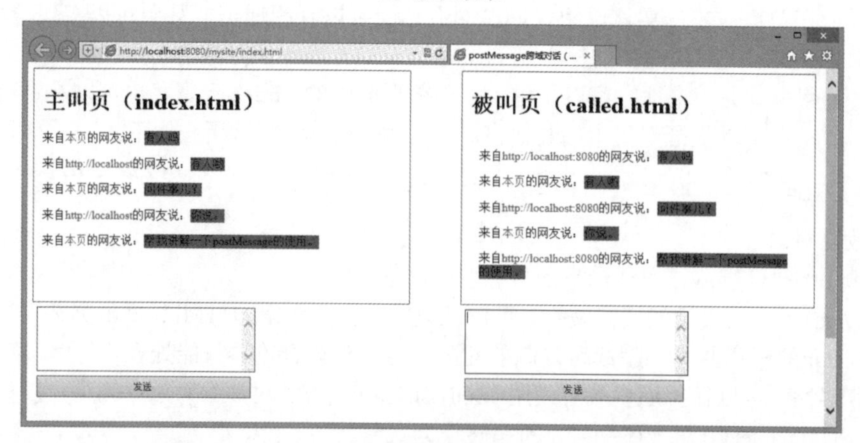

（b）对话效果

图 11.1　跨域动态对话演示效果

（1）index.html 文档的源代码如下：

```
<div id="calling">
    <h1>主叫页（index.html）</h1>
    <div id="info"></div>
</div>
<div id="called"><iframe id="iframe" src="http://localhost/called.html">
</iframe></div>
<div id="caller">
    <textarea id="call_content"></textarea>
    <button id="send" >发送</button>
</div>
```

```
<script type="text/javascript">
var EventUtil = {//定义事件处理基本模块
    addHandler: function (element, type, handler) {          //注册事件
        if (element.addEventListener) {                       //兼容 DOM 模型
            element.addEventListener(type, handler, false);
        } else if (element.attachEvent) {                     //兼容 IE 模型
            element.attachEvent("on" + type, handler);
        } else {                                              //兼容传统模型
            element["on" + type] = handler;
        }
    }
};
var info = document.getElementById("info");
var iframe = document.getElementById("iframe");
var send = document.getElementById("send");
//窗口事件监听：监听 message
EventUtil.addHandler(window, "message", function (event) {
    if( event.origin != "http://localhost" ){     //监测消息来源，非法来源屏蔽
        return;
    }
    info.innerHTML += '<p>来自<span class="red">'+ event.origin + '</span>
的网友说：<span class="highlight">' + event.data + '</span></p>';
});
EventUtil.addHandler(send, "click", function (event) {
    var iframeWindow = window.frames[0];
    var origin = iframe.getAttribute("src");
    var call_content = document.getElementById("call_content");
    if(call_content.value.length <=0) return;     //如果文本框为空，则禁止呼叫
    iframeWindow.postMessage(call_content.value, origin); //发出呼叫
    info.innerHTML += '<p>来自<span class="red">本页</span>的网友说：<span
class="highlight">' + call_content.value + '</span></p>';
    call_content.value = "";                                  //清空文本框
});
</script>
```

（2）called.html 文档的源代码如下：

```
<div id="call">
    <div>
        <h1>被叫页（called.html）</h1>
        <div id="info"></div>
    </div>
</div>
<div id="caller">
    <textarea id="call_content"></textarea>
    <button id="send" >发送</button>
</div>
<script type="text/javascript">
var EventUtil = {                                          //定义事件处理基本模块
    addHandler: function (element, type, handler) { //注册事件
        if (element.addEventListener) {                   //兼容 DOM 模型
            element.addEventListener(type, handler, false);
        } else if (element.attachEvent) {                 //兼容 IE 模型
```

```
                element.attachEvent("on" + type, handler);
            } else {                                        //兼容传统模型
                element["on" + type] = handler;
            }
        }
    };
    var origin,source;
    var info = document.getElementById("info");
    var send = document.getElementById("send");
    EventUtil.addHandler(window, "message", function (event) {
        origin = event.origin;
        source = event.source;
        info.innerHTML += '<p>来自<span class="red">'+ origin +'</span>的网友
说：<span class="highlight">' + event.data + '</span></p>';
    });
    EventUtil.addHandler(send, "click", function (event) {
        var call_content = document.getElementById("call_content");
        if(call_content.value.length <=0) return;
        source.postMessage(call_content.value,origin);
        info.innerHTML += '<p>来自<span class="red">本页</span>的网友说：<span
class="highlight">' + call_content.value + '</span></p>';
        call_content.value = "";
    });
    </script>
```

扫一扫，看视频

11.2 消息通道通信

在 HTML5 中，如果两个页面的 URL 地址位于不同的域中，或者使用不同的端口号，则这两个页面属于不同的源。消息通道通信 API 提供了一种在多个源之间进行通信的方法，这些源之间通过端口（port）进行通信，从一个端口中发出的数据将被另一个端口接收。

使用消息通道通信之前，首先要创建一个 MessageChannel 对象，用法如下：

```
var me=new MessageChannel();
```

在创建 MessageChannel 对象的同时，两个端口将被同时创建，其中一个端口被本页面使用，而另一个端口将通过父页面被发送到内嵌的 iframe 元素的子页面中。

在 HTML5 消息通道通信中，使用的每个端口都是一个 MessagePort 对象，该对象包含以下 3 个方法。

（1）postMessage()：用于向通道发送消息。

（2）start()：用于激活端口，开始监听端口是否接收到消息。

（3）close()：用于关闭并停用端口。

每个 MessagePort 对象都有一个 message 事件，当端口接收到消息时触发该事件。与 postMessage 的 message 事件对象相似，MessagePort 的 message 事件对象包含以下 4 个属性。

（1）data：包含任意字符串数据，由原始脚本发送。

（2）origin：一个字符串，包含原始文档的方案、域名以及端口，如 http://domain.example:80。

（3）source：原始文件的窗口的引用，它是一个 WindowProxy 对象（window 代理）。

（4）ports：一个数组，包含任何 MessagePort 对象发送消息。

【示例】下面的示例演示了如何在 Web 应用中实现消息通道通信。为了便于理解和练习，本示例使用 3 个文件夹模拟 3 个站点：http://localhost/site_1、http://localhost/site_2、http://localhost/site_3。

注意

域名为本地一虚拟服务器，如果用户定义了虚拟目录，则需要在示例脚本中修改对应的域名。

本示例把测试主页放在 http://localhost/site_1 模拟站点（文件夹）中。在主页 index.html 中放置两个 iframe 元素，在这两个 iframe 元素中放置两个子页，分别来自 http://localhost/site_2 模拟站点和 http://localhost/site_3 模拟站点。

在浏览器中预览主页，当子页 1 被加载完毕后，向子页 2 发送消息，消息为“site_2/index.html 初始化完毕。”；当子页 2 接收到该消息后，向子页 1 返回消息；当子页 1 接收到来自子页 2 的返回消息后，将该消息在浏览器窗口中弹出显示，演示效果如图 11.2 所示。

图 11.2　消息通道通信演示效果

（1）在本地构建一个虚拟站点，域名为 http://localhost。

（2）在站点内新建 3 个文件夹，分别命名为 site_1、site_2、site_3。

（3）设计示例主页。在 site_1 目录下新建网页，保存为 index.html。

（4）在 site_1/index.html 页面中嵌入两个 iframe 元素。设置 src 分别为 http://localhost/site_2/index.html 和 http://localhost/site_3/index.html。同时，使用 CSS 样式代码 style="display:none"隐藏显示。

```
<iframe style="display:none" src="http://localhost/site_2/index.html"></iframe>
<iframe style="display:none" src="http://localhost/site_3/index.html"></iframe>
```

（5）在首页脚本中，当页面加载完毕后，注册一个 message 事件，监听管道消息。当接收到第 1 个 iframe 元素中的页面消息后，把它转发给第 2 个 iframe 元素中的页面。

```
window.onload = function(){
    var iframes = window.frames;
    //对第 1 个 iframe 元素中的页面进行监听
    window.addEventListener('message',function(event){
        if( event.ports.length > 0 ){
                //将端口转发给第 2 个 iframe 元素中的页面
                iframes[1].postMessage(event.data,'http://localhost/site_3/
index.html',event.ports);
        }
    },false);
}
```

（6）在 site_2 目录下新建网页，保存为 index.html。在该页面脚本中创建一个 MessageChannel 对象。

```
var mc = new MessageChannel();
```

（7）创建 MessageChannel 对象后，两个 MessagePort 对象也被同时创建，可以通过 MessageChannel 对象的 port1 属性值与 port2 属性值来访问这两个 MessagePort 对象。

这里将 MessageChannel 对象的 port1 属性值所引用的 MessagePort 对象留在本页面中，将 MessageChannel 对象的 port2 属性值所引用的 MessagePort 对象以及需要发送的消息通过父页面的 postMessage()方法发送给父页面。

```
window.onload = function(){
    var mc = new MessageChannel();
    //向父页面发送端口及消息
    window.parent.postMessage('site_2/index.html 初始化完毕。','http://localhost/
site_1/index.html',[mc.port2]);
    //定义本页面端口接收到消息时的事件处理函数
    mc.port1.addEventListener('message', function(event){
        alert( event.data );
    }, false);
    //打开本页面中的端口，开始监听
    mc.port1.start();
}
```

在父页面中定义接收到 MessagePort 对象及消息后，转发给第 2 个 iframe 元素中的子页面，代码可以参考步骤（5）。同时，定义 MessagePort 对象在接收到消息时所执行的事件处理函数。

（8）在 site_3 目录下新建网页，保存为 index.html。在该页面脚本中定义当页面接收到消息及端口时，访问触发窗口对象的 message 事件对象的 ports 属性值中的第 1 个端口，即子页 1 发送过来的端口，然后将反馈消息发回给该端口。

```
window.onload = function(){
    //定义接收到消息时的事件处理函数
    window.addEventListener('message',function(event){
        event.ports[0].postMessage('site_3/index.html 收到消息：'+ event.data
+ '本页也已加载完毕。');
    },false);
}
```

11.3 网络套接字通信

本节及下面各小节中的示例以 Windows 系统+Node.js 服务器+JavaScript 开发语言组合框架为基础进行演示说明。

11.3.1 认识 WebSocket

在 HTTP 协议中，每次请求与响应完成后，服务器与客户端之间的连接就会断开，如果客户端想要继续获取服务器的消息，必须再次向服务器发起请求，这显然无法适应实时通信的需求。为了弥补 HTTP 的不足，Web 通信领域出现了一些其他的解决方案，如轮询、COMET

（长轮询）、SSE（Server-Sent Events，服务器推送事件）、WebSocket（网络套接字）等。

（1）轮询：重复发送新的请求到服务器。如果服务器没有新的数据，就发送适当的指示关闭连接。客户端等待一段时间（如间隔 1s）再发送另一个请求。这种方式实现相对比较容易，但是缺点也比较明显。如果轮询的间隔过长，会导致用户不能及时接收到更新的数据；如果轮询时间过短，会导致查询请求过多，从而增加服务器的负担。

（2）COMET：客户端发送一个请求到服务器，如果服务器没有新的数据，就保持这个连接直到有数据。一旦服务器有了数据（消息）给客户端，就使用这个连接发送数据给客户端，接着关闭连接。

（3）SSE：通常重用一个连接处理多个消息（事件）。SSE 还定义了一个专门的媒体类型，用于描述一个从服务器发送到客户端的简单格式。

（4）WebSocket：提供一个真正的全双工连接。发起者是一个客户端，发送一个带特殊 HTTP 头的请求到服务器，通知服务器建立长时连接。该方案的优点是属于 HTML5 标准，已经被大多数浏览器支持，而且是真正的全双工，性能比较好，其缺点是实现起来比较复杂，需要专门处理 ws 协议。

WebSocket 是 HTML5 新增的一种在单个 TCP 连接上进行全双工通信的协议。全双工通信就是允许数据在两个方向上同时传输（A→B 且 B→A）。

WebSocket 使客户端与服务器之间的数据交换变得更加简单，允许服务器主动向客户端推送数据。在 WebSocket API 中，客户端和服务器只需一次握手，两者之间就可以创建持久性的连接，直接进行双向数据传输。

客户端通过 JavaScript 向服务器发出建立 WebSocket 连接的请求，连接建立以后，客户端和服务器就可以通过 TCP 连接直接交换数据。这个连接是实时的、永久的，除非被主动关闭。这意味着当服务器准备向客户端推送数据时，无须重新建立连接。只要客户端有一个被打开的 socket 端口，并且与服务器建立连接，就可以把数据推送给这个 socket 端口，服务器不再需要轮询客户端的请求，由被动变为主动。

WebSocket API 适用于多客户端与服务器实现实时通信的场景。例如：

（1）在线游戏网站。

（2）聊天室。

（3）实时体育或新闻评论网站。

（4）实时交互用户信息的社交网站。

11.3.2 使用 WebSocket API

扫一扫，看视频

【示例】在用户获取 WebSocket 连接之后，可以通过 send()方法来向服务器发送数据，并通过 onmessage 事件来接收服务器返回的数据。具体操作步骤如下。

（1）创建连接。新建一个 WebSocket 对象，代码如下：

```
var host = "ws://echo.websocket.org/";
var socket=new WebSocket(host);
```

注意

WebSocket()构造函数参数为 URL，必须以 ws 或 wss（加密通信时）字符开头，后面的字符串可以使用 HTTP 地址。该地址没有使用 HTTP 协议写法，因为它的属性为 WebSocket URL。URL 必须由 4 个部分组成，分别是通信标记（ws）、主机名称（host）、端口号（port）和 WebSocket Server。

在实际应用中，socket 服务器脚本可以是 Python、Node.js、Java、PHP。本示例使用 http://www.websocket.org/网站提供的 socket 服务器，协议地址为 ws://echo.websocket.org/。这样方便初学者进行简单的测试和体验，避免编写复杂的服务器脚本。

（2）发送数据。当 WebSocket 对象与服务器建立连接后，使用以下代码发送数据。

```
socket.send(dataInfo);
```

注意

socket 为新创建的 WebSocket 对象，send()方法中的 dataInfo 参数为字符类型，只能使用文本数据或者将 JSON 对象转换成文本内容的数据格式。

（3）接收数据。通过 message 事件接收服务器传过来的数据，代码如下：

```
socket.onmessage=function(event){
    console.log(event.data);                //输出收到的信息
}
```

通过回调函数中 event 对象的 data 属性来获取服务器发送的数据内容，该内容可以是字符串或 JSON 对象。

（4）显示状态。通过 WebSocket 对象的 readyState 属性记录连接过程中的状态值。readyState 属性是一个连接的状态标志，用于获取 WebSocket 对象在连接、打开、关闭中和关闭时的状态。该状态标志共有 4 个属性值，见表 11.1。

表 11.1　readyState 属性值

属 性 值	属 性 常 量	说　明
0	CONNECTING	连接尚未建立
1	OPEN	WebSocket 的连接已经建立
2	CLOSING	连接正在关闭
3	CLOSED	连接已经关闭或不可用

提示

WebSocket 对象在连接过程中，通过侦测 readyState 状态标志的变化，可以获取服务器与客户端连接的状态，并将连接状态以状态码的形式返回给客户端。

（5）通过 open 事件监听 socket 的打开，代码如下：

```
webSocket.onopen = function(event){
    //开始通信时处理
}
```

（6）通过 close 事件监听 socket 的关闭，代码如下：

```
webSocket.onclose=function(event){
    //通信结束时的处理
}
```

（7）调用 close()方法可以关闭 socket，切断通信连接，代码如下：

```
webSocket.close();
```

主要代码如下，完整代码请参考本示例源代码。

```
var socket;                                                   //声明 socket
function init(){                                              //初始化
    var host = "ws://echo.websocket.org/";                    //声明 host，注意是 ws 协议
    try{
        socket = new WebSocket(host);                         //新建一个 socket 对象
        log('当前状态： '+socket.readyState);                  //将连接的状态信息显示在控制台
        socket.onopen= function(msg){ log("打开连接： "+ this.readyState); };
                                                              //监听连接
        socket.onmessage = function(msg){ log("接收消息： "+ msg.data); };
                                                              //监听当接收信息时触发匿名函数
        socket.onclose= function(msg){ log("断开接连： "+ this.readyState); };
                                                              //关闭连接
        socket.onerror= function(msg){ log("错误信息： "+ msg.data); };
                                                              //监听错误信息
    }catch(ex){ log(ex); }
    $("msg").focus();
}
function send(){                                              //发送信息
    ...
    try{ socket.send(msg); log('发送消息： '+msg); } catch(ex){ log(ex); }
 }
function quit(){                                              //关闭 socket
    log("再见");
    socket.close();
    socket=null;
}
```

在浏览器中预览，演示效果如图 11.3 所示。

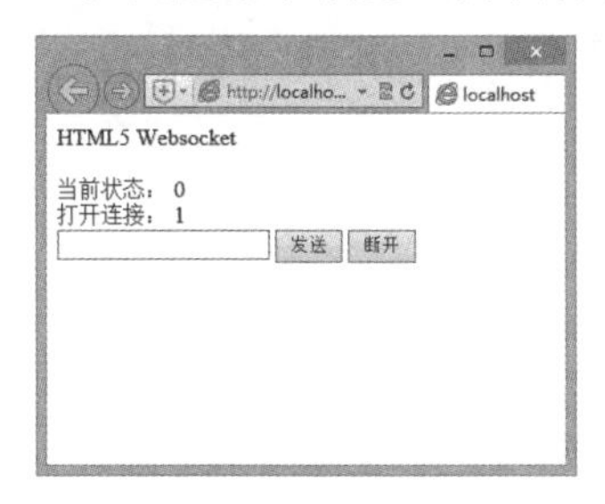

（a）建立连接

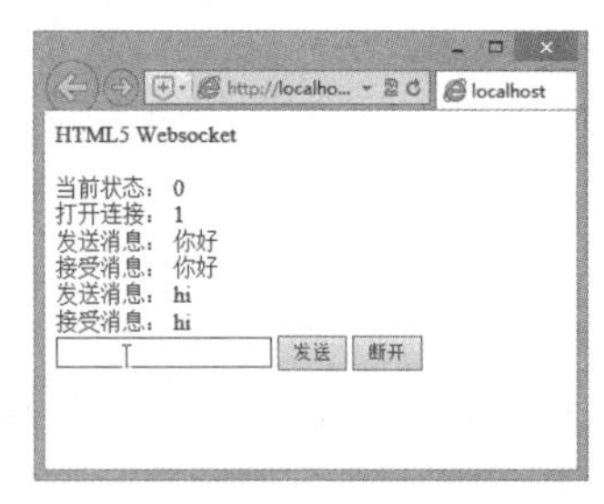

（b）相互通信

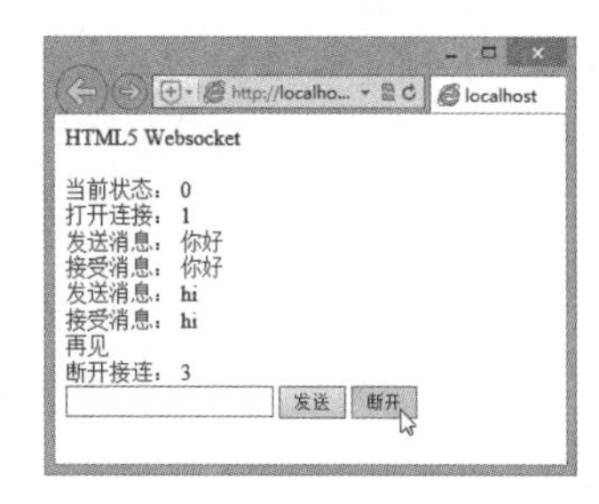

（c）断开连接

图 11.3　使用 WebSocket 进行通信

11.3.3　使用 Node.js 创建 WebSocket 服务器

扫一扫，看视频

Node.js 原生没有提供对 WebSocket 的支持功能，需要安装第三方包才能使用 WebSocket 功能。ws 模块是一个用于支持 WebSocket 客户端和服务器的框架。它易于使用、功能强大，并且不依赖于其他环境。

1. 安装 ws 模块

（1）在本地计算机中新建一个站点目录，如 D:\test。

（2）打开 DOS 系统窗口，输入命令“d:”，然后按 Enter 键，进入 D 盘根目录，再输入

命令“cd test”，按 Enter 键进入 test 目录。

（3）输入以下命令开始在当前目录中安装 ws 模块。

```
npm install ws
```

（4）安装完毕，输入以下命令查看是否安装成功。

```
npm list ws
```

按 Enter 键查看 ws 模块版本号以及安装信息。

2．创建 WebSocket 服务器

使用 Server(options[,callback])函数可以创建一个 WebSocket 服务器，包含一个配置对象，可以指定主机（host）和端口号（port）。例如，在本地 8080 端口启动服务。代码如下：

```
const WebSocket = require('ws')
const server = new WebSocket.Server({port:8080})
```

3．监听连接

ws 模块通过 connection 事件来监听连接。代码如下：

```
server.on('connection',function(ws,req){
     //处理数据
})
```

只要有 WebSocket 连接到该服务器，就会触发 connection 事件。参数 req 对象可以获取客户端的信息，如 IP、端口号。使用 server.clients 可以获取所有已连接的客户端信息。

4．发送数据

ws 模块通过 send()方法来发送数据。代码如下：

```
server.on('connection',function(ws,req){
     ws.send(//发送数据)
})
```

5．接收数据

ws 模块通过 message 事件来接收数据。当客户端有消息发送给服务器时，服务器就能够触发该消息事件。代码如下：

```
server.on('connection',function(ws,req){
     ws.send(//发送数据)
     ws.on('message',function(message){
        console.log(message)                          //接收数据
     })
})
```

6．监听状态

ws 模块中的 WebSocket 类具有以下 4 种状态。

（1）CONNCETION：0，表示连接还没有打开。

（2）OPEN：1，表示连接已经打开，可以通信了。

（3）CLOSING：2，表示连接正在关闭。

（4）CLOSED：3，表示连接已经关闭。

```
server.on('connection',function(ws,req){
     server.clients.forEach(function(client){
           if(client.readyState === WebSocket.OPEN){
                 client.send(//发送数据)
           }
     })
})
```

7．关闭 WebSocket 服务器

通过监听 close 事件关闭服务器。代码如下：

```
server.on('close',function(){
     //提示关闭信息
})
```

11.3.4 案例：设计聊天室

扫一扫，看视频

本案例设计一个简单的实时聊天室，具体操作步骤如下。

（1）新建项目目录，如 D:\test。在该目录中安装 ws 模块，可以参考 11.3.3 小节中的操作步骤。

（2）新建 app.js 文件，输入以下代码创建 WebSocket 服务器。

```
const WebSocket = require('ws')                              //导入 ws 模块
const server = new WebSocket.Server({ port: 8080 })    //创建 WebSocket 服务器
server.on('open', function open() {                          //监听建立连接
     console.log('connected')
})
server.on('close', function close() {                        //监听关闭连接
     console.log('disconnected')
})
server.on('connection', function (ws, req) {                 //监听建立连接
    const ip = req.socket.remoteAddress                      //获取客户端 IP 地址
    const port = req.socket.remotePort                       //获取客户端端口号
    const clientName = ip + port                             //定义用户名
    console.log('%s is connected ', clientName)              //提示连接信息
    ws.send('Welcome ' + clientName)                         //发送客户端信息
    ws.on('message', function (message) {                    //监听接收的信息
        console.log('received: %s from %s', message, clientName)
                                                             //提示接收到客户端的信息
        server.clients.forEach(function each(client) {//为每个连接用户推送消息
            if (client.readyState === WebSocket.OPEN) {//判断连接状态
                client.send(clientName + " -> " + message)
                                                             //主动为连接用户推送消息
            }
        })
    })
})
```

（3）新建 test.html 文件，设计一个简单的表单结构。

```
<form onsubmit="return false">
      <h3>WebSocket 聊天室</h3>
      <textarea id="responseTest"></textarea><br>
      <input type="text" value="欢迎学习 HTML5">
      <input type="button" value="发送消息" onclick="send(this.form.message.
value)">
      <input type="button" value="清空聊天记录" onclick="javascript: document.
getElementById('responseTest').value =' ' ">
</form>
```

（4）在客户端建立与服务器的连接。

```
var socket;                                           //全局变量，引用 WebSocket 对象
if (window.WebSocket) {
      socket = new WebSocket("ws://localhost:8080/")   //创建连接
      socket.onmessage = function (event) {             //监听消息
           var ta = document.getElementById('responseTest');
           ta.value = ta.value + '\n' + event.data;
      }
      socket.onopen = function (event) {                //监听连接
           var ta = document.getElementById('responseTest');
           ta.value = '连接开启!';
      }
      socket.onclose = function (event) {               //监听关闭连接
           var ta = document.getElementById('responseTest');
           ta.value = '连接关闭!';
      }
} else { alert('你的浏览器不支持 WebSocket');}
function send(message) {                                //发送消息
      if (!window.WebSocket) { return }
      if (socket.readyState === WebSocket.OPEN) { socket.send(message); }
      else { alert('连接没有开启'); }
}
```

（5）进入当前项目目录（如 D:\test），输入以下命令运行服务器，之后服务器会实时跟踪每个客户端的响应，如图 11.4 所示。

```
node app.js
```

图 11.4　运行服务器

（6）在不同域下打开 test.html 文件，此时就可以通过客户端表单与不同的用户进行聊天了，演示效果如图 11.5 所示。

（a）客户端 A

（b）客户端 B

图 11.5　实时聊天效果

11.4　SSE 通信

11.4.1　SSE 基础

SSE 是 HTML5 新增的一种通信方式，可以用于从服务器实时推送数据到客户端。相对于 COMET 和 WebSocket 技术来说，SSE 的使用更简单，服务器的改动也较小。对于某些类型的应用来说，SSE 是最佳的选择。

提示

除了 HTML5 SSE 外，还有以下 3 种服务器数据推送技术。

（1）WebSocket：基于 TCP 协议，使用套接字连接，可以进行双向的数据传输。

（2）简易轮询：基于 HTTP 协议，浏览器定时向服务器发出请求来查询是否有数据更新。

（3）COMET：改进了简易轮询，当每次请求时，会保持该连接在一段时间内处于打开状态；当处于打开状态时，服务器产生的数据更新可以及时发送给客户端；在上一个长连接关闭之后，客户端会立即打开一个新的长连接来继续请求。

简易轮询由于缺陷明显，并不推荐使用；COMET 技术不是 HTML5 标准，也不推荐使用。WebSocket 和 SSE 都是 HTML5 标准技术，在主流浏览器上都提供了原生的支持，它们各有特点，适用于不同的场合，简单比较如下：

（1）SSE 使用 HTTP 协议，现有的服务器软件都支持；WebSocket 是一个独立协议。

（2）SSE 属于轻量级，使用简单；WebSocket 协议相对复杂。

（3）SSE 默认支持断线重连；WebSocket 需要自己实现。

（4）SSE 一般只用于传送文本，二进制数据需要编码后传送；WebSocket 默认支持传送二进制数据。

（5）SSE 支持自定义发送的消息类型。

11.4.2　使用 SSE

扫一扫，看视频

1．客户端实现

SSE 的客户端 API 部署在 EventSource 对象上。使用 SSE 时，浏览器首先生成一个

EventSource 实例，向服务器发起连接。语法格式如下：

```
var source = new EventSource(url);
```

参数 url 表示请求的网址，可以跨域。如果跨域时，可以指定第 2 个参数，打开 withCredentials 属性，表示是否携带 cookie。语法格式如下：

```
var source = new EventSource(url, { withCredentials: true });
```

使用 EventSource 实例的 readyState 属性可以跟踪当前连接状态，取值说明如下。

（1）0：等于 EventSource.CONNECTING，表示连接还未建立，或者断线正在重连。

（2）1：等于 EventSource.OPEN，表示连接已经建立，可以接收数据。

（3）2：等于 EventSource.CLOSED，表示连接已经断开，并且不会重连。

一旦建立连接，就会触发 open 事件，可以在 onopen 属性中定义回调函数。语法格式如下：

```
source.onopen = function (event){
     //...
};
```

客户端接收到服务器发来的数据，就会触发 message 事件，可以在 onmessage 属性的回调函数中接收数据并进行处理。事件对象的 data 属性就是服务器传回的数据（文本格式）。

```
source.onmessage = function (event) {
     var data = event.data;
     //处理数据
};
```

如果发生通信错误（如连接中断），就会触发 error 事件，可以在 onerror 属性中定义回调函数处理异常。

```
source.onerror = function (event) {
     //处理异常
};
```

如果要关闭 SSE 连接，可以使用 close()方法。

```
source.close();
```

2. 服务器实现

服务器向浏览器发送的 SSE 数据必须是 UTF-8 编码的文本，具有以下 HTTP 头信息。

```
Content-Type: text/event-stream
Cache-Control: no-cache
Connection: keep-alive
```

在以上代码中，第 1 行的 Content-Type 必须指定 MIME 类型为 event-steam。

每一次发送的信息，由若干个 message 组成，每个 message 之间用\n\n 分隔。每个 message 内部由若干行组成，每一行都遵循如下格式。field 可以取值包括 data、id、event、retry。

```
field: value\n
```

以冒号开头的行表示注释，通常服务器每隔一段时间就会向浏览器发送一个注释，保持连接不中断。

```
: 注释文本
```

（1）data 字段。数据内容用 data 字段表示。如果数据很长，可以分成多行，最后一行用\n\n 结尾，前面行都用\n 结尾。例如，发送一段 JSON 数据。

```
data: {\n
data: "a": "bar",\n
data: "b", 123\n
data: }\n\n
```

（2）id 字段。id 字段表示一条数据的编号。浏览器使用 lastEventId 可以读取该值。如果连接断线，浏览器会发送一个 HTTP 头，里面包含一个特殊的 Last-Event-ID 头信息，将这个值发送给服务器，便于重建连接。因此，这个头信息可以被视为一种同步机制。

```
id: msg1\n
data: message\n\n
```

（3）event 字段。event 字段表示自定义的事件类型，默认是 message 事件。浏览器可以用 addEventListener()监听该事件。例如，以下代码创建两条信息。第 1 条信息的名字是 foo，触发浏览器的 foo 事件；第 2 条信息未取名，表示默认类型，触发浏览器的 message 事件。

```
event: foo\n
data: a foo event\n\n
data: an unnamed event\n\n
```

（4）retry 字段。服务器可以使用 retry 字段指定浏览器重新发起连接的时间间隔。

```
retry: 10000\n
```

两种情况会导致浏览器重新发起连接：一种是时间间隔到期；另一种是由于网络错误等，导致连接出错。

【示例】下面的示例简单演示了如何使用 SSE 技术把服务器的当前时间发送给客户端。

（1）客户端代码（test.html）如下：

```
<button id="close" disabled>断开连接</button>
<div id="result"></div>
<script type="text/javascript">
var result = document.getElementById('result');
if (typeof (EventSource) !== 'undefined') {
    var source = new EventSource('test.php');          //创建事件源
    source.onmessage = function(event){                 //监听事件源发送过来的数据
        result.innerHTML +=event.data +'<br>';
    }
    source.onopen = function(){                          //建立连接事件处理函数
        if (source.readyState == 0) {
            result.innerHTML +='未建立连接<br>';
        }
        if (source.readyState == 1) {
            result.innerHTML +='连接成功<br>';
        }
    }
    source.onclose = function(){                         //关闭连接事件处理函数
        result.innerHTML += "连接关闭，readyState 属性值为：" +
source.readyState + '<br>';
    }
    var close = document.getElementById('close');
```

```
        close.removeAttribute("disabled");
        close.onclick = function(){                    //主动断开连接按钮事件处理函数
            source.close();
            result.innerHTML += "主动断开连接，readyState 属性值为：" +
source.readyState + '<br>';
            close.setAttribute("disabled", true);
        }
    }else{
        result.innerHTML += "您的浏览器不支持 server sent Event";
    }
    </script>
```

（2）服务器端代码（test.php）如下。

```
<?php
header('Content-Type:text/event-stream');         //指定发送事件流的 MIME 为
                                                    text/event-stream
header('Cache-Control:no-cache');                  //不缓存服务器发送的数据
echo "event:test\n\n";                             //指定服务器发送的事件名
//定义服务器向客户端发送的数据
echo "data:服务器当前时间为：".date('Y-m-d H:i:s')."\n\n";
flush();                                           //向客户端发送数据流
 ?>
```

在本地虚拟服务器中运行 test.html 文件，演示效果如图 11.6 所示。

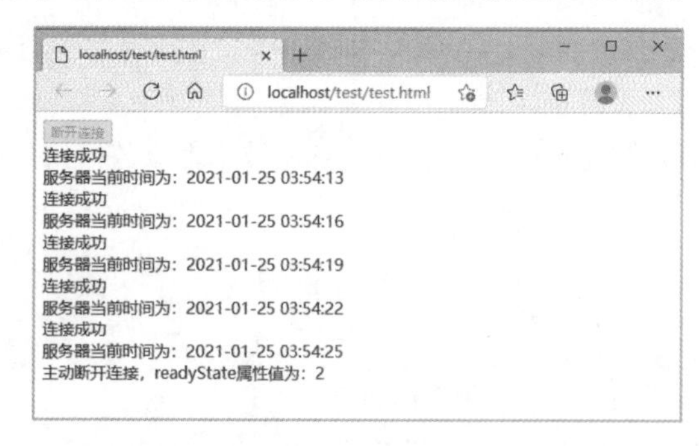

图 11.6　使用 SSE 向客户端发送数据

扫一扫，看视频

11.5　广播通道通信

BroadcastChannel API 用于在同源不同页面之间进行通信，即同一站点的同一个浏览器上下文之间进行简单的通信，包括窗口、标签、框架或 iframe。

与 window.postMessage 的区别在于：BroadcastChannel 只能用于同源页面之间进行通信，而 window.postMessage 可以用于任何同源或跨域页面之间进行通信。下面介绍其实现步骤。

（1）构建通道。代码如下：

```
var bc = new BroadcastChannel(test_channel);
```

参数 test_channel 指定通道的名称，连接到相同名称的广播通道，可以监听到这个通道分发的所有消息。使用 bc.name 可以访问这个通道的名称。

（2）使用通道对象的 postMessage()方法发送消息。代码如下：

```
bc.postMessage(data);
```

发送消息 data 到指定通道中后，所有接入这个通道的页面都能接收到该消息。消息为字符串型，如果是对象，则应该使用 JSON.stringify(data)转换为字符串表示。

（3）在 message 事件上进行监听，然后在事件的回调函数中接收消息。代码如下：

```
bc.onmessage = function (ev) { console.log(ev); }
```

ev 表示 event 对象，继承自 Event，结构如下：

```
{
    bubbles : false,
    cancelBubble : false
    cancelable : false
    currentTarget : BroadcastChannel {name: "test_channel", onmessageerror: null, onmessage: f}
    data : ""
    srcElement : BroadcastChannel {name: "test_channel", onmessageerror: null, onmessage: f}
    target : BroadcastChannel {name: "test_channel", onmessageerror: null, onmessage: f}
    type:"message"
}
```

在事件的回调函数中，可以通过 ev.data 接收消息。

（4）完成通信之后，可以使用通道对象的 close()方法关闭通道。代码如下：

```
bc.close();
```

【示例】下面的示例在页面中设计一个文本框，在单击“发送消息”按钮后，使用 BroadcastChannel()创建一个名为 test_channel 的消息通道，然后使用通道对象的 postMessage()方法把文本框的值发送到消息通道中，这样在浏览器的其他窗口中可以监听 onmessage 事件，然后接收这个消息，演示效果如图 11.7 所示。

```
<input type = "text" id = "text" placeholder="请输入消息，输入 close 将关闭通道"/>
<button id="btn">发送消息</button>
<div id = "wrapper"></div>
<script>
window.onload = function(){
    var wrapper = document.getElementById("wrapper");
    var bc = new BroadcastChannel('test_channel');
    var win = location.pathname;
    bc.onmessage = function (ev) {
        wrapper.innerHTML += "<p>接收: " + ev.data + "</p>";
    }
    var btn = document.getElementById("btn");
    var input = document.getElementById("text")
    btn.onclick = function(){
        var v = input.value.trim();
        if(!v){
            alert("请输入内容");
            return;
        }
        if(v == "close"){
```

```
                    bc.close();
                    wrapper.innerHTML += "<p>关闭 Broadcast Channel</p>";
                    return;
                }
                bc.postMessage( "<i>" + win + "</i> 说 <b>" + v + "</b>" );
                wrapper.innerHTML += "<p><i>" + win + "</i> 发送: <b>" + v +
"</b></p>";
                input.value = "";
            }
        }
    </script>
```

图 11.7　使用消息通道向其他窗口发送消息

本 章 小 结

本章首先介绍了跨文档发送消息和消息通道通信的方法；然后详细讲解了网络套接字通信，结合 Node.js 的第三方包快速实现 WebSocket 功能；最后又介绍了服务器推送事件通信和广播通道通信。全面、系统地展示了在 Web 前端实现跨页、跨域和跨设备通信的多种途径和方法。

课 后 练 习

一、填空题

1．在 HTML5 中跨域通信的核心是____________方法。
2．目标窗口接收到消息之后，会触发 window 对象的____________事件。
3．消息通道通信 API 提供了一种在____________之间进行通信的方法。
4．使用消息通道通信之前先要创建一个____________对象。
5．在___________协议中每次请求与响应完成后连接就会断开。

二、判断题

1．event.source 引用 window 对象，可以通过它调用 postMessage()方法。（　　）
2．如果两个页面的 URL 位于不同域中或使用不同端口号，则属于不同的源。（　　）
3．在 HTML5 消息通道通信中，使用的每个端口都是一个 MessagePort 对象。（　　）
4．SSE 可以从服务端实时推送数据到浏览器端。（　　）
5．BroadcastChannel API 用于不同源之间的通信。（　　）

三、选择题

1.（　　）不可以实时连接。
A．轮询　　B．HTTP 请求　　C．SSE　　D．WebSocket

2.（　　）场景不太适用 WebSocket API。
A．在线游戏　　B．聊天室　　C．实时交互　　D．产品展览

3．readyState 属性值（　　）表示 WebSocket 对象已经连接。
A．1　　B．2　　C．3　　D．4

4．在客户端通过（　　）事件可以监听 socket 的打开。
A．message　　B．close　　C．open　　D．connection

5．在 Node.js 服务器端，ws 模块通过（　　）事件来接收数据。
A．message　　B．close　　C．open　　D．connection

四、简答题

简单比较一下不同的 Web 通信技术，并简单说明 WebSockets 的优势。

五、上机题

使用 postMessage()方法设计一个简单的跨域通信示例。

拓 展 阅 读

第 12 章　项目实战：网络记事本

【学习目标】

- 了解 Web Database 和 Web Storage。
- 能够使用 HTML5 与 jQuery Mobile 框架构建应用项目。
- 结合 jQuery Mobile 和 JavaScript 设计交互界面，实现数据存储。

本章将通过一个完整的项目介绍网络记事本移动应用的开发，详细介绍使用 HTML5 开发移动项目的方法与技巧。为了加快开发速度，本章借助 Dreamweaver CC 可视化操作界面，快速完成 jQuery Mobile 界面设计，读者也可以手写代码完成整个项目开发。

12.1　项 目 分 析

在整个网络记事本移动应用中，主要包括以下几个需求。

（1）进入首页后，以列表的形式展示各类别记事数据的总量信息，单击某类别选项进入该类别的记事列表页。

（2）在分类记事列表页中展示该类别下的全部记事标题内容，并增加根据记事标题进行搜索的功能。

（3）若单击类别列表中的某记事标题，则进入记事详细页，在该页面中展示记事信息的标题和正文信息。在该页面添加一个删除按钮，用于删除该条记事信息。

（4）若在记事详细页中单击“修改”按钮，则进入修改记事页，在该页中可以修改标题和正文信息。

（5）无论是在首页还是在记事列表页中，单击“记录”按钮，都可以进入添加记事页，在该页中可以添加一条新的记事信息。

网络记事本移动应用的定位目标是方便、快捷地记录和管理用户的记事数据。在总体设计时，重点把握操作简洁、流程简单、系统可拓展性强的原则。因此网络记事本移动应用的总体设计流程如图 12.1 所示。

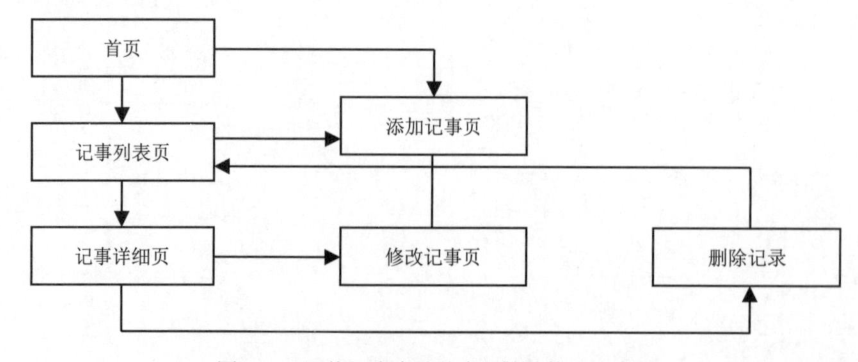

图 12.1　网络记事本移动应用的总体设计流程

图 12.1 列出了网络记事本移动应用的功能和操作流程。整个系统包含五大功能：分类记

事列表页、记事列表页、记事详细页、修改记事页和添加记事页。当用户进入应用系统，首先进入 idnex.html 页面，浏览记事分类列表，然后选择记事分类，即可进入列表页面；在分类记事页和记事列表页中都可以进入添加记事页，只有在记事列表页中才能进入记事详细页；在记事详细页中可以进入修改记事页；最后在完成添加或修改记事的操作后，可以返回相应类别的记事列表页。

扫一扫，看视频

12.2　框 架 设 计

根据设计思路和设计流程，本案例灵活使用 jQuery Mobile 技术框架设计了 5 个功能页面，具体说明如下。

1．首页（index.html）

在本页面中，利用 HTML 本地存储技术，使用 JavaScript 遍历 localStorage 对象，读取其保存的记事数据。在遍历过程中，以累加方式记录各类别下记事数据的总量，并通过<ul>列表显示类别名称和对应记事数据总量。当单击<ul>列表中的某选项时，则进入该类别下的记事列表页（list.html）。

2．记事列表页（list.html）

在本页面中，根据 localStorage 对象存储的记事类别获取该类别名称下的记事数据，并通过列表的方式将记事标题信息显示在页面中。同时，将列表元素的 data-filter 属性值设置为 true，使该列表具有根据记事标题信息进行搜索的功能。当单击<ul>列表中的某选项时，则进入该标题下的记事详细页（notedetail.html）。

3．记事详细页（notedetail.html）

在本页面中，根据 localStorage 对象存储的记事 ID 编号获取对应的记事数据，并将记录的标题与内容显示在页面中。当单击头部栏左侧的“修改”按钮时，进入修改记事页（editnote.html）；当单击头部栏右侧的“删除”按钮时，弹出询问对话框，单击“确定”按钮后，将删除该条记事数据。

4．修改记事页（editnote.html）

在本页面中，以文本框的方式显示某条记事数据的类别、标题和内容，用户可以对这 3 项内容进行修改。修改后，单击头部栏右侧的“保存”按钮，便完成了该条记事数据的修改。

5．添加记事页（addnote.html）

在分类记事列表页或记事列表页中，当单击头部栏右侧的“写日记”按钮时，进入添加记事页。在本页面中，用户可以选择记事的类别，输入记事标题、内容，然后单击本页面头部栏右侧的“保存”按钮，便完成了一条新记事数据的添加。

12.3　技 术 准 备

本项目用到 HTML5 的 Web Storage 客户端存储技术（详情请参考第 9 章内容）及 jQuery Mobile 移动 Web 框架。jQuery Mobile 是一套基于 jQuery 的移动应用界面开发框架，以网页的形式呈现类似于移动应用的界面。jQuery Mobile 知识主要包括视图和组件。

扫一扫，看视频

12.3.1　初次使用 jQuery Mobile

使用 jQuery Mobile 的操作流程与编写 HTML 文件的操作流程相似，大致包括以下几个步骤。

（1）新建 HTML5 文档。

（2）载入 jQuery Mobile CSS、jQuery 与 jQuery Mobile 库。

（3）使用 jQuery Mobile 定义的 HTML5 标签编写网页架构及其内容。

运行 jQuery Mobile 移动应用页面需要包含以下 3 个框架文件。

（1）jQuery.js：jQuery 主框架插件。

（2）jQuery.Mobile.js：jQuery Mobile 框架插件。

（3）jQuery.Mobile.css：与 jQuery Mobile 框架相配套的 CSS 样式文件。

有以下两种方法可以获取相关文件。

（1）登录 jQuery Mobile 官方网站，单击右下角的 Download jQuery Mobile 区域的 Latest stable 按钮下载最新稳定版本，如图 12.2 所示。

图 12.2　下载 jQuery Mobile 压缩包

（2）jQuery Mobile 提供了 jQuery CDN 在线服务。在页面头部区域<head>标签内加入以下代码，同样可以执行 jQuery Mobile 移动应用页面。

```
<link rel="stylesheet" href="http://code.jquery.com/mobile/1.4.5/jquery.mobile-1.4.5.min.css" />
<script src="http://code.jquery.com/jquery-1.12.2.min.js"></script>
<script src="http://code.jquery.com/mobile/1.4.5/jquery.mobile-1.4.5.min.js"></script>
```

通过 URL 加载 jQuery Mobile 插件的方式使版本的更新更加及时，但由于通过 jQuery CDN 服务器请求的方式进行加载，在执行页面时必须保证网络的畅通性；否则，不能实现 jQuery Mobile 移动应用页面的效果。

移动设备浏览器对 HTML5 标准的支持程度要远远优于计算机设备，因此使用简洁的 HTML5 标准可以更加高效地进行开发，免去了兼容问题。

【示例】 新建 HTML5 文档，在头部区域的<head>标签中按顺序引入框架文件，注意加载顺序。

```
<!DOCTYPE HTML><html><head>
<title>标题</title><meta charset="utf-8" />
<link rel="stylesheet" type="text/css" href="jquery.mobile/jquery.mobile-
1.4.5.min.css">
<script src="jquery-1.12.2.min.js"></script>
<script src="jquery.mobile/jquery.mobile-1.4.5.min.js"></script>
</head><body></body><html>
```

提示

为了避免编码乱码，建议定义文档编码为 utf-8。

```
<meta charset="utf-8" />
```

jQuery Mobile 的工作原理如下：jQuery Mobile 通过<div>标签组织页面结构，根据元素的 data-role 属性设置角色。每一个拥有 data-role 属性的<div>标签就是一个容器，它可以放置其他页面元素。jQuery Mobile 提供可触摸的 UI 小组件和 Ajax 导航系统，使页面支持动画式切换效果。以页面中的元素标记为事件驱动对象，当触摸或单击时进行触发，最后在移动终端的浏览器中实现应用程序的动画展示效果。

12.3.2　创建页面

扫一扫，看视频

在 jQuery Mobile 中，页面与网页是两个不同的概念，网页表示一个 HTML 文档，而页面表示移动设备中的一个视图（可视区域）。一个网页文件中可以仅包含一个视图，也可以包含多个视图。如果一个网页文件中只包含一个视图，那么称为单页结构；如果一个网页中包含多个视图，那么称为多页结构。

1. 定义单页结构

jQuery Mobile 提供了标准的页面结构模型：在<body>标签中插入一个<div>标签，为该标签定义 data-role 属性，设置为 page，利用这种方式可以设计一个视图。

视图一般包含 3 个基本的结构，分别是 data-role 属性为 header、content 和 footer 的 3 个子容器，它们分别用于定义标题、内容和页脚，用于包裹移动页面包含的不同内容。

【示例】下面创建一个 jQuery Mobile 单页页面，并在页面组成部分中分别显示其对应的容器名称。

（1）新建 HTML5 文档，保存文档为 index.html。

（2）在网页头部区域导入 jQuery Mobile 库文件。

```
<link href="jquery.mobile/jquery.mobile-1.4.5.css" rel="stylesheet" type=
"text/css">
<script type="text/javascript" src="jquery.mobile/jquery-1.12.2.min.js">
</script>
<script type="text/javascript" src="jquery.mobile/jquery.mobile-1.4.5.js">
</script>
```

（3）在<body>标签中输入以下代码，定义页面基本结构。

```
<div data-role="page">
    <div data-role="header">页标题</div>
    <div data-role="content">页面内容</div>
    <div data-role="footer">页脚</div>
</div>
```

data-role="page"表示当前 div 是一个视图，在一个屏幕中只会显示一个视图，header 表示标题，content 表示内容块，footer 表示页脚。

（4）在<head>中添加一个名称为 viewport 的<meta>标签，设置 content 属性值为"width=device-width,initial-scale=1"，使页面的宽度与移动设备的屏幕宽度相同，更适合用户浏览。代码如下：

```
<meta name="viewport" content="width=device-width,initial-scale=1" />
```

（5）在移动设备模拟器中预览，显示效果如图 12.3 所示。

图 12.3　设计单页效果

2. 定义多页结构

多页结构就是一个文档可以包含多个 data-role 为 page 的容器。视图之间各自独立，并拥有唯一的 ID 值。当页面加载时，会同时加载；当在容器间访问时，会以锚点链接实现，当单击锚点链接时，jQuery Mobile 将在文档中寻找对应 ID 的 page 容器，以动画效果进行切换。

【示例】下面的示例在 HTML 文档中添加两个视图，第 1 个视图中显示新闻列表，单击新闻标题后，切换至第 2 个视图，显示新闻详细内容。具体操作步骤如下。

（1）新建 HTML5 文档，保存为 index.html。

（2）在文档头部完成 jQuery Mobile 框架的导入工作。

（3）使用<div data-role="page">标签定义首页视图，代码如下：

```
<div data-role="page" id="home">
    <div data-role="header">
        <h1>移动资讯</h1>
    </div>
    <div data-role="content">
        <p><a href="#new1">jQuery Mobile 1.4.5</a></p>
    </div>
    <div data-role="footer">
        <h4>©2016 jm.cn studio</h4>
    </div>
</div>
```

（4）使用<div data-role="page">标签设计详细页视图，代码如下：

```
<div data-role="page" id="new1">
    <div data-role="header">
        <h1>Seriously cross-platform with HTML5</h1>
```

```
        </div>
        <div data-role="content">
            <p><img src="images/devices.png" style="width:100%" alt=""/></p>
            <p>jQuery Mobile framework takes the "write less, do more" mantra
to the next level: Instead of writing unique applications for each mobile
device or OS, the jQuery mobile framework allows you to design a single
highly-branded responsive web site or application that will work on all
popular smartphone, tablet, and desktop platforms.</p>
        </div>
        <div data-role="footer">
            <h4>©2016 jm.cn studio</h4>
        </div>
    </div>
```

这样在 index.html 文档中包含了两个视图：首页（ID 为 home）和详细页（ID 为 new1）。从首页链接跳转到详细页采用的链接地址为#new1。jQuery Mobile 会自动切换链接的目标视图显示到移动浏览器中。

（5）在移动设备模拟器中预览，在屏幕中首先看到如图 12.4（a）所示的视图效果，单击超链接文本，会跳转到第 2 个视图页面，效果如图 12.4（b）所示。

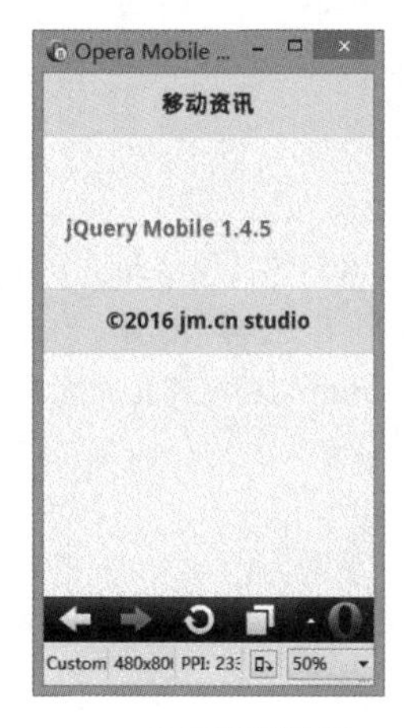

（a）首页视图效果

（b）详细页视图效果

图 12.4　设计多页视图效果

12.3.3　定义组件

扫一扫，看视频

jQuery Mobile 针对用户界面提供了各种可视化的组件，它们与 HTML5 标记一起使用，能轻松开发出适应移动设备的视图。jQuery Mobile 提供的组件包括按钮、工具栏、导航栏、输入框、单选按钮、复选框、滑块、开关按钮和选择框等。

【示例】下面的示例使用不同标签定义按钮，jQuery Mobile 会自动把它们转换为按钮组件，其中图像按钮依然保持默认样式，没有转换为按钮组件，演示效果如图 12.5 所示。

```
    <div data-role="page">
        <div data-role="header">
            <h1>使用按钮</h1>
        </div>
        <div data-role="content">
            <a href="#about" data-role="button">超级链接</a>
            <button>表单按钮</button>
```

```
            <input type="submit" value="提交按钮" />
            <input type="reset" value="重置按钮" />
            <input type="button" value="普通按钮" />
            <input type="image" src="images/btn.jpg"height="30"value="图像按钮"/>
        </div>
    </div>
```

图 12.5　不同标签的按钮样式

注意

jQuery Mobile 不仅包含视图、组件，还包含主题、事件、布局、设置等相关知识点，限于篇幅这里就不再展开介绍，感兴趣的读者可以购买相关图书，或者在网上搜索 jQuery Mobile 系列文章深入学习。本项目为了降低初学者的学习难度，直接使用 Dreamweaver CC 可视化开发软件，通过简单、快速的操作，即可实现应用开发，因此在学习下面章节内容前读者需要下载和安装 Dreamweaver CC 可视化开发软件。

扫一扫，看视频

12.4　制 作 首 页

当用户进入网络记事本移动应用时，将首先进入系统首页。在该页面中，通过<ul>标签以列表视图的形式显示记事数据的全部类别名称，并将各类别记事数据的总数显示在列表中对应类别的右侧，效果如图 12.6 所示。

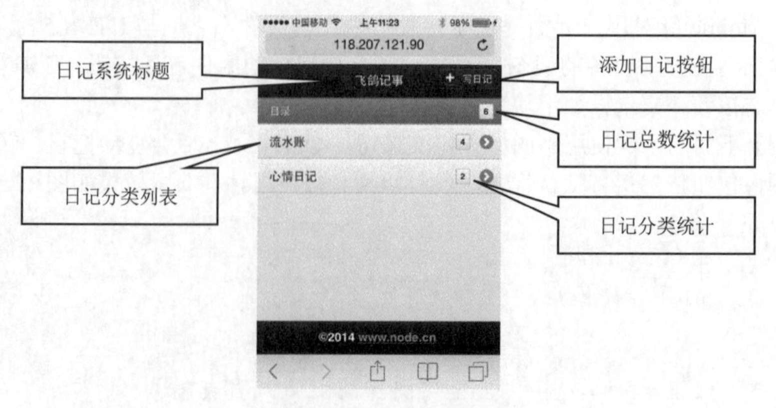

图 12.6　首页设计效果

新建一个 HTML5 页面，在页面 Page 容器中添加一个<ul>列表标签，在列表中显示记事数据的分类名称与类别总数，单击该列表选项进入记事列表页。具体操作步骤如下。

（1）启动 Dreamweaver CC，选择“文件”→“新建”菜单命令，打开“新建文档”对话框。在该对话框中选择“空白页”选项，设置页面类型为 HTML，设置文档类型为 HTML5，然后单击“确定”按钮，完成文档的创建操作。

（2）按快捷键 Ctrl+S，保存文档为 index.html。选择“插入”→jQuery Mobile→“页面”菜单命令，打开“jQuery Mobile 文件”对话框，保持默认设置，在当前文档中插入视图页，设置如图 12.7 所示。

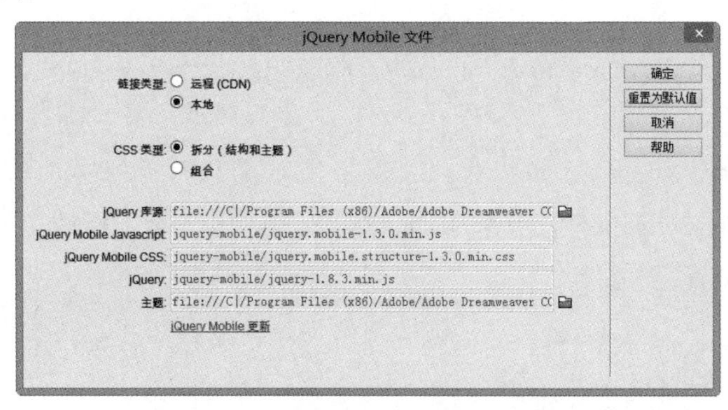

图 12.7　“jQuery Mobile 文件”对话框

（3）单击“确定”按钮，关闭“jQuery Mobile 文件”对话框，然后打开“页面”对话框，在该对话框中设置页面的 ID 为 index，同时设置页面视图包含标题和脚注，即包含标题栏和页脚栏；单击“确定”按钮，在当前 HTML5 文档中插入页面视图结构，设置如图 12.8 所示。

（4）按快捷键 Ctrl+S，保存当前文档 index.html。此时，Dreamweaver CC 会弹出对话框提示保存相关的框架文件。

此时在编辑窗口中可以看到 Dreamweaver CC 新建了一个页面，页面视图包含标题栏、内容框和页脚栏，同时在“文件”面板的列表中可以看到复制的相关库文件。

（5）选中内容栏中的“内容”文本，清除内容栏内的文本，然后选择“插入”→“结构”→“项目列表”菜单命令，在内容栏中插入一个空项目列表结构。为<ul>列表标签定义 data-role="listview"属性，设计列表视图。

（6）为标题栏和页脚栏添加 data-position="fixed"属性，定义标题栏和页脚栏固定在页面顶部和底部显示，同时修改标题栏标题为“飞鸽记事”。

（7）选择“插入”→jQuery Mobile→“按钮”菜单命令，打开“按钮”对话框，设置如图 12.9 所示，单击“确定”按钮，在标题栏右侧插入一个添加日记的按钮。

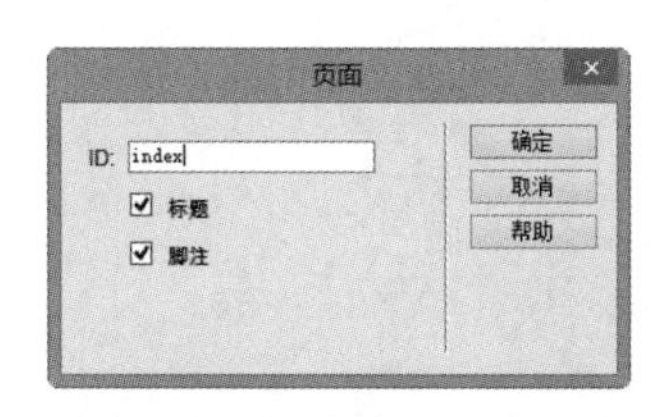

图 12.8　“页面”对话框

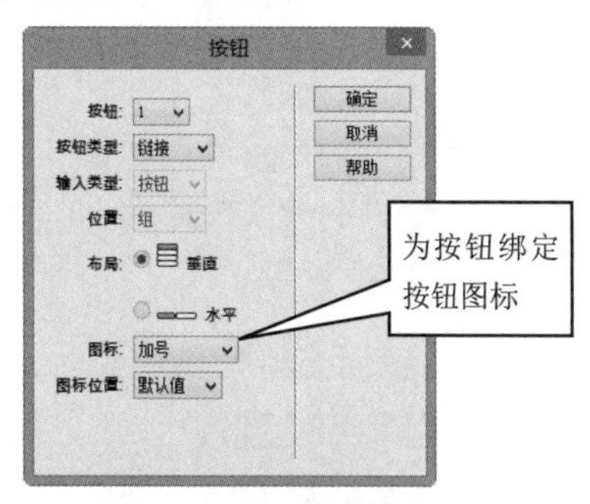

图 12.9　“按钮”对话框

（8）为添加日记按钮设置链接地址：href="addnote.html"，绑定类样式 ui-btn-right，让其显示在标题栏右侧。切换到代码视图，可以看到整个文档结构，代码如下：

```
<div data-role="page" id="index">
    <div data-role="header" data-position="fixed" data-position="inline">
        <h2>飞鸽记事</h2>
            <a href="addnote.html" class="ui-btn-right" data-role="button"
data-icon="plus">写日记</a> </div>
    <div data-role="content">
        <ul data-role="listview"></ul>
    </div>
    <div data-role="footer" data-position="fixed" >
        <h1>©2014 <a href="http://www.node.cn/" target="_blank">
www.node.cn</a></h1>
    </div>
</div>
```

（9）新建 JavaScript 文件，保存为 js/note.js，在其中编写以下代码。

```
//Web 存储对象
var myNode = {
    author: 'node',
    version: '2.1',
    website: 'http://www.node.cn/'
}
myNode.utils = {
   setParam: function(name, value) {
       localStorage.setItem(name, value)
   },
   getParam: function(name) {
       return localStorage.getItem(name)
   }
}
//首页创建事件
$("#index").live("pagecreate", function() {
    var $listview = $(this).find('ul[data-role="listview"]');
    var $strKey = "";
    var $m = 0, $n = 0;
    var $strHTML = "";
    for (var intI = 0; intI < localStorage.length; intI++) {
        $strKey = localStorage.key(intI);
        if ($strKey.substring(0, 4) == "note") {
            var getData = JSON.parse(myNode.utils.getParam($strKey));
            if (getData.type == "a") {
                $m++;
            }
            if (getData.type == "b") {
                $n++;
            }
        }
    }
    var $sum = parseInt($m) + parseInt($n);
    $strHTML += '<li data-role="list-divider">目录<span class="ui-li-
count">' + $sum + '</span></li>';
    $strHTML += '<li><a href="list.html" data-ajax="false" data-id="a"
data-name="流水账">流水账<span class="ui-li-count">' + $m + '</span></li>';
```

```
        $strHTML += '<li><a href="list.html" data-ajax="false" data-id="b"
data-name="心情日记">心情日记<span class="ui-li-count">' + $n + '</span></li>';
        $listview.html($strHTML);
            $listview.delegate('li a', 'click', function(e) {
            myNode.utils.setParam('link_type', $(this).data('id'))
            myNode.utils.setParam('type_name', $(this).data('name'))
        })
    })
```

在以上代码中，首先定义一个 myNode 对象，用于存储版权信息，同时为其定义一个子对象 utils，该对象包含两个方法：setParam()和 getParam()，其中 setParam()方法用于存储记事信息，而 getParam()方法用于从本地存储中读取已经写过的记事信息。然后为首页视图绑定 pagecreate 事件，在页面视图创建时执行其中的代码。在视图创建事件回调函数中先定义一些数值和元素变量，供后续代码使用。由于全部的记事数据都保存在 localStorage 对象中，需要遍历全部的 localStorage 对象，根据键值中前 4 个字符为 note 的标准，筛选对象中保存的记事数据，并通过 JSON.parse()方法将该数据字符内容转换成 JSON 格式对象，再根据该对象的类型值将不同类型的记事数量进行累加，分别保存在变量$m 和$n 中。最后在<ul>列表标签组织显示内容，并保存在变量$strHTML 中，调用<ul>列表标签的 html()方法，将内容赋值给<ul>列表标签。使用 delegate()方法设置列表选项触发单击事件时需要执行的代码。

由于本系统的数据全部保存在用户本地的 localStorage 对象中，读取数据的速度很快，当将字符串内容赋值给<ul>列表标签时，已完成样式加载，无须再调用 refresh()方法。

（10）在头部位置添加以下元信息，定义视图宽度与设备屏幕宽度保持一致。同时使用<script>标签加载 js/note.js 文件，代码如下：

```
<meta name="viewport" content="width=device-width,initial-scale=1" />
<script src="js/note.js" type="text/javascript" ></script>
```

（11）完成设计后，在移动设备模拟器中预览 index.html 页面，演示效果如图 12.6 所示。

12.5　制作列表页

用户在首页单击列表中某类别选项时，将类别名称写入 localStorage 对象的对应键值中，当从首页切换至记事列表页时，再将这个已保存的类别键值与整个 localStorage 对象保存的数据进行匹配，获取该类别键值对应的记事数据，并通过<ul>列表标签将数据内容显示在页面中，演示效果如图 12.10 所示。

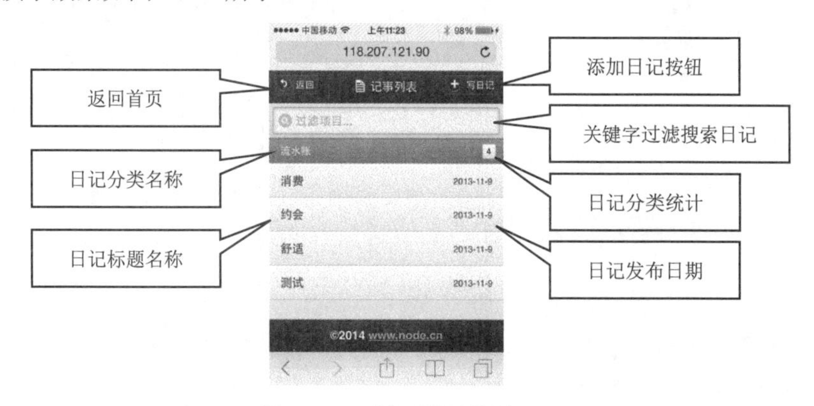

图 12.10　列表页设计效果

新建一个 HTML5 页面，在页面 Page 容器中添加一个<ul>列表标签，在列表中显示指定类别下的记事数据，同时开放列表过滤搜索功能。具体操作步骤如下。

（1）启动 Dreamweaver CC，选择“文件”→“新建”菜单命令，打开“新建文档”对话框。在该对话框中选择“空白页”选项，设置页面类型为 HTML，设置文档类型为 HTML5，然后单击“确定”按钮，完成文档的创建操作。

（2）按快捷键 Ctrl+S，保存文档为 list.html。选择“插入”→jQuery Mobile→“页面”菜单命令，打开“jQuery Mobile 文件”对话框，保持默认设置，在当前文档中插入视图页。

（3）单击“确定”按钮，关闭“jQuery Mobile 文件”对话框，然后打开“页面”对话框，在该对话框中设置页面的 ID 为 list，同时设置页面视图包含标题和脚注，单击“确定”按钮，在当前 HTML5 文档中插入页面视图结构，设置如图 12.11 所示。

（4）按快捷键 Ctrl+S，保存当前文档 list.html。此时，Dreamweaver CC 会弹出对话框提示保存相关的框架文件。

（5）选中内容栏中的“内容”文本，清除内容栏内的文本，然后选择“插入”→“结构”→“项目列表”菜单命令，在内容栏中插入一个空项目列表结构。为<ul>列表标签定义 data-role="listview"属性，设计列表视图。

为列表视图开启搜索功能，方法是在<ul>列表标签中添加 data-filter="true"属性，然后定义 data-filter-placeholder="过滤项目..."属性，设置搜索框中显示的替代文本的提示信息。代码如下：

```
<div data-role="content">
    <ul data-role="listview" data-filter="true" data-filter-placeholder="
过滤项目...""></ul>
</div>
```

（6）为标题栏和页脚栏添加 data-position="fixed"属性，定义标题栏和页脚栏固定在页面顶部和底部显示，同时修改标题栏标题为“记事列表”。选择“插入”→“图像”→“图像”菜单命令，在标题栏标题标签中插入一个图标 images/node3.png，设置类样式为 class="h_icon"。

（7）选择“插入”→jQuery Mobile→“按钮”菜单命令，打开“按钮”对话框，设置如图 12.12 所示，单击“确定”按钮，在标题栏中插入两个按钮。然后在代码中修改按钮的标签字符和属性，设置第 1 个按钮的字符为“返回”，标签图标为 data-icon="back"，链接地址为 href="index.html"，第 2 个按钮的字符为“写日记”，链接地址为 href="addnote.html"。代码如下：

```
<div data-role="header" data-position="fixed" data-position="inline">
    <h2><img src="images/node3.png" class="h_icon" alt="" />记事列表</h2>
      <a href="index.html" data-role="button"data-icon="back"data-
inline="true">返回</a>
    <a href="addnote.html" data-role="button" data-icon="plus"data-
inline="true">写日记</a>
</div>
```

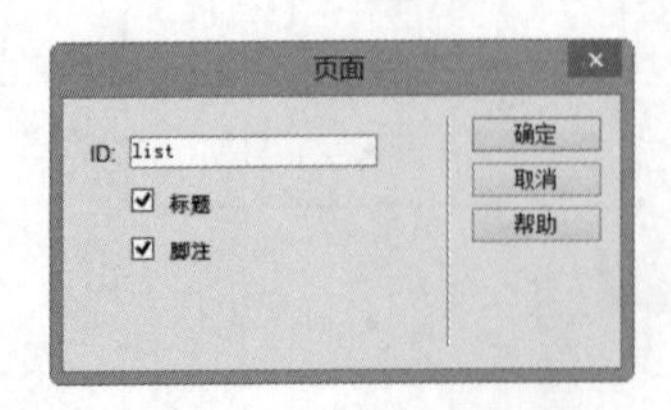

图 12.11 “页面”对话框

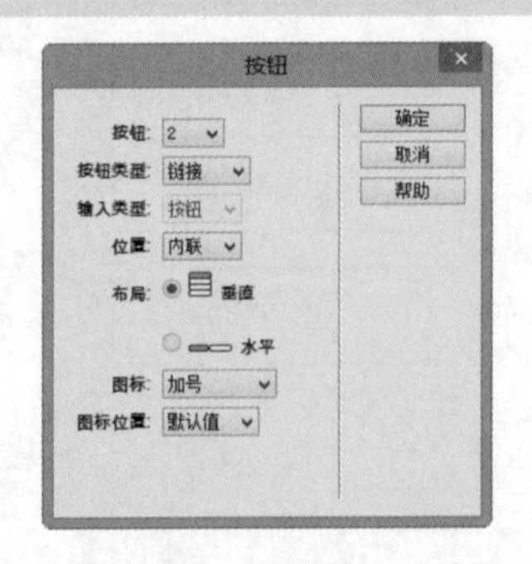

图 12.12 “按钮”对话框

（8）打开 js/note.js 文档，在其中编写以下代码。

```
//列表页创建事件
$("#list").live("pagecreate", function() {
    var $listview = $(this).find('ul[data-role="listview"]');
    var $strKey = "", $strHTML = "", $intSum = 0;
    var $strType = myNode.utils.getParam('link_type');
    var $strName = myNode.utils.getParam('type_name');
    for (var intI = 0; intI < localStorage.length; intI++) {
        $strKey = localStorage.key(intI);
        if ($strKey.substring(0, 4) == "note") {
            var getData = JSON.parse(myNode.utils.getParam($strKey));
            if (getData.type == $strType) {
                if(getData.date)
                    var date = new Date(getData.date);
                if(date)
                    var _date = date.getFullYear() + "-" + date.
                        getMonth() + "-" + date.getDate();
                else
                    var _date = "";
                $strHTML += '<li data-icon="false" data-ajax="false">
<a href="notedetail.html" data-id="' + getData.nid + '">' + getData.title +
'<p class="ui-li-aside">' + _date + '</p></a></li>';
                $intSum++;
            }
        }
    }
    var strTitle = '<li data-role="list-divider">' + $strName + '<span
class="ui-li-count">' + $intSum + '</span></li>';
    $listview.html(strTitle + $strHTML);
    $listview.delegate('li a', 'click', function(e) {
        myNode.utils.setParam('list_link_id', $(this).data('id'))
    })
})
```

在以上代码中，首先定义了一些字符和元素对象变量，并通过自定义函数的 getParam()方法获取传递的类别字符和名称，分别保存在变量$strType 和$strName 中。然后遍历整个 localStorage 对象筛选记事数据。在遍历过程中，将记事的字符数据转换成 JSON 对象，再根据对象的类别与保存的类别变量相比较，如果符合，则将该条记事的 ID 编号和标题信息追加到字符串变量$strHTML 中，并通过变量$intSum 累加该类别下的记事数据总量。最后将获取的数字变量$intSum 放入<ul>列表标签的分割项中，并将保存分割项内容的字符变量 strTitle 和保存列表项内容的字符变量$strHTML 组合，通过元素的 html()方法将组合后的内容赋值给列表对象。同时，使用 delegate()方法设置列表选项被单击时执行的代码。

（9）在头部位置添加以下元信息，定义视图宽度与设备屏幕宽度保持一致。

```
<meta name="viewport" content="width=device-width,initial-scale=1" />
```

（10）完成设计后，在移动设备模拟器中预览 index.html 页面，然后单击记事分类项目，则会跳转到 list.html 页面，演示效果如图 12.10 所示。

扫一扫，看视频

12.6 制作详细页

当用户在记事列表页中单击某记事标题选项时，将该记事标题的ID编号通过键值对的方式保存在localStorage对象中。当进入记事详细页时，先调出保存的键值作为传回的记事数据ID值，并将该ID值作为键名获取对应的键值，然后将获取的键值字符串数据转成JSON对象，再将该对象的记事标题和内容显示在页面指定的元素中。页面演示效果如图12.13所示。

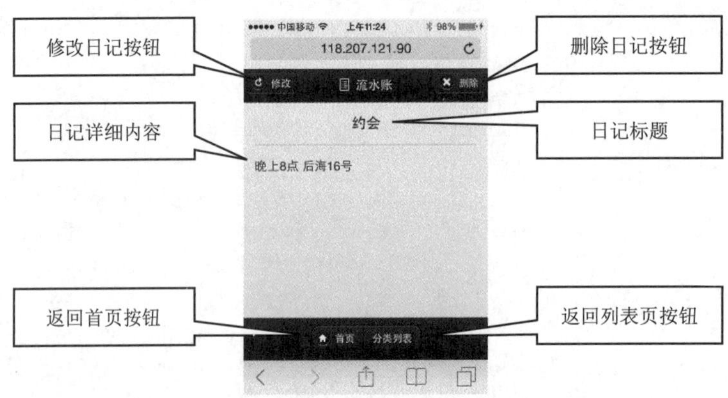

图12.13　详细页设计效果

新建一个HTML5页面，在Page容器的正文区域中添加一个<h3>标签和两个<p>标签，分别用于显示记事信息的标题和内容。单击头部栏左侧的“修改”按钮进入修改记事页；单击头部栏右侧的“删除”按钮，可以删除当前的记事数据。具体操作步骤如下。

（1）启动Dreamweaver CC，选择“文件”→“新建”菜单命令，打开“新建文档”对话框。在该对话框中选择“空白页”选项，设置页面类型为HTML，设置文档类型为HTML5，然后单击“确定”按钮，完成文档的创建操作。

（2）按快捷键Ctrl+S，保存文档为notedetail.html。选择“插入”→jQuery Mobile→“页面”菜单命令，打开“jQuery Mobile文件”对话框，保持默认设置，在当前文档中插入视图页。

（3）单击“确定”按钮，关闭“jQuery Mobile文件”对话框，然后打开“页面”对话框，在该对话框中设置页面的ID为notedetail，同时设置页面视图包含标题和脚注，单击“确定”按钮，在当前HTML5文档中插入页面视图结构，设置如图12.14所示。

（4）按快捷键Ctrl+S，保存当前文档notedetail.html。此时，Dreamweaver CC会弹出对话框提示保存相关的框架文件。

（5）选中内容栏中的“内容”文本，清除内容栏内的文本，然后插入一个三级标题和两个段落文本，设置标题的ID为title，段落文本的ID为content。代码如下：

```
<div data-role="content">
    <h3 id="title"></h3>
    <p class="notep"></p>
    <p id="content"></p>
</div>
```

（6）为标题栏和页脚栏添加data-position="fixed"属性，定义标题栏和页脚栏固定在页面顶部和底部显示，同时删除标题栏标题字符，显示为空标题。

（7）选择“插入”→jQuery Mobile→“按钮”菜单命令，打开“按钮”对话框，设置如图 12.15 所示，单击“确定”按钮，在标题栏中插入两个按钮。然后在代码中修改按钮的标签字符和属性，设置第 1 个按钮的字符为“修改”，标签图标为 data-icon="refresh"，链接地址为 href="editnote.html"，第 2 个按钮的字符为“删除”，链接地址为 href="javascript:"。代码如下：

```
<div data-role="header" data-position="fixed" data-position="inline">
        <h4></h4>
        <a href="editnote.html" data-ajax="false" data-role="button" data-
icon="refresh" data-inline="true">修改</a>
        <a href="javascript:" id="alink_delete"data-role="button" data-
icon="delete" data-inline="true">删除</a>
</div>
```

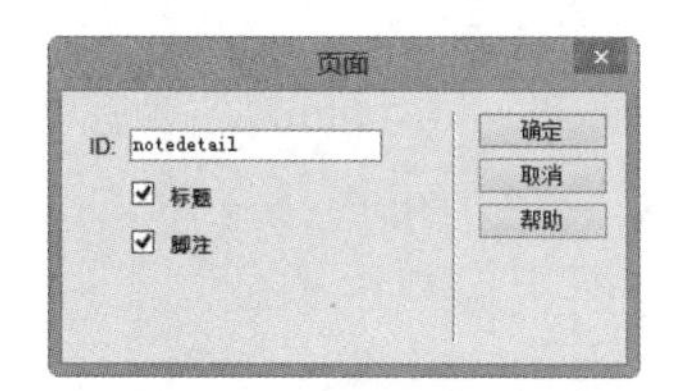

图 12.14 “页面”对话框

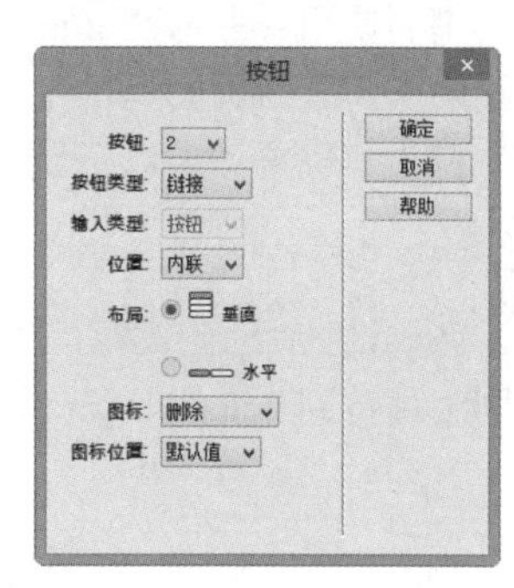

图 12.15 “按钮”对话框

（8）以同样的方式在页脚栏中插入两个按钮，然后在代码中修改按钮的标签字符和属性，设置第 1 个按钮的字符为“首页”，标签图标为 data-icon="home"，链接地址为 href="index.html"，第 2 个按钮的字符为“分类列表”，链接地址为 href="list.html"。代码如下：

```
<div data-role="footer" data-position="fixed" >
        <h1 data-role="controlgroup" data-type="horizontal">
            <a href="index.html" data-role="button" data-icon="home">首页</a>
            <a href="list.html" data-role="button">分类列表</a>
        </h1>
</div>
```

（9）打开 js/note.js 文档，在其中编写以下代码。

```
//详细页创建事件
$("#notedetail").live("pagecreate", function() {
        var $type = $(this).find('div[data-role="header"] h4');
        var $strId = myNode.utils.getParam('list_link_id');
        var $titile = $("#title");
        var $content = $("#content");
        var listData = JSON.parse(myNode.utils.getParam($strId));
        var strType = listData.type == "a" ? "流水账" : "心情日记";
        $type.html('<img src="images/node5.png" class="h_icon" alt=""/> ' +
strType);
        $titile.html(listData.title);
        $content.html(listData.content);
        $(this).delegate('#alink_delete', 'click', function(e) {
```

```
                var yn = confirm("确定要删除吗？");
                if (yn) {
                    localStorage.removeItem($strId);
                    window.location.href = "list.html";
                }
            })
        })
```

在以上代码中先定义了一些变量，通过自定义方法 getParam()获取传递的某记事 ID 值，并保存在变量$strId 中。然后将该变量作为键名，获取对应的键值字符串，并将键值字符串调用 JSON.parse()方法转换成 JSON 对象，在该对象中依次获取记事的标题和内容，显示在内容区域对应的标签中。

通过 delegate()方法添加单击事件，当单击“删除”按钮时触发删除操作。在该事件的回调函数中，先通过变量 yn 保存 confirm()函数返回的 true 或 false 值。如果返回 true，则根据记事数据的键名使用 removeltem()方法，删除指定键名对应的全部键值，实现删除记事数据的功能，删除操作之后页面返回记事列表页。

（10）在头部位置添加以下元信息，定义视图宽度与设备屏幕宽度保持一致。

```
<meta name="viewport" content="width=device-width,initial-scale=1" />
```

（11）完成设计后，在移动设备模拟器中预览记事列表页（list.html），然后单击某条记事项目，则会跳转到 notedetail.html 页面，演示效果如图 12.13 所示。

扫一扫，看视频

12.7　制作修改页

当在记事详细页中单击标题栏左侧的“修改”按钮时，进入修改记事页，在该页面中，可以修改某条记事数据的类型、标题和正文信息，修改完成后返回记事详细页。页面演示效果如图 12.16 所示。

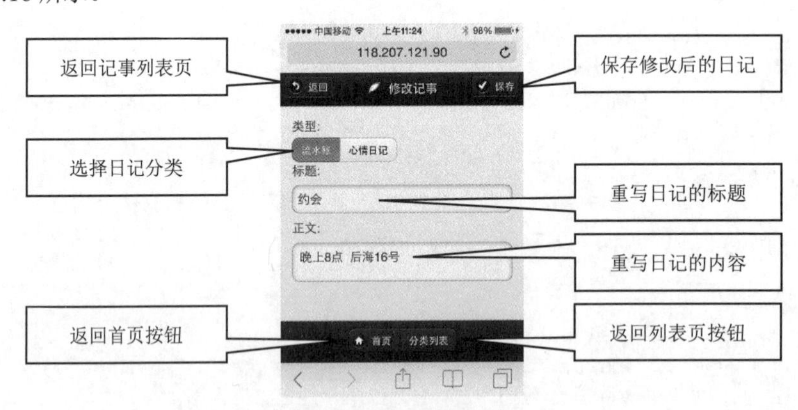

图 12.16　修改页设计效果

新建 HTML5 页面，在 Page 容器的正文区域中通过水平式的单选按钮组显示记事数据的所属类别，一个文本框和一个文本区域显示记事数据的标题和正文，用户可以重新选择所属类型、编辑标题和正文数据。单击“保存”按钮，则完成数据的修改操作，并返回列表页。具体操作步骤如下。

（1）启动 Dreamweaver CC，选择“文件”→“新建”菜单命令，打开“新建文档”对话框。在该对话框中选择“空白页”选项，设置页面类型为 HTML，设置文档类型为 HTML5，然后单击“确定”按钮，完成文档的创建操作。

（2）按快捷键 Ctrl+S，保存文档为 editnote.html。选择“插入”→jQuery Mobile→“页面”菜单命令，打开“jQuery Mobile 文件”对话框，保持默认设置，在当前文档中插入视图页。

（3）单击“确定”按钮，关闭“jQuery Mobile 文件”对话框，然后打开“页面”对话框，在该对话框中设置页面的 ID 为 editnote，同时设置页面视图包含标题和脚注，单击“确定”按钮，在当前 HTML5 文档中插入页面视图结构，设置如图 12.17 所示。

（4）按快捷键 Ctrl+S，保存当前文档 editnote.html。此时，Dreamweaver CC 会弹出对话框提示保存相关的框架文件。

（5）选中内容栏中的“内容”文本，清除内容栏内的文本。选择“插入”→jQuery Mobile→“单选按钮”菜单命令，打开“单选按钮”对话框，设置“名称”为 rdo-type，设置“单选按钮”个数为 2，采用水平布局方式，设置如图 12.18 所示。

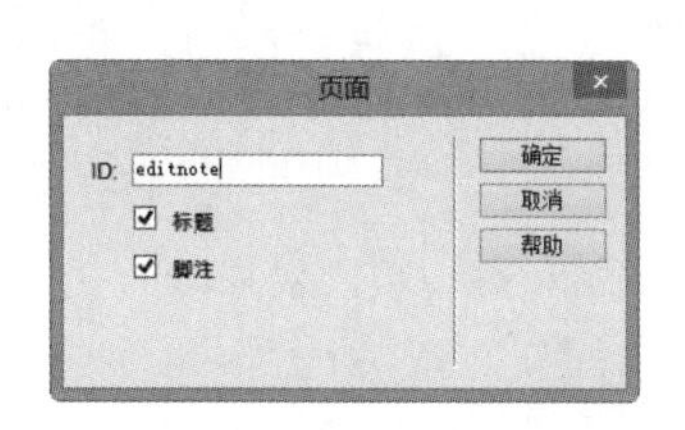

图 12.17　“页面”对话框

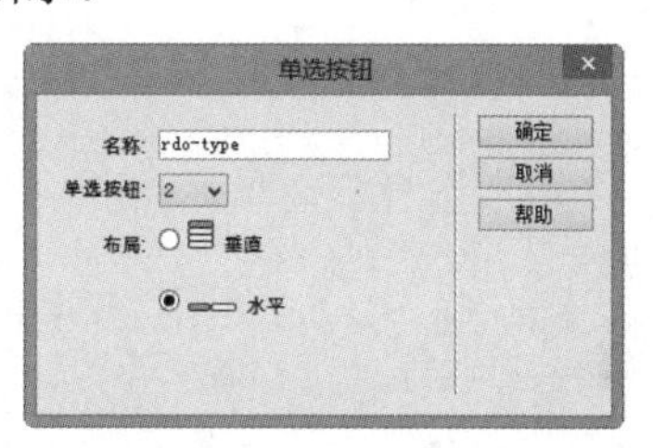

图 12.18　“单选按钮”对话框

（6）单击“确定”按钮，在内容区域插入一个单选按钮组，为每个单选按钮设置 ID 值，修改单选按钮的标签及绑定属性值，并在该单选按钮组中插入一个隐藏域，ID 为 hidtype，值为 a。代码如下：

```
<div data-role="fieldcontain">
    <fieldset data-role="controlgroup" data-type="horizontal"  id="rdo-
type" data-mini="true" >
        <legend for="rdo-type" >类型:</legend>
        <input type="radio" name="rdo-type" id="rdo-type-0" value="a" />
        <label for="rdo-type-0" id="lbl-type-0">流水账</label>
        <input type="radio" name="rdo-type" id="rdo-type-1" value="b" />
        <label for="rdo-type-1" id="lbl-type-1">心情日记</label>
        <input type="hidden" id="hidtype" value="a"/>
    </fieldset>
</div>
```

（7）选择“插入”→jQuery Mobile→“文本”菜单命令，在内容区域插入单行文本框，修改文本框的 ID 值及<label>标签的 for 属性值，绑定标签和文本框，设置<label>标签包含字符为“标题:”。代码如下：

```
<div data-role="fieldcontain">
    <label for="txt-title">标题:</label>
    <input type="text" name="txt-title" id="txt-title" value=""/>
</div>
```

（8）选择“插入”→jQuery Mobile→“文本区域”菜单命令，在内容区域插入多行文本框，修改文本区域的 ID 值及<label>标签的 for 属性值，绑定标签和文本区域，设置<label>标签包含字符为“正文:”。代码如下：

```
    <div data-role="fieldcontain">
        <label for="txta-content">正文:</label>
        <textarea cols="40" rows="8" name="txta-content" id="txta-content">
</textarea>
    </div>
```

（9）为标题栏和页脚栏添加 data-position="fixed"属性，定义标题栏和页脚栏固定在页面顶部和底部显示，同时修改标题栏标题为“修改记事”。选择“插入”→“图像”→“图像”菜单命令，在标题栏标题标签中插入一个图标 images/node.png，设置类样式为 class="h_icon"。

（10）选择“插入”→jQuery Mobile→“按钮”菜单命令，打开“按钮”对话框，设置如图 12.19 所示，单击“确定”按钮，在标题栏中插入两个按钮。然后在代码中修改按钮的标签字符和属性，设置第 1 个按钮的字符为“返回”，标签图标为 data-icon="back"，链接地址为 href="notedetail.html"，第 2 个按钮的字符为“保存”，链接地址为 href="javascript:"。代码如下：

```
    <div data-role="header" data-position="fixed" data-position="inline">
        <h2><img src="images/node.png" class="h_icon" alt=""/>修改记事</h2>
        <a href="notedetail.html" data-ajax="false" data-role="button" data-
icon="back" data-inline="true">返回</a>
        <a href="javascript:" data-role="button" data-icon="check" data-
inline="true">保存</a>
    </div>
```

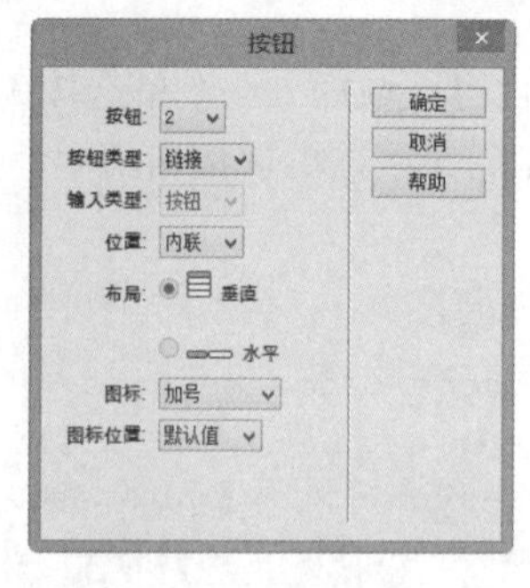

图 12.19 “按钮”对话框

（11）打开 js/note.js 文档，在其中编写以下代码。

```
    //修改页创建事件
    $("#editnote").live("pageshow", function() {
        var $strId = myNode.utils.getParam('list_link_id');
        var $header = $(this).find('div[data-role="header"]');
        var $rdotype = $("input[type='radio']");
        var $hidtype = $("#hidtype");
        var $txttitle = $("#txt-title");
        var $txtacontent = $("#txta-content");
        var editData = JSON.parse(myNode.utils.getParam($strId));
        $hidtype.val(editData.type);
        $txttitle.val(editData.title);
        $txtacontent.val(editData.content);
        if (editData.type == "a") {
            $("#lbl-type-0").removeClass("ui-radio-off").addClass("ui-radio-
on ui-btn-active");
        } else {
```

```
            $("#lbl-type-1").removeClass("ui-radio-off").addClass("ui-radio-
on ui-btn-active");
        }
        $rdotype.bind("change", function() {
            $hidtype.val(this.value);
        });
        $header.delegate('a', 'click', function(e) {
            if ($txttitle.val().length > 0 && $txtacontent.val().length > 0) {
                var strnid = $strId;
                var notedata = new Object;
                notedata.nid = strnid;
                notedata.type = $hidtype.val();
                notedata.title = $txttitle.val();
                notedata.content = $txtacontent.val();
                var jsonotedata = JSON.stringify(notedata);
                myNode.utils.setParam(strnid, jsonotedata);
                window.location.href = "list.html";
            }
        })
    })
```

在以上代码中，先调用自定义的 getPara()方法获取当前修改的记事数据 ID 编号，并保存在变量$strId 中，然后将该变量值作为 localStorage 对象的键名，通过该键名获取对应的键值字符串，并将该字符串转换成 JSON 格式对象。在对象中，通过属性的方式获取记事数据的类型、标题和正文信息，依次显示在页面指定的表单对象中。

当通过水平单选按钮组显示记事类型数据时，先将对象的类型值保存在 ID 属性值为 hidtype 的隐藏表单域中，再根据该值的内容，使用 removeClass()和 addClass()方法修改按钮组中单个按钮的样式，使整个按钮组的选中项与记事数据的类型一致。为单选按钮组绑定 change 事件，在该事件中，当修改默认类型时，ID 属性值为 hidtype 的隐藏表单域的值也随之发生变化，以确保记事类型修改后，该值可以实时保存。

最后设置标题栏右侧的“保存”按钮的 click 事件。在该事件中，先检测标题文本框和正文文本区域的字符长度是否大于 0，以检测标题和正文是否为空。当两者都不为空时，实例化一个新的 Object 对象，并将记事数据的信息作为该对象的属性值，保存在该对象中。通过调用 JSON.stringify()方法将对象转换成 JSON 格式的文本字符串，使用自定义的 setParam()方法将数据写入 localStorage 对象对应键名的键值中，最终实现记事数据更新的功能。

（12）在头部位置添加以下元信息，定义视图宽度与设备屏幕宽度保持一致。

```
<meta name="viewport" content="width=device-width,initial-scale=1" />
```

（13）完成设计后，在移动设备模拟器中预览记事详细页（notedetail.html），然后单击某条记事项目，则会跳转到 editnote.html 页面，演示效果如图 12.16 所示。

12.8　制作添加页

扫一扫，看视频

在首页或记事列表页中，单击标题栏右侧的“写日记”按钮后，将进入添加记事页，在该页面中，用户可以通过单选按钮组选择记事类型，在文本框中输入记事标题，在文本区域中输入记事正文，单击该页面头部栏右侧的“保存”按钮后，便把写入的记事信息保存起来，在系统中新增了一条记事数据。页面演示效果如图 12.20 所示。

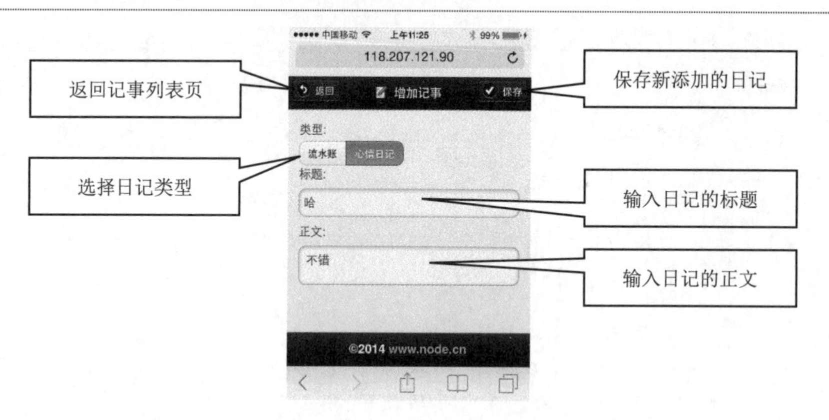

图 12.20　添加页设计效果

新建 HTML5 页面，在 Page 容器的正文区域中插入水平单选按钮组用于选择记事类型，同时插入一个文本框和一个文本区域，分别用于输入记事标题和正文，当用户选择记事类型，同时输入记事标题和正文后，单击“保存”按钮则完成记事的添加操作，将返回记事列表页。具体操作步骤如下。

（1）启动 Dreamweaver CC，选择“文件”→“新建”菜单命令，打开“新建文档”对话框。在该对话框中选择“空白页”选项，设置页面类型为 HTML，设置文档类型为 HTML5，然后单击“确定”按钮，完成文档的创建操作。

（2）按快捷键 Ctrl+S，保存文档为 addnote.html。选择“插入”→Query Mobile→“页面”菜单命令，打开“jQuery Mobile 文件”对话框，保持默认设置，在当前文档中插入视图页。

（3）单击“确定”按钮，关闭“jQuery Mobile 文件”对话框，然后打开“页面”对话框，在该对话框中设置页面的 ID 为 addnote，同时设置页面视图包含标题和脚注，单击“确定”按钮，在当前 HTML5 文档中插入页面视图结构，设置如图 12.21 所示。

（4）按快捷键 Ctrl+S，保存当前文档 addnote.html。此时，Dreamweaver CC 会弹出对话框提示保存相关的框架文件。

（5）选中内容栏中的“内容”文本，清除内容栏内的文本。选择“插入”→jQuery Mobile→“单选按钮”菜单命令，打开“单选按钮”对话框，设置“名称”为 rdo-type，设置“单选按钮”个数为 2，采用水平布局方式，设置如图 12.22 所示。

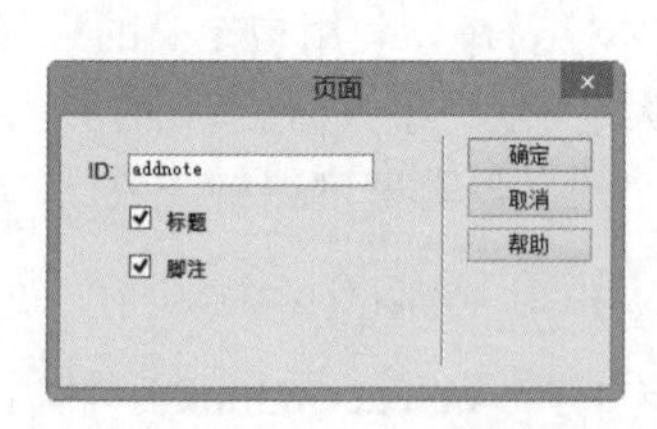

图 12.21　“页面”对话框

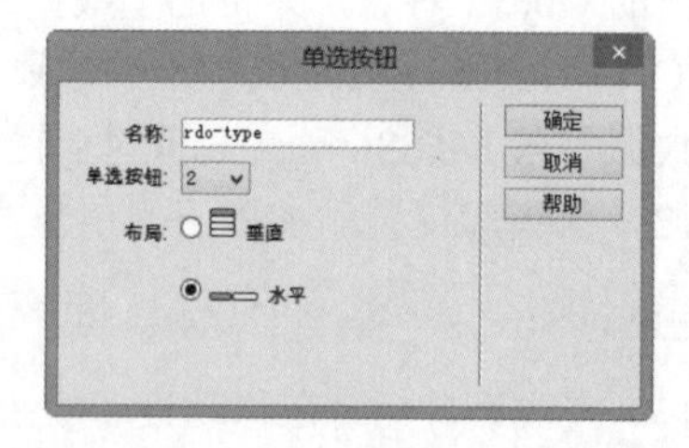

图 12.22　“单选按钮”对话框

（6）单击“确定”按钮，在内容区域插入一个单选按钮组，为每个单选按钮设置 ID 值，修改单选按钮的标签及绑定属性值，并在该单选按钮组中插入一个隐藏域，ID 为 hidtype，值为 a。代码如下：

```
<div data-role="fieldcontain">
    <fieldset data-role="controlgroup" data-type="horizontal" id="rdo-
type" data-mini="true" data-mini="true" >
        <legend for="rdo-type" >类型:</legend>
        <input type="radio" name="rdo-type" id="rdo-type-0" value="a"
```

```
checked="checked"/>
            <label for="rdo-type-0" id="lbl-type-0">流水账</label>
            <input type="radio" name="rdo-type" id="rdo-type-1" value="b" />
            <label for="rdo-type-1" id="lbl-type-1">心情日记</label>
            <input type="hidden" id="hidtype"  value="a"/>
        </fieldset>
    </div>
```

（7）选择“插入”→jQuery Mobile→“文本”菜单命令，在内容区域插入单行文本框，修改文本框的 ID 值及<label>标签的 for 属性值，绑定标签和文本框，设置<label>标签包含字符为“标题：”。代码如下：

```
<div data-role="fieldcontain">
    <label for="txt-title">标题:</label>
    <input type="text" name="txt-title" id="txt-title" value=""  />
</div>
```

（8）选择“插入”→jQuery Mobile→“文本区域”菜单命令，在内容区域插入多行文本框，修改文本区域的 ID 值及<label>标签的 for 属性值，绑定标签和文本区域，设置<label>标签包含字符为“正文：”。代码如下：

```
<div data-role="fieldcontain">
    <label for="txta-content">正文:</label>
    <textarea name="txta-content" id="txta-content"></textarea>
</div>
```

（9）为标题栏和页脚栏添加 data-position="fixed"属性，定义标题栏和页脚栏固定在页面顶部和底部显示，同时修改标题栏标题为“增加记事”。选择“插入”→“图像”→“图像”菜单命令，在标题栏标题标签中插入一个图标 images/write.png，设置类样式为 class="h_icon"。

（10）选择“插入”→Query Mobile→“按钮”菜单命令，打开“按钮”对话框，设置如图 12.23 所示，单击“确定”按钮，在标题栏中插入两个按钮。然后在代码中修改按钮的标签字符和属性，设置第 1 个按钮的字符为“返回”，标签图标为 data-icon="back"，链接地址为 href="javascript:"，第 2 个按钮的字符为“保存”，链接地址为 href="javascript:"。代码如下：

```
<div data-role="header" data-position="fixed" data-position="inline">
    <h2><img src="images/write.png" class="h_icon" alt=""/>增加记事</h2>
    <a href="javascript:" data-ajax="false" data-role="button" data-
icon="back"  data-inline="true">返回</a>
    <a href="javascript:" data-role="button" data-icon="check" data-
inline="true">保存</a>
</div>
```

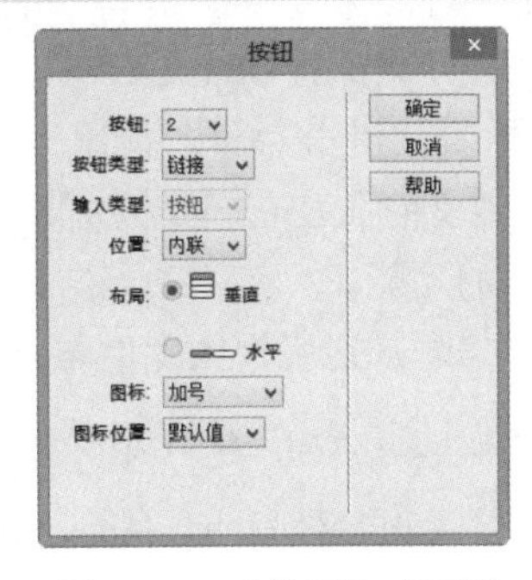

图 12.23 “按钮”对话框

（11）打开 js/note.js 文档，在其中编写以下代码。

```
//添加页创建事件
$("#addnote").live("pagecreate", function() {
     var $header = $(this).find('div[data-role="header"]');
     var $rdotype = $("input[type='radio']");
     var $hidtype = $("#hidtype");
     var $txttitle = $("#txt-title");
     var $txtacontent = $("#txta-content");
     $rdotype.bind("change", function() {
          $hidtype.val(this.value);
     });
     $header.delegate('a', 'click', function(e) {
         if ($txttitle.val().length > 0 && $txtacontent.val().length > 0) {
                var strnid = "note_" + RetRndNum(3);
                var notedata = new Object;
                notedata.nid = strnid;
                notedata.type = $hidtype.val();
                notedata.title = $txttitle.val();
                notedata.content = $txtacontent.val();
                notedata.date = new Date().valueOf();
                var jsonotedata = JSON.stringify(notedata);
                myNode.utils.setParam(strnid, jsonotedata);
                window.location.href = "list.html";
         }
     });
     function RetRndNum(n) {
         var strRnd = "";
         for (var intI = 0; intI < n; intI++) {
              strRnd += Math.floor(Math.random() * 10);
         }
         return strRnd;
     }
})
```

在以上代码中，先通过定义一些变量保存页面中的各元素对象，并设置单选按钮组的 change 事件。在该事件中，当单选按钮的选项发生变化时，保存选项值的隐藏型元素值也将随之变化。然后使用 delegate()方法添加标题栏右侧“保存”按钮的单击事件。在该事件中，先检测标题文本框和内容文本域的内容是否为空，如果不为空，那么调用一个自定义的按长度生成随机数的数，生成一个 3 位数的随机数字，并与 note 字符一起组成记事数据的 ID 编号保存在变量 strnid 中。最后实例化一个新的 Object 对象，将记事数据的 ID 编号、类型、标题、正文内容都作为该对象的属性值赋值给对象，使用 JSON.stringify()方法将对象转换成 JSON 格式的文本字符串，通过自定义的 setParam()方法保存在以记事数据的 ID 编号为键名的对应键值中，实现添加记事数据的功能。

（12）在头部位置添加以下元信息，定义视图宽度与设备屏幕宽度保持一致。

```
<meta name="viewport" content="width=device-width,initial-scale=1" />
```

（13）完成设计后，在移动设备模拟器的首页（index.html）或记事列表页（list.html）中单击“写日记”按钮，则会跳转到 addnote.html 页面。

12.9　打包与发布项目

Web 应用项目的发布方法有两种：一种是利用第三方工具进行打包，然后发布到相应的应用商店；另一种是直接以 Web 的形式发布。

12.9.1　使用第三方工具打包

扫一扫，看视频

第三方工具打包实现的途径有很多种，可以选择使用集成软件，如 HBuilderX；或者通过在线打包快速发布；或者借助 Node.js 进行打包。使用 Node.js 打包需要安装 Cordova 插件，以及 javaJDK、Android SDK、Apache Ant 等支持软件，对于初学者来说此过程比较复杂，可能遇到的障碍比较多。下面以 HBuilderX 为例演示第三方工具打包的过程。

（1）下载 HBuilderX 打包工具。

（2）下载完成并解压之后，直接打开 HBuilderX 工具（HBuilderX.exe）。

（3）选择“文件”→“新建”→“项目”菜单命令，新建“5+App”项目。选择默认模板，输入项目名称和地址后，单击“创建”按钮，如图 12.24 所示。

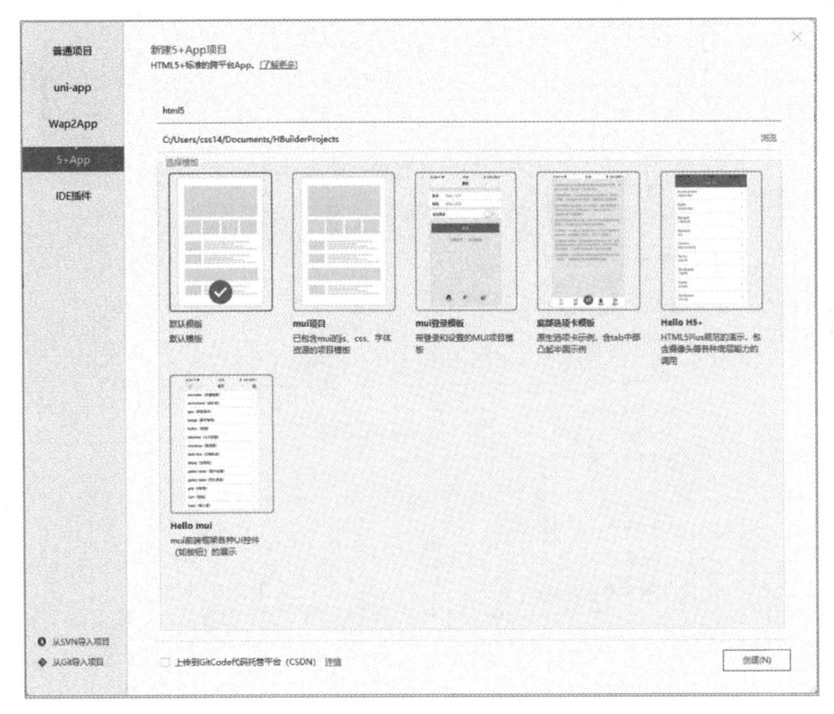

图 12.24　新建项目

（4）创建成功后，找到项目地址所在的文件夹，删除 manifest.json 以外的所有文件。

（5）将本项目的所有文件复制到当前目录下，如图 12.25 所示。

（6）打开 manifest.json 文件，配置应用标识、应用名称、图标配置等，或者根据提示逐步配置，如图 12.26 所示。

（7）选择“发行”→“原生 App-云打包”菜单命令，开始打包。由于是学习调试，可以选择使用公共测试证书，并设置其他打包选项，然后单击“打包”按钮，如图 12.27 所示。需要注意的是，第 1 次打包需要实名认证账号，按提示在 DCloud 官网登录认证即可。

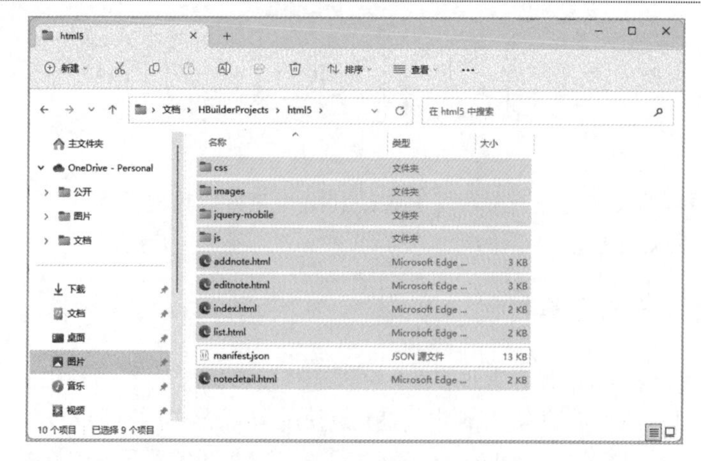

图 12.25　复制项目文件

图 12.26　配置项目选项

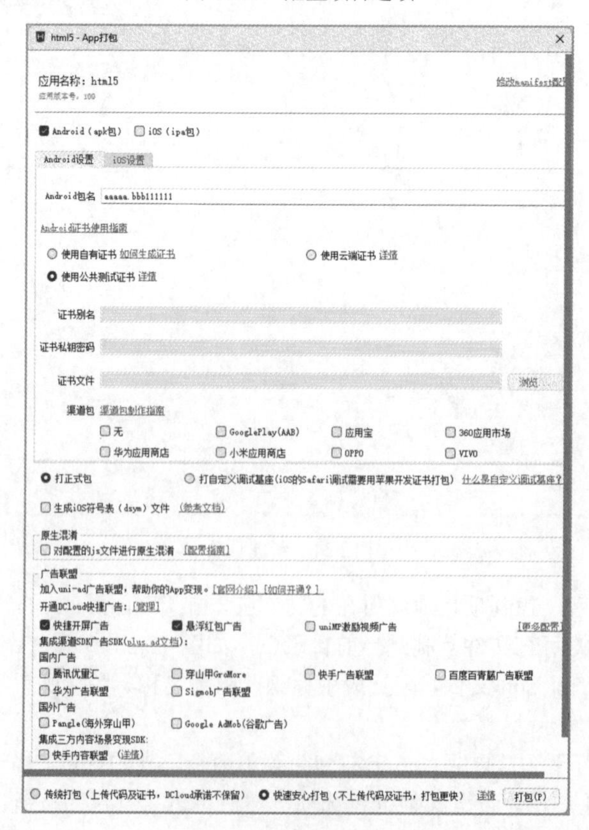

图 12.27　设置打包选项

（8）整个打包过程可能需要几分钟，操作过程中会提示下载安装插件，或者补充完善配置选项。在窗口底部的控制台可以查看过程提示信息。打包成功后，打开本地目录可以找到对应的 apk（unpackage/release/apk/×××.apk），如图 12.28 所示。

图 12.28　查看打包文件

（9）把 apk 文件发送到手机上安装即可。

12.9.2　直接以 Web 的形式发布

扫一扫，看视频

直接以 Web 的形式发布比较简单，如果读者拥有远程虚拟空间，可以登录后台，把项目文件直接上传到远程网站上；如果没有个人网站，可以在本地构建一个虚拟服务器，在本地进行测试运行。下面介绍如何使用 Node.js 在本地运行应用项目。

（1）参考 9.2.4 小节示例 2 在本地创建一个 Web 服务器。新建服务器程序/app.js（D:\test\app.js），添加以下代码。

```
var express = require('express');
var app = express();
app.use(express.static('public'));                    //处理静态资源
var server = app.listen(8000, function() {
    console.log("服务器启动成功")
})
```

（2）把项目所有文件复制到站点\public 目录下（D:\test\public）。

（3）在终端命令行输入以下命令运行 Web 服务器。在 VScode 中可以快速进行测试，选择“终端”→“新建终端”菜单命令，在底部新建一个终端面板，然后输入命令即可，如图 12.29 所示。

```
Node app.js
```

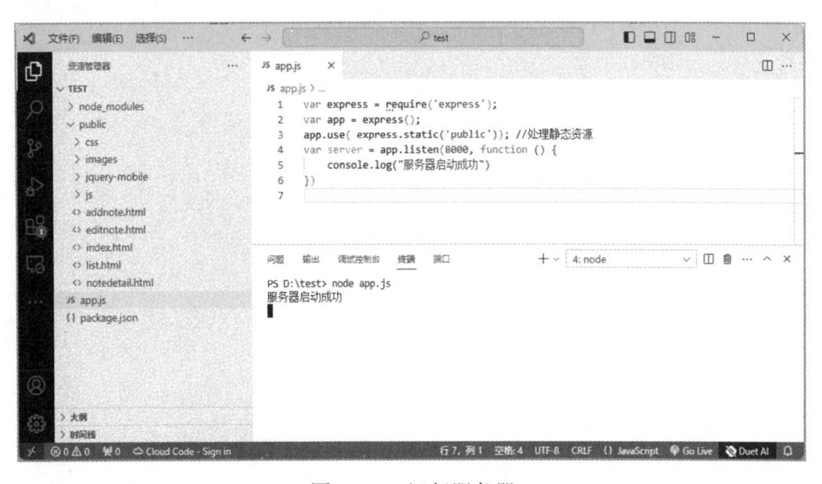

图 12.29　运行服务器

（4）打开浏览器，在地址栏中输入 http://127.0.0.1:8000/，按 Enter 键后便可以看到应用项目。按 F12 键打开控制台窗口，单击“切换设备仿真”按钮，可以在模拟器中查看效果，如图 12.30 所示。

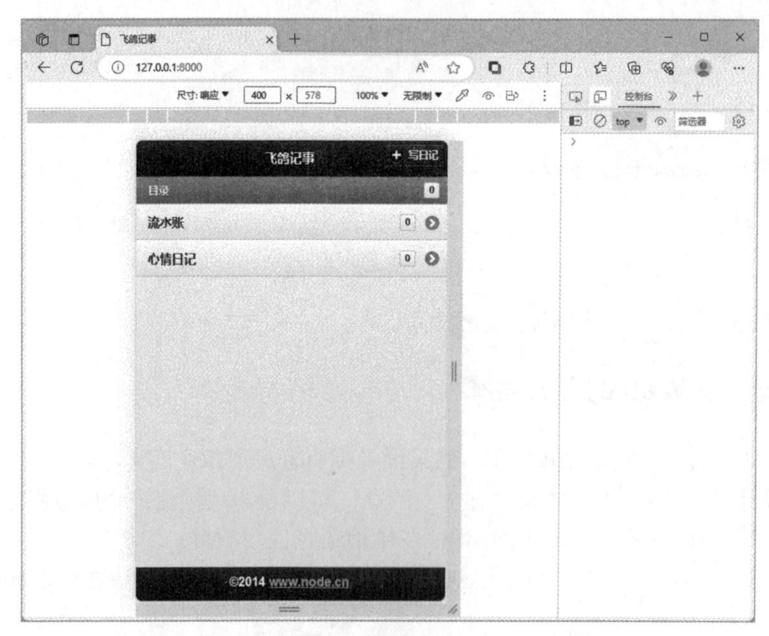

图 12.30　查看应用项目

拓 展 练 习